核电厂异常重要性判定方法和应用

陶书生　孙树海　杨海峰
周　红　郑丽馨　著

中国原子能出版社

图书在版编目(CIP)数据

核电厂异常重要性判定方法和应用 / 陶书生等著. —北京:中国原子能出版社,2016.11

ISBN 978-7-5022-7609-6

Ⅰ. ①核… Ⅱ. ①陶… Ⅲ. ①核电厂—安全管理—研究 Ⅳ. ①TM623.8

中国版本图书馆 CIP 数据核字(2016)第 259812 号

核电厂异常重要性判定方法和应用

出版发行 中国原子能出版社(北京市海淀区阜成路 43 号 100048)
责任编辑 付 凯
装帧设计 马世玉
责任校对 冯莲凤
责任印制 潘玉玲
印　　刷 保定市中画美凯印刷有限公司
经　　销 全国新华书店
开　　本 787 mm×1092 mm 1/16
印　　张 13
字　　数 325 千字
版　　次 2016 年 11 月第 1 版 2016 年 11 月第 1 次印刷
书　　号 ISBN 978-7-5022-7609-6 **定 价** **68.00 元**

网址:http://www.aep.com.cn **E-mail:atomep123@126.com**
发行电话:010-68452845

前　　言

目前国内的核安全监管方式类似于美国早期的监管方式，基本上基于确定论的相关规定，如技术规范、监督大纲等，这样分散了有限的资源，影响核安全监管的有效性和及时性。而随着国内核电的发展，运行核电机组越来越多，监管单位面临着较大的压力，原有的监管模式正受到越来越多的挑战。

异常重要性判定方法（Significance Determination Process，SDP）是美国核管会（NRC）最先开发使用的一套基于风险指引技术的核电厂安全事项重要性判定方法，能够帮助监管人员有效地做出风险评估，合理配置资源，使其清楚地知道影响机组安全的重大问题，将有限的监管资源集中在真正影响机组安全的事项上面。而且对于核电厂营运单位也可依据风险指引方法，提高核电厂管理效率，增加其机组的运转弹性，进而降低其营运成本。目前该方法已在国内外得到了比较广泛的应用，正逐步改变着核安全监管的模式。

本书共 11 章，着重讲述了核电厂异常重要性判定方法的理论基础、判定流程、具体评估程序，以及国家核安全局核电厂异常重要性判定系统的开发和使用经验。在具体评估程序中，根据监管工作和国内核电厂的实际需要，本书详细地介绍了功率工况、停堆工况和火灾工况的 SDP 评估过程。同时，本书特别关注了 SDP 方法的应用情况，并选取了国家核安全局和国内核电厂开发的异常重要性判定系统，对其开发和使用进行了介绍，使读者了解目前国内对 SDP 方法的使用情况。为了有利于读者进一步理解 SDP 方法的分析理念，本书选取了两起国内某核电厂的执照运行事件作为案例，利用异常重要性判定方法对其进行了分析。

本书由陶书生、孙树海、杨海峰、周红、郑丽馨等人主持编著，各章具体编著人员分别是：第一章由王娅琦、陶书生、孙树海编写；第二章由张浩、杨海峰编写；第三章由李华升、陶书生编写；第四章由陶书生、邹象编写；第五章由郑丽馨、杨海峰编写；第六章由周红、杨海峰编写；第七章由孙树海、张增庆编写；第八章由侯秦脉、孙树海编写；第九章由吴彦农、邹象编写；第十章由李娟、郑丽馨编写；第十一章由杨海峰、张加军编写。整书由孙树海、郑丽馨和周红进行统稿，陶书生和杨海峰进行了校核。同时本书的编著和出版得到苏州热工研究院圣国龙、钟山和李洋等几位同志的帮助，在此表示由衷的感谢。

囿于我们的学识水平，恳请从事核安全监管和运行管理的广大读者、专家学者和工程技术人员批评指正。

著者

2016 年 11 月

目　　录

第1章

核电厂异常重要性判定方法的背景和概述

在核电厂日常安全管理过程中，核安全管理人员会遇到大量的事件和异常，而如何能够正确、快速和有效地处理这些事件和异常是维护核电厂安全运行的关键。目前核电厂大量应用分级分类管理的方式来处理这些核安全相关事项，这样可以减轻核电厂和核安全监管部门的负担，避免分散有限宝贵的核安全管理和监管资源，使得安全重要度高的事项能够得到足够的关注，而不在安全重要度低的事项做过多的关注，最终保证核电厂的总体安全水平。这种分级分类管理方式的重要的一环是如何能够正确地判定安全事项的安全重要程度，而随着以概率安全分析(PSA)为代表的风险指引型的安全管理方法的广泛应用，人们可以利用风险重要程度来确定安全相关事项的重要程度。

核电厂异常重要性判定方法(Significance Determination Process，SDP)是由美国核管会(NRC)首先开发使用的一种风险指引型的安全事项重要度判定工具，目前已在国内外广泛使用。运用此判定方法，核安全管理和监管人员对核安全相关事项进行筛选和评估，进而给出其风险重要程度(绿白黄红)。根据这些风险重要程度制订相应的纠正行动和工作计划，这样不仅解决了目前核安全监管和核电厂营运者所面临的安全事项筛选的难题，进一步优化核安全的监管方式和提高监管效率，加强安全决策的有效性；而且也能够更有效地利用监管资源和减轻核电厂不必要的负担，提高核电厂运行、维修的灵活性，及其安全水平。

1.1 SDP在美国核管会反应堆监管体系中使用情况

1.1.1 反应堆监管体系

核电厂异常重要性判定方法(SDP)最早来自美国核管会(NRC)，其最先在美国反应堆监管体系(ROP)中采用。任何的工具和方法都是服务于一个体系或系统的，脱离了体系和系统而单纯地讲述工具和方法是没有意义的，所以为了更加深刻地理解此方法的作用和意义，首先对美国核管会的ROP体系进行介绍。

美国核管会采用的是从上而下、分层管理的监管理念。这种方法从期望的结果出发，制定和计算需要能够反映这种结果的性能指标，然后监测这些性能指标是否与所需要的目标相一致。NRC 的监管框架开始于最顶层，所需满足的目标是：确保核电厂在充分保证公众健康和安全的条件下运行。然后，对目标进行识别，找出所需要进行监管的事项，这些事项需要满足以下要求：

- 后果严重事故的发生频率保持在一个较低的水平；
- 民用核反应堆发生重大放射性泄漏事故的概率为零；
- 不超过美国联邦法规 10 CFR PART 20 规定的民用核反应堆放射性材料厂外释放次数限值；
- 实体保卫没有实质性的破坏，减少核电厂被破坏、放射性材料被盗窃等事件发生的概率。

这些性能指标反映了电厂的性能，在风险指引型反应堆监管框架中被描述为关键领域。他们分别为：反应堆安全、辐射安全和电厂保卫，形成了监管框架的第二等级。

从风险指引型角度，工作人员识别出每个关键领域内最重要的元素，并将这些元素称为安全基石，将其置于监管框架中的第三等级。这些基石是 ROP 程序的基本组成部分，如果它们性能指标(Performance Indicators，PIs)可以接受，就可以充分确保公众健康和安全，如图 1-1 所示。

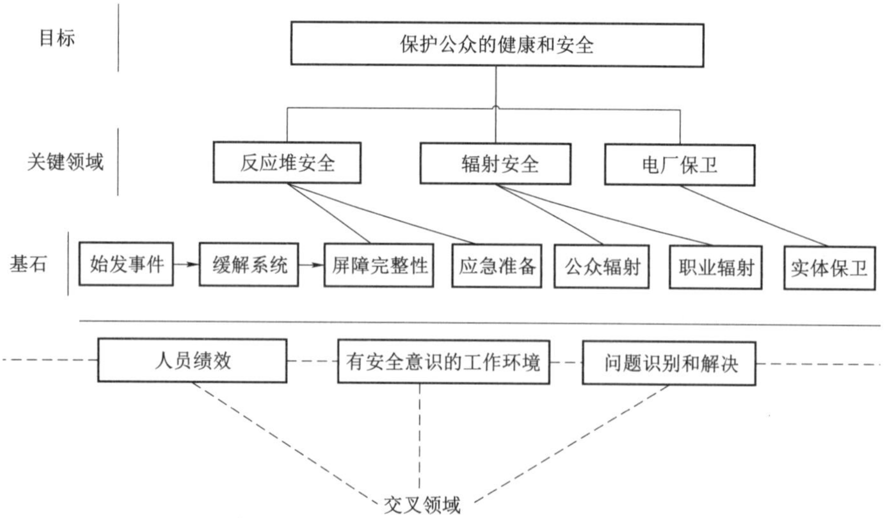

图 1-1 风险指引型反应堆监管框架

保证了这些安全基石，则可以确保以下安全目标的实现：

- 限制始发事件发生的频率；
- 确保缓解系统的可用性和可靠性；
- 确保燃料包壳、反应堆冷却系统压力边界和安全壳的完整性；
- 确保充分的应急准备功能；
- 保护公众不受放射性危害；
- 确保核电厂工作人员不受放射性危害；
- 确保实体保卫系统的有效性。

针对每一个基石，工作人员采用一个自上而下、分层次和基于风险指引型的方法来分析，基本步骤如下：

- 识别基石包含的目标和范围；
- 识别基石的期望结果和重要属性；
- 识别为达到基石目标而需要考虑的事件；
- 确定可以通过哪些指标来评估监测的区域；
- 确定是否需要检查或信息源来补充指标体系；
- 确定各个安全基石的性能阈值，超过该阈值时，将采取哪些额外的行动等。

在可能的情况下，一般希望采用性能指标体系来评估安全基石性能，但如果无法确定性能指标，或指标的体系不够全面，无法全面覆盖核电厂所有安全要素。NRC采用了一种标准的或必要的检查活动来验证所上报的指标数据的准确性和完整性。这种自上而下、分层次的方法来确定指标体系和检查程序，共同保证每个安全基石目标完整性和必要性。

反应堆监管程序(ROP)紧系着NRC的监管目标，要确保公众的健康和安全，需要在以下三个关键领域监测核电厂的性能：

- 核反应堆安全：避免发生事故和减少事故发生，并减轻其引起的后果；
- 辐射安全：保护核电厂工作人员和公众的安全，减少不必要的放射性释放；
- 电厂防卫：保护核电厂不受破坏或其他的安全威胁。

监管框架建立起来后，NRC确定了安全监管的策略和程序，以进一步指导监管工作的执行。这些准则确立了监管程序的要素之间的联系，例如强制措施和检查程序，同时还包括：

- 基于风险指引型的标准检查程序，为所有的核电厂确立最小监管行动。
- 设置核电厂安全性能的阈值，超过该阈值时，将增加监管行动。
- 要想充分地在基石的层面评估核电厂的性能，就需要对安全指标和检查发现的安全事项都进行评估。
- 用于评估基石的安全指标(PIs)和安全事项都有一个基于风险指引的阈值。
- 确定事项的安全重要性和NRC行动的等级。
- 标准检查程序将涵盖指标体系没有涵盖的核电厂性能区域。
- 标准检查程序也将验证指标体系的正确性和提供对事件的响应。
- 强制措施的实施不再输入到评估程序。但是，导致要实施强制性措施的事件将在评估程序中继续考虑。
- 评估程序的结果可能用来调整拟实施的强制性措施。
- 识别不可接受的核电厂性能指标，并确立响应行动。

值得注意的是，这些准则在评估核电厂性能的过程中给出了足够的安全裕量，以便在出现不可接受的性能问题前，核电厂和NRC能有时间采取适当的纠正行动。

1.1.2　美国核管会的核电厂安全状态评估流程

核电厂的安全状态评估是利用核电厂上报的性能指标和检查发现的安全事项来进

行综合评估的。这两种方法都集中对整体安全和风险有较大影响事项的评估。当性能指标能够全面地表征电厂的性能时，则检查程序只是验证性能指标(PIs)的有效性；当某些区域性能指标不能覆盖时，则根据安全事项来评估电厂的性能水平，基本流程如图 1-2 所示。

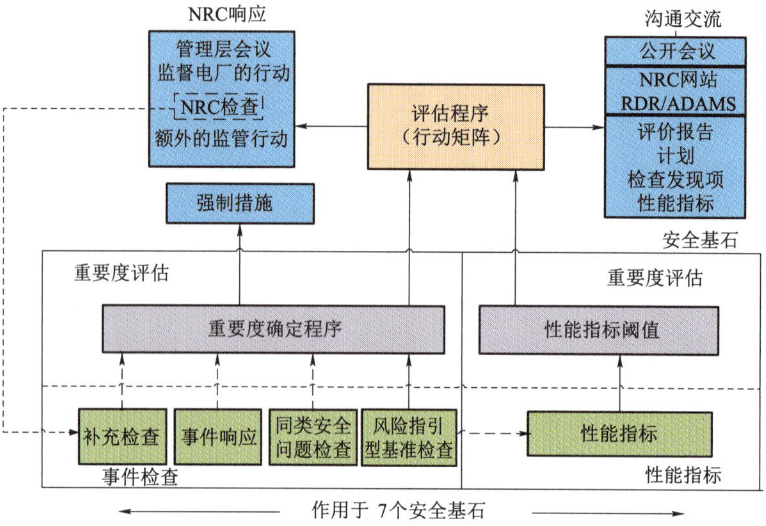

图 1-2 美国核管会核电厂安全评估流程

反应堆监管程序(ROP)核电厂性能评估的两大技术支柱为性能指标体系(PIs)和安全事项的异常重要性判定方法(SDP)：

• 性能指标体系(Performance Indicators，PIs)。从 7 个安全基石来评估核电厂安全管理的有效性，该指标体系中最为重要的是风险指引型缓解系统性能指标(Mitigating System Performance Index，MSPI)，其主要利用 PSA 的计算结果给出重要缓解系统在确定时间范围内的性能和状态。

• 安全事项的异常重要度判定方法(Significance Determination Process，SDP)。SDP是核安全监管部门用以评估安全事项风险重要度的技术工具。其目的是帮助检查人员来确定发现问题的安全重要度，进而根据其安全重要度给予适当的关注。

针对每一个安全基石，NRC 会将安全事项和性能指标数据中的检查结果与重要度阈值进行对比，然后制定相应的监管响应行动，参见图 1-3。为每个基石制定性能指标以给出核电厂性能的目标限值，同时制定风险指引型标准检查大纲来独立评估性能指标，并检查未能充分由性能指标覆盖的电厂性能区域。通过异常重要度判定方法评估安全事项的安全重要性，将性能指标数据与性能指标阈值比较。这两项评估结果通过评估程序进行分析，依据行动矩阵做出相应的响应行动，并要求核电厂对降级的性能进行适当的跟踪，一般情况下还需要对该事项进行补充检查。性能指标和检查安全事项的阈值建立，可以确保在核电厂有性能降级而其影响又有限时，NRC 可及时地实施适当的监管行动。当发现重要的安全事项时，则执行相应的强制措施。

针对 7 个安全基石，NRC 会以两种方式进行监督和控制。一种是针对各个安全基石制定相应的指标进行控制；例如，针对始发事件安全基石，相应的指标为非计划停堆、非计划功率变化以及复杂工况下的非计划停堆。由核电厂收集这些指标，并每季度向 NRC 进行上报。随后，NRC 的工作人员将编辑和审查这些指标，每季度在网站上进行公布。另一种方式是事件检查程序，对发现的问题采用 SDP 来进行风险评估，根据他们的风险增量（ΔCDF 和 ΔLERF）来确定严重等级。一般情况下，核电厂的性能评估都是以性能指标为主，事件检查为辅。事件检查作为性能指标的补充和验证，当性能指标能够全面地表征电厂的性能时，则事件检查程序只验证性能指标的准确性和完整性；当某些区域性能指标不能覆盖时，则根据检查安全事项来评估电厂的性能水平。

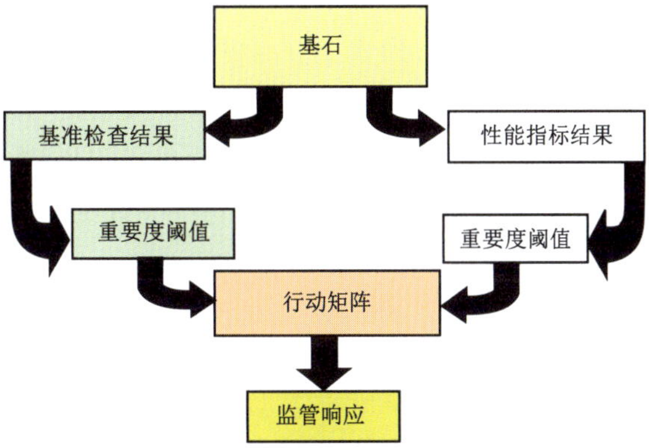

图 1-3　安全基石评估流程

性能指标和事件检查的结果输入到行动矩阵中，依据结果与行动矩阵的对应关系，给出相应的响应行动；同时，NRC 也会根据行动矩阵的输出结果，按季度更新电厂性能的信息。需要强调的是，若事件检查的过程中出现违反安全法规的安全事项，将直接进入到强制措施程序，而不是进入到行动矩阵。

1.1.3　SDP 在核电厂安全状态评估中的使用

安全事项是由监管机构识别出的，或是由核电厂自己发现的关于核电厂安全性能方面存在的缺陷，其可能与监管要求有关或者是无关，不一定会导致违反核电厂安全的情况发生，其中安全重要度较低的安全事项，可以由核电厂营运单位自行处理。

1.1.3.1　NRC 的检查程序

在美国核管会的监管框架中，运行核电厂的检查程序由四部分组成，分别是标准检查程序、同类安全问题检查程序、事件响应检查程序和补充检查程序。其中 NRC 日常的主要工作是标准检查，而补充检查、事件响应检查和同类安全问题检查都有一定的针对性，根据特定问题有不同的检查程序作为指导。

对于进行的所有检查活动，都需要编写和发布检查报告。标准检查的报告由驻核电厂的监督员进行编写，然后由 NRC 专人在每个季度的末期进行发布。特定检查和补充检查的报告在完成检查后的几个星期内进行发布。这些检查报告可以在 NRC 网站的链接中找到。

NRC 采用了国际上通用的驻厂监督员的方式，这样可以随时对核电厂的系统、部件、试验和其他作业的现场进行检查，这样可以提高监管机构发现和响应问题的能力。由于有了驻厂监督员，在有限的人力资源之下，监查的频率和强度更容易优化。此外，监管机构也可以实地了解营运单位的工作计划，以便有效协调监管资源。

2012 年美国有 104 个反应堆在运行，分布在 65 个厂区，NRC 在每个厂区平均设置有两个驻厂监督员；每个厂区平均的监督检查时间是 6 820 小时/年，检查内容已涵盖 ROP 中要求的所有内容,即标准检查、补充检查、事件响应检查、同类问题检查等;全年共对约 3 000 个事件进行检查,并形成相应的报告。

1.1.3.2 使用 SDP 进行风险重要度判定

检查人员使用异常重要度判定方法(SDP)来确定检查发现的安全事项的风险重要程度,对安全事项进行初步的筛选,以确定其是否会导致电厂风险的显著增加,是否需要对其进一步分析。

使用 SDP 的目的有四个方面:

- 使用适当的风险阈值确定安全事项的安全重要程度;
- 提供客观、公用的平台,以便核安全管理者与业主、营运单位对检查安全事项的潜在安全重要程度进行沟通,以便达成共识;
- 为安全事项的及时评估或强制措施的制定提供合理的依据;
- 提供核电厂特定风险信息,并用于风险指引型检查程序的执行。

实践经验证明 SDP 的实施确实达到其预期目的,这是因为 SDP 综合了电站专用 PSA、电站系统手册和其他相关文档中可以获得的信息,为监管人员制定出一套可帮助他们对某监管事项的风险重要性进行快速分级的评估工具,同时帮助他们从工程上理解该安全事项的重要性。

SDP 判定流程包括两个阶段的工作:第一阶段,SDP 引导程序;第二阶段,安全事项的 SDP 评估程序。SDP 评估程序共有 13 个,通过 SDP 评估程序,评估安全事项导致的性能和功能降级事件对核安全的影响,并根据影响的大小进行分级。部分 SDP 评估程序需要使用概率安全分析(PSA)模型精确评估事件对核安全的影响。

如图 1-4 所示,绿灯表示无安全影响;白灯表示低微安全影响;黄灯表示中度安全影响;红灯表示显著安全影响。

对于可能会影响电厂安全的事项,需要进入到 SDP 的下一个阶段,以获取更加全面风险评估。这项详细的评估需要风险评估专家参与,同时也需要对事项进行进一步的审查。这项审查的最终输出是评估该安全事项是绿色、白色、黄色、还是红色,进而确定 NRC 需要采取的进一步行动。

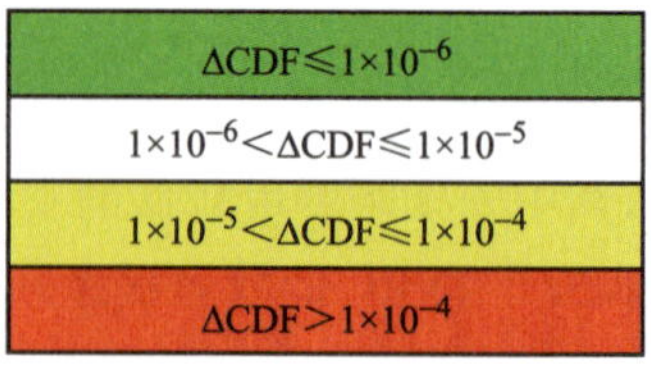

图 1-4 重要度确定程序判断结果指标值

1.1.3.3 NRC 的 SDP 运作流程

NRC 的 SDP 运作流程主要包含以下几个步骤:

1) 对安全事项的初始描述和判定

所有运行核电厂的安全事项都需要在检查的过程中与核电厂的代表进行讨论,且在检查阶段结束时与核电厂的管理方进行一次正式的关闭会议。安全事项的初始重要度的判定由检查员执行 SDP 第 1 阶段完成。

- 如果判定结果是绿色,则这将代表最终的判定结果,在正式的关闭会议上将进行确定并记录在检查报告中。
- 如果检查员判定结果为大于"绿色",即"白""黄""红"等,则需要反应堆安全分析人员(SRA)提供技术支持,通过检查员提供更详细的信息,SRA 进行初始重要度判定。

2）初始重要度复审

安全重要度大于“绿色”的安全事项，需要由安全重要度判定和强制措施审查小组(SERP)进行复审。SERP 由相关专业的技术专家，反应堆安全分析人员和高级反应堆安全分析人员等组成，当安全事项的安全重要度判定为高于“绿色”时，由 SERP 进行审核并听取各方的意见，最终对风险重要度的判定结果做出审查和批准。由 SERP 复审的结果代表其初始重要度的评估结果。如果安全重要度为“白”“黄”“红”色的安全事项被最终由 SERP 决定为绿色，则这将作为最终的判定结果并记录入检查报告中。

3）安全事项初始重要度判定过程中核电厂方面的意见

如果初始重要度评估结果是“白”“黄”或“红”色，核电厂将需要在公开的管理会议上或审理期间以书信回复方式或正式陈述来补充信息和观点。检查报告或初始安全重要度判定信件的附函要求核电厂召开公开管理会议或提供书面回复。在书面回复或公开会议上，核电厂需要提供充分的、清晰的信息证明，以帮助 SERP 合理运用信息进行最终重要度的确定。核电厂也可以提供不同于初步安全重要度判定结果的观点，其自身对安全重要度结果的评估可用于审核，但核电厂实体保卫相关的事项将不会公开。

4）安全事项安全重要度的最终确定

如果核电厂在书面回复中接受初步安全重要度判定结果，不准备提供补充信息，则 NRC 将通过信函的方式通知评估的最终重要度。

如果核电厂通过召开公开的管理会议或审理期间书信回复，提供补充信息和不同的观点，NRC 将参考该信息，确定其对最终安全重要度的影响。如 NRC 认为安全重要度判定结果不需要更改，NRC 将通过信函的方式通知事件评估的最终安全重要度。如果 NRC 认为安全重要度判定结果可能需要更改，则需要由 SERP 进行审核，NRC 将通过信函通知事件评估最终安全重要度。核电厂将根据安全事项的最终安全重要度确定后续的一系列行动。具体 SDP 评估过程将在后面的章节进行介绍。

1.1.4　美国核管会 SDP 判定的良好实践

对美国 104 个在运核电厂在 2012 年 2 季度至 2013 年 1 季度期间，SDP 的使用情况进行介绍和汇总，如表 1-1 所示，美国 104 个在运核电厂 SDP 对应七个安全基石的评估结果亮灯情况。

表 1-1　美国在运核电厂 SDP 评估结果汇总(2012 年 2 季度到 2013 年 1 季度)

电厂	始发事件	缓解系统	屏障完整性	应急准备	职业辐射	公众辐射	实体保卫	
Arkansas Nuclear 1	0	4 G	1 G	0	0	0	0	
Arkansas Nuclear 2	3 G	4 G	1 G	0	1 G	0	0	
Beaver Valley 1	1 G	2 G	0	0	0	0	GTG	
Beaver Valley 2	2 G	1 G	0	0	0	0	GTG	

续表

电厂	始发事件	缓解系统	屏障完整性	应急准备	职业辐射	公众辐射	实体保卫
Braidwood 1	3 G	8 G	1 G	0	0	0	1 G
Braidwood 2	1 G	10 G	1 G	0	0	0	1 G
Browns Ferry 1	0	1 R 1 W 5 G	0	1 G	0	2 G	0
Browns Ferry 2	1 G	1 W 5 G	0	1 G	0	2 G	0
Browns Ferry 3	3 G	1 W 5 G	0	1 G	0	2 G	0
Brunswick 1	2 G	2 G	1 G	1 G	0	0	0
Brunswick 2	5 G	2 G	0	1 G	0	0	0
Byron 1	2 G	8 G	2 G	0	0	0	0
Byron 2	0	5 G	2 G	0	0	0	0
Callaway	0	8 G	1 G	0	1 G	0	1 G
Calvert Cliffs 1	2 G	2 G	0	0	0	0	1 G
Calvert Cliffs 2	0	5 G	0	0	0	0	1 G
Catawba 1	0	1 W 4 G	0	0	0	0	0
Catawba 2	1 G	6 G	0	0	0	0	0
Clinton	1 G	7 G	1 G	0	1 G	0	0
Columbia Generating Station	1 G	11 G	4 G	2 W 1 G	4 G	0	0
Comanche Peak 1	0	5 G	1 G	0	0	0	1 G
Comanche Peak 2	0	7 G	1 G	0	0	0	1 G
Cooper	1 G	30 G	0	1 G	6 G	0	1 G
Crystal River 3	0	0	0	0	0	0	0
D. C. Cook 1	1 G	12 G	0	0	0	0	0
D. C. Cook 2	2 G	11 G	0	0	0	0	0
Davis-Besse	2 G	1 G	3 G	0	0	0	GTC
Diablo Canyon 1	0	5 G	4 G	0	1 G	0	1 G
Diablo Canyon 2	3 G	5 G	3 G	0	0	0	1 G
Dresden 2	1 G	3 G	0	0	0	0	0
Dresden 3	1 G	4 G	0	0	0	0	0

续表

电厂	始发事件	缓解系统	屏障完整性	应急准备	职业辐射	公众辐射	实体保卫
Duane Arnold	1 G	3 G	2 G	0	1 G	1 G	1 G
Farley 1	2 G	2 G	1 G	0	1 G	0	1 G
Farley 2	0	1 G	0	0	1 G	0	1 G
Fermi 2	4 G	4 G	0	0	0	0	1 G
FitzPatrick	2 G	6 G	0	0	0	0	1 G
Fort Calhoun	1 R 4 G	1 Y 1 W 12 G	4 G	0	1 G	1 G	GTG
Ginna	2 G	3 G	1 G	0	0	0	1 G
Grand Gulf 1	2 G	15 G	3 G	0	2 G	0	1 G
Harris 1	0	4 G	1 G	1 W 1 G	0	1 G	1 G
Hatch 1	1 G	8 G	2 G	1 G	0	0	0
Hatch 2	1 G	8 G	2 G	1 G	0	0	0
Hope Creek 1	1 G	2 G	3 G	0	0	0	0
Indian Point 2	1 G	10 G	0	0	0	0	1 G
Indian Point 3	1 G	10 G	0	0	0	0	1 G
Kewaunee	0	11 G	2 G	1 W 2 G	1 G	0	1 G
La Salle 1	1 G	2 G	8 G	0	0	0	1 G
La Salle 2	2 G	2 G	8 G	0	0	0	1 G
Limerick 1	1 G	2 G	6 G	0	0	0	1 G
Limerick 2	2 G	1 G	6 G	0	0	0	1 G
McGuire 1	1 G	0	5 G	0	0	0	0
McGuire 2	2 G	1 G	6 G	0	0	0	0
Millstone 2	2 G	0	3 G	0	1 G	0	0
Millstone 3	0	3 G	3 G	1 G	0	0	0
Monticello	1 G	9 G	0	0	0	0	0
Nine Mile Point 1	3 G	0	1 G	0	2 G	1 G	1 G
Nine Mile Point 2	3 G	1 G	2 G	0	0	0	1 G
North Anna 1	0	8 G	1 G	1 G	0	0	0
North Anna 2	0	7 G	0	1 G	0	0	0

续表

电厂	始发事件	缓解系统	屏障完整性	应急准备	职业辐射	公众辐射	实体保卫	
Oyster Creek	0	4 G	1 G	0	0	0	0	
Oconee 1	0	3 G	0	0	0	0	0	
Oconee 2	0	3 G	0	0	0	0	0	
Oconee 3	0	4 G	0	0	0	0	0	
Palisades	6 G	2 G	0	0	0	0	1 G	
Palo Verde 1	0	5 G	2 G	3 G	0	1 G	0	
Palo Verde 2	1 G	6 G	2 G	3 G	0	1 G	0	
Palo Verde 3	0	7 G	2 G	3 G	1 G	1 G	0	
Peach Bottom 2	0	2 G	0	0	0	0	1 G	
Peach Bottom 3	0	1 G	0	0	0	0	1 G	
Perry 1	3 G	6 G	1 G	1 G	1 W 4 G	0	1 G	
Pilgrim 1	1 G	5 G	0	0	0	0	1 G	
Point Beach 1	3 G	1 W 6 G	1 G	1 W	2 G	0	0	
Point Beach 2	4 G	8 G	2 G	1 W	2 G	0	0	
Prairie Island 1	2 G	7 G	0	1 W	0	0	0	
Prairie Island 2	2 G	7 G	0	0	0	0	0	
Quad Cities 1	3 G	7 G	0	0	0	0	0	
Quad Cities 2	3 G	5 G	0	0	0	0	0	
River Bend 1	8 G	15 G	2 G	0	0	0	1 G	
Robinson 2	3 G	7 G	0	0	0	0	0	
Saint Lucie 1	6 G	4 G	1 G	0	0	1 G	1 G	
Saint Lucie 2	1 G	2 G	0	0	0	1 G	1 G	
Salem 1	0	4 G	0	0	0	0	0	
Salem 2	0	1 G	0	0	0	0	0	
San Onofre 2	0	6 G	1 G	1 G	0	1 G	1 G	
San Onofre 3	2 G	2 G	0	1 G	0	1 G	1 G	
Seabrook 1	2 G	1 G	1 G	1 W 1 G	1 G	0	1 G	
Sequoyah 1	0	6 G	0	0	0	0	0	

续表

电厂	始发事件	缓解系统	屏障完整性	应急准备	职业辐射	公众辐射	实体保卫	
Sequoyah 2	0	5 G	1 G	0	0	0	0	
South Texas 1	3 G	3 G	1 G	0	0	0	1 G	
South Texas 2	4 G	2 G	1 G	0	0	0	1 G	
Summer	0	11 G	0	0	0	0	0	
Surry 1	0	2 G	0	0	0	0	1 G	
Surry 2	0	1 G	0	0	0	0	0	
Susquehanna 1	2 G	5 G	4 G	1 G	1 G	0	1 G	
Susquehanna 2	2 G	8 G	2 G	1 G	0	0	1 G	
Three Mile Island 1	0	4 G	0	0	0	0	1 G	
Turkey Point 3	0	4 G	0	0	0	0	0	
Turkey Point 4	1 G	2 G	0	0	0	0	0	
Vermont Yankee	1 G	6 G	1 G	0	0	0	0	
Vogtle 1	1 G	3 G	1 G	0	1 G	0	1 G	
Vogtle 2	0	3 G	0	0	1 G	0	1 G	
Waterford 3	4 G	8 G	0	0	1 G	0	1 G	
Watts Bar 1	0	10 G	0	1 G	0	0	0	
Wolf Creek 1	1 Y 3 G	16 G	1 G	0	2 G	0	0	
合计	1 R 1 Y 150 G	1 R 1 Y 6 W 551 G	125 G	8 W 31 G	1 W 40 G	17 G	4 GTG 47 G	2 R 2 Y 15 W 961 G 4 GTG

注：R＝红色，Y＝黄色，W＝白色，G＝绿色，GTG＝大于绿色(由于实体保卫安全基石相关具体信息并未公开，其大于绿色的评估结果用 GTG 表示)。

在 2012 年 2 季度到 2013 年 1 季度期间，共检查出安全事项 984 个，平均每个机组约 10 个；其中始发事件安全基石安全事项 152 个，占总数的 15.4%；缓解系统安全基石安全事项 559 个，占总数的 56.8%；屏障完整性安全基石安全事项 125 个，占总数的 12.7%；应急准备安全基石安全事项 39 个，占总数的 4%；职业辐射安全基石安全事项 41 个，占总数的 4.2%；公众辐射安全基石安全事项 17 个，占总数的 1.7%；实体保卫安全基石安全事项 51 个，占总数的 5.2%。

各个安全基石相关的安全事项的数量如图 1-5 所示。

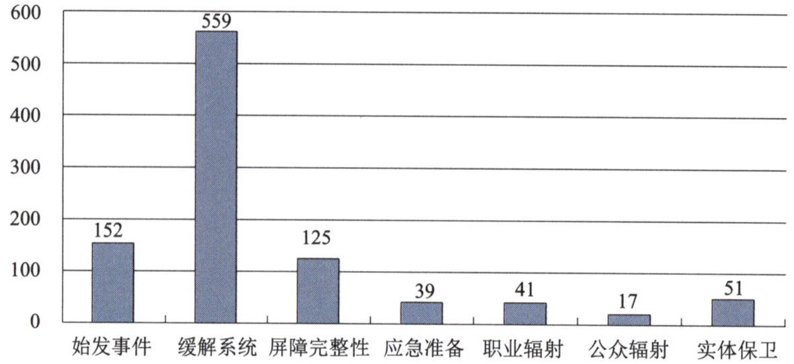

图 1-5 各个安全基石相关的安全事项的数量

从结果来看,始发事件安全基石、缓解系统安全基石、屏障完整性安全基石相关安全事项占总数的 85%左右。表 1-2 对过去一年中安全事项的最终判定结果进行了分析,其中最终判定结果为绿色的占 97.6%,判定大于绿色的安全事项仅占 2.4%。

表 1-2 安全事项判定结果

风险重要度	红色 R	黄色 Y	白色 W	大于绿色 GTG	绿色 G
数目/百分比	2	2	15	4	961
百分比	0.2%	0.2%	1.6%	0.4%	97.6%

可以看到,通过 SDP 分析对风险进行量化,推进的风险指引型核安全管理,美国核电厂全年所需关注的核安全事项不足 1 000 个,平均每个机组在 10 个左右,安全重要度较高的事项 23 个,平均每个机组 0.22 个,这使得美国核管会可以充分关注核安全重要度较高的事项,合理配置资源。

1.1.5 美国核电厂典型的 SDP 分析案例

本节对美国核电厂几个典型事件的 SDP 评估情况进行简单的介绍。

1) Fort Calhoun 核电厂电气开关断路器安装和校准存在缺陷导致火灾事件

• 事件概况

2011 年 7 月 7 日,该电厂一个电气开关设备发生火灾,该电气开关主要用于为乏燃料水池冷却所需要的重要系统和部件供电。该火灾导致相关系统两列电源丧失。

NRC 检查员对事件进行了检查,发现造成这次火灾的是一个更换过的断路器,该断路器位于电气开关内,更换时间是 18 个月前。更换时电气部件之间的校准偏差和连接处的清理不充分(表面有硬化的油脂),使连接点的电阻增加,导致了温度升高并发生火灾,造成了其供电电源丧失。烟灰和烟气的蔓延穿过防火屏障,导致另一列设备的断路器也发生动作而丧失功能。事件导致乏燃料水池丧失冷却 90 分钟。

NRC 随后进行了一次补充检查,发现多个断路器的更换情况均存在相同的问题。

• 事件的重要性判定(SDP)

查阅资料显示，Fort Calhoun 电厂在 2011 年 4 月因正常换料大修进入冷停堆状态，由于核电厂长期存在的技术缺陷和随后的密西西比河洪水威胁(6—9 月)，电厂一直未能重新启动。火灾事件发生在机组冷停堆状态。

NRC 高级反应堆安全分析师使用 Fort Calhoun 电厂特定 SPAR Model、电厂外部事件检查结果完成了 SDP 评估。

该缺陷的暴露时间选取了 SDP 所允许的最大暴露时间——1 年。分析师对外部事件进行评估，得出火灾始发事件的发生频率为 7.0×10^{-2}/年$^{-1}$。该分析包含了火灾可能影响到的 9 个常闭断路器，计算结果显示堆芯损伤概率增量 $\Delta CDF=1.1\times10^{-4}$。另外，地震所诱发的火灾的计算结果为 $\Delta CDF=2.7\times10^{-4}$。由于该安全事项并未造成放射性早期大规模释放(LERF)，所以其最终计算结果为 $\Delta CDF=1.1\times10^{-4}+2.7\times10^{-4}\approx4\times10^{-4}$，风险重要度判定为“红色”。

2) Wolf Creek 1 核电厂启动变压器电气短路事件

• 事件概况

该事件为启动变压器 XMR01 内的电流互感器 H1/CT4 和 H2/CT5 的电渗透密封和电缆在更换后没有进行绝缘处理。这导致在 2012 年 1 月 31 日，由于两个未绝缘的电缆短接，误触发高电压差动信号导致继电保护回路动作，启动变压器自动跳闸和闭锁，导致 B 系列设备丧失厂外电很长时间。

• 事件的重要性判定

NRC 高级反应堆安全分析师(SRA)使用 Wolf Creek 1 电厂特定 SPAR Model、电厂外部事件检查完成了 SDP 评估。

该事件在电厂功率运行工况下，主要影响始发事件安全基石，该缺陷导致核电厂在汽机跳闸或反应堆跳堆期间，外电源传输总线故障，部分安全相关设备的厂用电丧失。该事件增大了紧急停堆瞬态发生的可能性，且部分对应的缓解系统也不可用。另外，对部分地震外部始发事件的堆芯损坏序列也有影响。SRA 通过 SDP 分析，事件对所有的瞬态序列，特别是由于丧失重要厂用水系统和设备冷却水系统而导致主泵轴封丧失的发生频率增加较大；同时影响的还有重要设备冷却水，可能导致缓解系统部分设备不能成功冷却和丧失了安全壳再循环阶段的冷却等事件。

最终计算结果为 $\Delta CDF=2.59\times10^{-5}$，根据 SDP 评估结果判定的原则，其风险重要度为“黄色”。

3) Arkansas Nuclear 1 核电厂设备冷却水泵失效事件

• 事件概况

2012 年 6 月 30 日，该电厂 1 号机组发生一起设备冷却水泵 C 失效事件。该事件是由于未能按照采购相关文件进行物料采购。导致错误的联轴器被安装于设备冷却水泵 C 上，直接导致了联轴器损坏，该泵不可用。

• 事件的重要性判定

该事件对始发事件安全基石和缓解系统安全基石都有潜在的影响，因此 NRC 高级反应堆安全分析师(SRA)对此事件进行分析。SRA 分析得出对缓解系统安全基石的影响占据主导地位，其对堆芯的长期冷却功能有影响，通过 SDP 分析得出其风险重要度较低——“绿色”。

4）Perry 1 核电厂撤除反应堆厂房内源量程中子探测器事件

• 事件概况

NRC 检查人员发现 Perry 1 核电厂撤除了反应堆通道内的源量程中子探测器。该区域属于放射性较高的区域，撤除源量程中子探测器后，该区域的放射性风险将无法评估和衡量。

• 事件的重要性判定

NRC 检查人员认为该事件导致反应堆通道区域内发生过度辐射事件的风险大大增加，电厂并没有有效的手段去进行监测，潜在违反了 ALARA（As Low As Reasonably Achievable）原则，且该事件对于交叉领域中的人员绩效也有影响，最终将其风险重要度定为“白色”。

1.2 SDP 判定方法在国内核安全管理中的应用

近年来国内各主要核电厂不断致力于提高核安全管理水平，不断引进国外先进的核电厂管理方法和工具。SDP 判定方法作为有效的事件和异常重要度判定工具也被引入到了国内核电厂的日常安全管理中，下面对大亚湾核电厂、田湾核电站和秦山第二核电厂 SDP 判定方法的使用情况进行介绍。

1.2.1 国内核电厂的使用情况

1）大亚湾核电厂

大亚湾核电厂是国内最早在日常安全管理中引入 SDP 判定方法的核电厂。根据自身的系统和设备配置，以及事故规程和 PSA 分析报告等电厂信息，目前已经开发出了功率工况 SDP 判定方法。

大亚湾核电厂所属的中广核集团为了规范风险指引型核安全管理体系的建设，贯彻落实风险指引型核安全管理，制定了《集团风险指引型核安全管理实施细则》和《集团风险指引型核安全事件评估工作指引》等管理规定对异常重要性判定方法的使用进行规范和指导。通过这些管理规定，以苏州热工研究院为首的技术支持单位会定期地对核电厂报送的事件和异常进行重要性判定，如发现重要事件和异常会提交评估报告和行动建议。

2）田湾核电站

田湾核电站根据自身系统和设备的配置情况，结合自己事故处理规程和 PSA 分析报告等信息，目前已开发了《田湾核电站安全事项重要度判定系统》，该系统于 2013 年正式开始投入使用，主要用于帮助电厂工作人员评估状态事件报告系统中的事件。

《田湾核电站安全事项重要度判定系统》的业务流程分为三部分，包括 SDP 输入部分、SDP 流程计算推理部分和 SDP 输出项部分。

3）秦山第二核电厂

秦山第二核电厂委托设计院开发了《秦山第二核电厂安全事项重要度确定系统》，该系统于2013年开始调试运行，主要也是用于评估状态事件报告系统中的事件，与田湾核电站不同的是，秦山第二核电厂只评估状态事件报告A、B类的事件。

田湾核电站和秦山第二核电厂SDP判定系统使用情况将在第10章中进行详细的介绍。

1.2.2 国家核安全局

随着国内大量新机组的投入运行，在日常核安全监管中，监管单位需要处理越来越多的核电厂上报的事件和异常，如何判定这些事件和异常的重要程度也是核安全监管单位遇到的难题。在国内核电厂SDP判定方法的经验基础上，同时参考美国NRC现行的SDP判定方法，国家核安全局也开发了自己的核电厂异常重要性判定系统（功率工况下SDP），目前该系统已经投入使用，用于日常核安全监管工作。该系统的设计、开发及使用方法将在第8、9章详细介绍。

1.3 小　结

综上所述，SDP判定方法实现了风险的量化评估，真正做到对涉及核安全相关的事项进行了分级管理，合理配置技术和监管资源，可以有效对核电厂起到保驾护航的作用，而美国各核电厂在使用SDP后不断提升的安全和经济业绩也对其效果提供了佐证。国内核电厂在开发和使用SDP的过程中积累了一定的经验，逐步形成了完善的实施流程，加强了安全决策的有效性，更有效地利用监管资源和减轻核电厂不必要的负担，改进核电厂运行、维修的灵活性。同时国家核安全局核电厂异常重要性判定系统也已开始使用，这些都将有助于现行核安全管理和监管理念的转变，提高我国核电厂的安全运行水平。

\\\ 第 2 章 \\\

核电厂概率安全分析方法简介

异常重要性判定方法(SDP)实际包括定性和定量分析两个部分;在定性分析过程中,评估人员可以根据定性准则筛查安全重要度低事项;在定量分析过程中,可以根据 SDP 判定模型对事项进行初步的定量风险分析。其中 SDP 判定模型是在特定电厂的 PSA 模型基础上进行了合理的简化。简化的程度能够保证使用 SDP 判定模型得到的事件风险重要度总体来说是保守的,但又不至于过度保守,它适合于对安全事项进行筛选的原因正在于此。

由于 SDP 判定模型比 PSA 模型保守,因此如果评估结果认为安全事项的风险重要度低,则使用 PSA 模型计算的风险重要度结果也一定是低的。这样,使用 SDP 来判定安全事项的风险重要度高,就不会遗漏任何风险重要的事件。而且,如果经过 SDP 判定后,其评估结果如果是非低安全重要度(非“绿色”),还需要进行 PSA 分析计算,以便验证评估事项是否是真正的风险重要度高的事项,并得出具体的风险值。考虑到 SDP 与 PSA 的关联,以便更好地了解 SDP 的整个判定流程,了解核电厂现在普遍使用的概率安全分析方法是有必要的。

2.1 概　述

概率安全分析(PSA)又称概率风险分析(PRA),是 20 世纪 70 年代以后发展起来的一种系统工程方法。PSA 方法和技术首次综合性应用开始于 1975 年美国核管会的《反应堆安全研究》(WASH-1400)。自从这次具有里程碑意义的研究以来,在方法上已经有了实质性的发展,PSA 已经成为核电厂安全评估的一个标准化工具。

PSA 采用系统可靠性评估技术(即故障树、事件树分析)和概率风险分析方法对复杂系统的各种可能事故的发生和发展过程进行全面分析,从它们的发生概率以及造成的后果综合进行考虑。与传统的以纵深防御概念为基础的确定论评估方法相比,PSA 比较现实地反映了核电厂的实际状况,分析对象不局限于设计基准事故,而是尽可能地考虑更广泛的事件谱,并对这些事件的进程进行全面的分析,并在此基础上对风险进行量化。此外,PSA 不是局限于单一随机故障,而是在考虑事件进程中各系统和设备发生故障的可能性时,同时考虑事件发生后人员干预失效的可能性以及系统、设备、人员之间的相关性。

核电厂 PSA 中针对事故后果不同通常可分为三个层次:

一级 PSA:系统分析。对核电厂运行系统和安全系统进行可靠性分析,确定造成堆芯损坏的事故序列,并作出定量化分析,求出各事故序列的发生频率,给出每反应堆每运行年发生堆芯损坏的概率。该级分析可以帮助分析设计中的弱点和指出防止堆芯损坏的途径。

二级 PSA：一级 PSA 结果加上安全壳响应的评估。分析堆芯熔化物理过程和安全壳响应特性，包括分析安全壳在堆芯损坏事故下受的载荷、安全壳失效模式、熔融物质与混凝土的作用以及放射性物质在安全壳内释放和迁移。结合一级 PSA 结果确定放射性从安全壳释放的频率。该级分析可以对各种堆芯损坏事故序列造成放射性释放的严重性作出分析，找出设计上的弱点，并对减缓堆芯损坏后的事故后果途径和事故管理提出具体意见。

三级 PSA：二级 PSA 结果加上厂外后果的评估。分析放射性物质在环境中的弥散，求出核电厂外不同距离处放射性核素浓度随时间的变化。结合第二级分析的结果按公众风险的概念确定放射性事故造成的厂外后果。三级概率安全分析能够对后果减缓措施的相对重要性作出分析，也能对应急响应计划的制定提供支持。

此外，对安全设备的可靠性分析对于设计评估特别有用，有时将它相对独立出来，称为 0 级 PSA。

PSA 的分类方法还可以按照核电厂的运行工况划分或者按照始发事件的范围划分，按照电厂的运行工况可以分为功率 PSA 和停堆 PSA，按照始发事件范围可以分为内部事件（丧失冷却剂事故 LOCA 和瞬态等，还包括内部水淹、火灾等灾害）以及外部事件（也称外部灾害，如地震、外部火灾等）。

2.2　PSA 的实施程序

PSA 首先要找出可能导致事故的各种事件组合，然后确定每一组合发生频度，最后在估算其后果。PSA 同时要采用逻辑和机理两种模型，其中逻辑模型用来搜寻事件组合，并确定组合事件的发生频度；机理模型则用来研究事故演进和后果。图 2-1 给出了核电厂 PSA 的全部内容和实施流程。

电厂和系统的分析常采用事件树和故障树技术，其量化分析必须借助于可靠性数据库的支持，这也正是概率论方法仰仗确定论方法之处。此外，一个完整的 PSA 还必须要包括不确定性分析，数据本身的不确定性和模型假设的不确定性都将传递到最终结果上。

2.2.1　始发事件分析

1）确立始发事件清单

始发事件是造成核电厂扰动并且有可能导致堆芯损坏（或放射性核素早期大量释放）的事件，它究竟能否造成堆芯损坏，依赖于核电厂各个缓解事故的系统是否能成功地运行。始发事件是事故序列的起始点，因此 PSA 必须从始发事件分析开始。实施始发事件分析的第一步就是要形成一个需分析的始发事件（initial event，IE）清单，并对这些始发事件进行归并分组，以便减轻事故序列模型化和定量化的工作量。尽管从要求上看，需要有一份尽可能完备的始发事件清单，但是不可能形成一个绝对完整的始发事件清单，因此在力求完善的同时应当使没有被识别的始发事件对总风险的贡献应是极小的。

始发事件的确定可以采取两种方法。一种方法是广泛的工程评估，对以前进行的 PSA

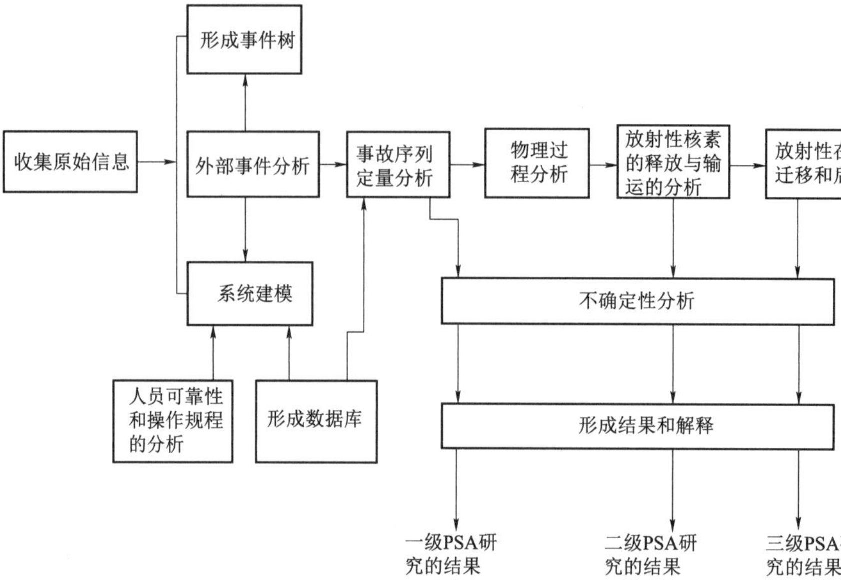

图 2-1 核电厂概率安全分析的程序

资料、反映运行历史的文件资料以及本电厂的设计等资料进行评估，经过工程判断编制出始发事件的清单。另一种有效的方法是采用演绎分析，根据逻辑推理原理，构造事件逻辑图，如大逻辑图方法。在这种方法中，堆芯损坏作为一个方框图的顶事件，这种方框图在结构上类似于在后面介绍的故障树。从顶事件开始逐步分解成不同类别的可能导致堆芯损坏发生的事件，从最底层的各事件中选出始发事件。需要说明的是，安全系统成功运行以及其他预防性措施不包括在此图内。

始发事件一般可分为内部始发事件和外部灾害(内部的和外部的)两大类。内部始发事件包括核电厂硬件失效和由人员失误或计算机软件缺陷造成核电厂硬件的错误运行，如冷却剂丧失事故(LOCA)、瞬态等。外部灾害(也可叫做外部事件)是指对若干个系统造成共同的极端环境条件的事件，包括地震、洪水、大风和飞机坠落。内部灾害包括内部原因导致的火灾、爆炸、水淹和飞射物撞击。丧失厂外电源也可归入外部灾害，但一般将它归为内部始发事件考虑。

如使用失效模式与影响分析(failure modes and effects analysis, FMEA)来分析始发事件，应分析所有运行的前沿系统、支持系统和备用系统的运行故障、部分运行故障和误运行或是这些系统的后续故障，确定其可能导致的始发事件。

始发事件的确定应考虑设备部分故障也可能会对风险有明显贡献。始发事件中会包括发生频率很低的事件。对于 PSA 中未考虑的事件，如压力容器破裂，需要检查用于筛选这些事件的准则是否合适。此外，要注意所分析电厂的设计特征和在该电厂运行经验调研中发现的新始发事件。

对于双机组或多机组的电厂，一些安全系统是共用的或跨接的。因而，必须检查是否考虑了同时影响多个机组的始发事件(如丧失外电网和多数外部事件)和共用系统的处理。

汽轮机解体导致的飞射物可能会击中另一个机组，该事件应该予以考虑，尽管在后续的分析中可能会被筛选掉。机组间的连接部分可能会使一个机组的事故导致另一个机组发生始发事件。虽然在满足工程要求的电厂里一般不会出现这样的问题，但还是有必要检查这种可能。

对轻水堆而言，始发事件可粗分为冷却剂丧失事故（LOCA）和瞬态两大类。冷却剂丧失始发事件是指直接造成一回路压力边界丧失完整性的所有事件，例如不同破口尺寸的 LOCA 和接口系统 LOCA。瞬态始发事件是指需要反应堆降功率或者停堆并随后排出衰变热的所有事件。

为了尽可能得到完备的始发事件清单，可以参考现有同类核电厂的最终安全分析报告和所作的 PSA 分析报告，还可以参考核电厂的运行事件报告以及有关专题报告。在进行特定核电厂 PSA 工作时，一开始就对这些报告中列出的始发事件进行分析和筛选，初步形成一个始发事件清单。压水堆瞬态始发事件清单如表 2-1 所示。

表 2-1　压水堆瞬态始发事件表（样表）（取自 EPRI-NP-2230）

1. 反应堆冷却剂流量丧失（一个环路）	22. 各种机械原因导致的给水不稳
2. 失控提棒	23. 冷凝泵丧失（一个环路）
3. 控制棒驱动机构的故障和/或落棒	24. 冷凝泵丧失（所有环路）
4. 从控制棒处的泄漏	25. 冷凝器失去真空
5. 一回路系统的泄漏	26. 蒸汽发生器泄漏
6. 稳压器低压	27. 冷凝器泄漏
7. 稳压器泄漏	28. 二回路系统各种各样的泄漏
8. 稳压器高压	29. 蒸汽排放阀的突然打开
9. 不正确的安注信号	30. 失去循环水
10. 安全壳的超压问题	31. 失去设备的冷却
11. 化容系统不正常——硼稀释	32. 失去厂用水系统
12. 压力、温度、功率不匹配——棒位错误	33. 汽轮机脱扣，调节阀关闭，BHC 故障
13. 不工作的冷却剂泵启动（也称冷水事故）	34. 发电机脱扣或发电机引起的故障
14. 反应堆冷却剂流量全部丧失	35. 厂外电源全部丧失
15. 给水流量丧失或减少（一个环路）	36. 稳压器喷淋故障
16. 给水流量全部丧失（所有环路）	37. 必不可少的电厂系统失去电源
17. 主回路隔离阀完全或部分关闭（一个环路）	38. 未知原因引起的各种误脱扣
18. 所有的主回路隔离阀关闭	39. 非瞬态工况的自动脱扣
19. 给水过多（一个环路）	40. 非瞬态工况的手动脱扣
20. 给水过多（所有环路）	41. 电厂内的火灾
21. 给水不稳—操作错误	

2）始发事件的分组

应该说，一个核电厂的事故始发事件在数量上是很庞大的，即便是对几十个事故始发事件建立事件树也是不现实的。因而，须对已确定的始发事件进行适当的归并分组，在确保风险分析完备性的前提下减少事件树分析与故障树分析的工作量。

始发事件的分组需要检查各个始发事件发生后事故进程是否相同，所要求的安全系统的成功准则是否相同。事故进程相同、安全系统的成功准则也相同的始发事件应该分在同一组考虑。实际上，也就是事故始发事件必须按安全功能或者系统响应进行分组。同一组内的所有始发事件基本上具有相同的前沿系统成功准则，并且具有相同的特殊条件（对操纵员的要求，核电厂自动响应），因而能够利用相同的事件树/故障树分析进行模型化。

对于有相同种类的核电厂响应但前沿系统成功准则不相同的始发事件，分在同一组虽然可以减少今后分析的工作量，但对于这一始发事件组的成功准则用于该事件组中的每一个事件上时，可能是很麻烦的。例如，导致安全壳旁路的始发事件（如蒸汽发生器管道破裂）就不能够和其他 LOCA 事故分在一组，因为安全壳的有效性不同。如果事故进程或成功准则略有不同的始发事件被分为一组，需要特别检查所建立的事件树是否包络了所有潜在的序列和后果。

始发事件的分组应当考虑如下几种原则：

- 当电厂（包括操纵员）响应、成功准则、允许响应时间等相类似时，将这些始发事件合并成一个始发事件组；
- 为了保证始发事件组的完整性，始发事件清单中的每个事件都必须归属到某一个始发事件组类别中；
- 如果某个始发事件对某些安全系统的功能有重大影响，这样的始发事件应单独列一个始发事件组类别；
- 每个始发事件组中以最不利工况的要求作为该组的包络条件。在这种情况下，必须对所节省的工作量和所引进的保守性加以权衡。

核电厂典型的始发事件一般可分为以下几组：

- 反应堆导热增加（二次侧释放阀开启、蒸汽管线破裂）；
- 反应堆导热减少（丧失主给水、给水管线破裂）；
- 冷却剂流量降低（冷却剂泵脱扣、卡泵、轴断裂）；
- 反应性/功率分配异常（不可控的控制棒抽出、弹棒、硼稀释）；
- 冷却剂水装量升高（应急堆芯冷却系统误动作）；
- 冷却剂水装量下降（一回路释放阀开启导致的 LOCA、一回路管道破口等）。

定义每一类始发事件组时，除了极端情况外，还应寻找更一般性的情况，因为它们可能是更频繁发生的，风险更大。如在前两类始发事件中，汽轮机控制失误就比主管道破口更为常见。

3）始发事件的频率

每一个始发事件都应被赋予一个频率值。由于这些事件可能有许多不同的和独立的根本原因，所以必须确保所赋予的频率值包含了所有的这些原因。同时还要保证没有重复计算的情况。例如，控制失效引起卸压阀打开，它作为一个始发事件单独列在始发事件表中，那么该阀门的异常打开频率中将不包含此频率。类似地，在 PSA 的范围包括内部和外部灾害时，一种灾害可能是一次瞬态的原因，其频率未必包含在该瞬态的频率中。每个始发事件组的频率应该是该组中所有事件频率值之和。

始发事件频率的确定通常有几种方法，一是从通用数据库得到，一是根据特定电厂大量堆年的运行经验数据经过分析判断得出。有时也可以直接通过系统故障树分析得出，如丧失电厂支持系统导致的始发事件，可以利用故障树估计事件的发生频率。若电厂已运行了多年，可以认为去掉最初几年的数据是合理的，因为初始阶段瞬态的频率通常很高，但会逐步下降。

4）安全功能、前沿系统和支持系统

对每一个始发事件而言，必须确定为防止堆芯损坏所需要执行的安全功能。轻水堆内防止堆芯损坏的安全功能有：① 控制反应性；② 排出堆芯衰变热和潜热；③ 保持反应堆冷却剂压力边界完整性（压力控制）；④ 保持反应堆冷却剂水装量；⑤ 保护安全壳完整性（隔离、超压保护）；⑥ 从安全壳大气中清除放射性物质。

为了实施安全功能，就需要投入执行该安全功能的各个系统。直接执行安全功能的系统称为前沿系统，为保证前沿系统正确执行功能所需的系统称为支持系统。一个始发事件发生后，需要投入的安全功能即前沿系统是与始发事件有关的。

表 2-2 列出了压水堆中的各种安全功能和前沿系统。可以看出，压水堆中的前沿系统有反应堆保护系统、中压安注系统、高压安注系统、低压安注系统、安全壳喷淋系统、安全壳冷却系统、动力转换系统、应急给水系统、余热排出系统以及稳压器安全卸压阀等。

表 2-2　压水堆中安全功能及相应的前沿系统

安全功能	前沿功能
控制反应性	反应堆保护系统
	高压安注系统
排出堆芯衰变热和潜热	动力转换系统
	应急给水系统
	高压安注系统和稳压器安全泄压阀
	低压安注系统
	余热排出系统
保持反应堆冷却剂边界完整性（压力控制）	稳压器安全卸压阀
保持反应堆冷却剂装量	高压安注系统
	低压安注系统
保护安全壳完整性（隔离，超压）	安全壳喷淋系统
	安全壳冷却系统

在压水堆中，支持系统有厂外交流电源、柴油发电机、直流电源、专设安全设施触发系统、应急给水引发和控制系统、厂用水系统、仪表用压缩空气系统、设备冷却水系统、配电间冷却系统、高压泵房冷却系统、低压喷淋泵房冷却以及非核级仪表电源等。

在 PSA 中分析前沿系统与支持系统的依赖关系是十分重要的，应该给予充分注意。始发事件对系统的影响也应当加以考虑。表 2-3 中列出了压水堆中前沿系统与支持系统的依赖关系。

表 2-3 压水堆核电厂前沿系统和支持系统依赖关系示例

前沿系统	支持系统													
	厂外交流电源	柴油发电机	125 V 直流电源	专设安全设施触发系统	应急给水引发和控制系统	厂用水系统	仪表用压缩空气系统	整体控制系统	中间冷却系统	交流配电间冷却系统	直流配电间冷却系统	高压泵房的冷却系统	低压喷淋泵房的冷却系统	非核级仪表电源
反应堆保护系统														
堆芯淹没系统														
高压安注/再循环	√	√	√	√		√				√	√	√		
低压安注/再循环	√	√	√	√		√				√	√		√	
反应堆厂房喷淋/再循环	√	√	√	√		√				√	√		√	
反应堆厂房冷却系统	√	√	√	√		√				√	√			
动力转换系统	√		√		√	√	√	√	√	√	√			√
应急给水系统	√	√	√		√	√				√	√			
稳压器安全卸压阀														

2.2.2 事故序列分析

1）事件树的建立

始发事件确立后，接着就是确定核电厂对每组始发事件的响应，确定可能引起堆芯损坏或当始发事件发生后反应堆停堆并带出堆芯余热使电厂处于安全状态的事故序列。也就是采用事件树分析方法分析核电厂对每组始发事件的响应、哪些系统需要投入、操纵员要不要采取行动、会不会造成堆芯损坏等。事件树最上层按照顺序列出可能影响事故进程的一系列事件，称为事件树的题头事件，它是始发事件发生后需执行的安全功能。对于将导致堆芯损坏的事故序列，按电厂损坏状态 PDS（Plant Damage State）进行分组，为二级 PSA 的分析打下基础。

目前 PSA 中有两种事件树分析法：① 小事件树-大故障树方法；② 大事件树-小故障树方法。小事件树-大故障树方法是在 WASH-1400 中使用的方法，也是美国 NRC 推荐在 PSA 中使用的方法。大事件树-小故障树方法是 PL&G 在 Oyster Creek PSA 中采用的方法。下面对这两种方法作一简要介绍。

• 大事件树-小故障树法

大事件树-小故障树法也称为显示法，带有边界条件的事件树方法，或者带有支持系统状态的小故障树法。在这种方法中，所有支持系统的状态将明显地出现在事件树题头中。

在事件树题头中有时还可以考虑基本事件、人员操作。

这样，在对事件树的各个序列进行故障树分析时，将在支持系统所定义的一组边界条件下进行前沿系统的故障树分析，求出分支概率。对于每一组边界条件建立各个单独的故障树。

大事件树-小故障树法的优点在于：在事件树中反映了现有的相关性、与事件树相关联的故障树，由于是不包括支持系统的前沿系统的故障树，故障树规模不大，因而对计算机程序的需求相对较低。每个事故序列的发生频率计算也很简单，为相应各个分支概率的乘积。但这种方法也有很大的缺点：① 只有丰富经验的专家经过精心处理才可能在事件树建立起正确的相关性；② 事件树复杂程序随树中支持系统数目和支持系统状态数目的加大而迅速加大；③ 每棵故障树的规模变小了，但故障树的数目却可能反而增加。

- 小事件树-大故障树法

在小事件树-大故障树法中，首先形成以安全功能为题头的事件树，然后再扩展事件树，将前沿系统的状态作为题头形成最后的事件树。对于事件树中出现的前沿系统，利用故障树模型方法加以处理。以安全功能为题头的事件树，称为功能事件树，每一个始发事件都可以形成其功能事件树。应该注意，功能事件树不是最终的产品，而是一个中间步骤。但它能提供一些基础信息，并便于采用逐步的处理方法，对各种始发事件和响应特性之间复杂的关系进行分类。某些功能可能是很复杂的，常常需要几个系统相结合来完成某一功能。因而最后形成的事件树总是比功能事件树大。

事件树题头的前后顺序对分析结果并非至关紧要，但对分析效率和简洁性却是非常重要的。一般可以按时间、功能和硬件相互关系来排列。较好的一种方法是按照对始发事件响应的时间顺序来排列。首先列出立即响应的系统（如反应堆保护系统），然后按响应顺序列出其他系统，如高压安注，然后高压再循环。如果为了尽量减少分支数目以简化事件树，可以对题头事件的顺序进行调整。调整时要遵循下述原则，即一个事件必须是在其所依赖的所有事件发生后出现。操纵员的行动必须按时间顺序出现，因为行动失败的概率是以直到该点的事故序列为条件的。在同一棵事件树的不同分支上，事件可能会有不同的时间顺序。只要正确处理了相关性条件，这不会成为问题。如果做不到的话，一个事件就可能出现在两个题头中，在分支点分别使用合适的题头。如果一棵事件树被用于多个始发事件组，那必须审查这棵事件树是否确实能够包含所有由该不同始发事件组发展而来的序列，并且这种并组不会引起不适当的保守性。

在选择题头次序时也应考虑系统功能上和硬件上的相互关系。例如余热排出系统可能需要安全壳喷淋系统的成功运行，这样，余热排出系统的题头就应在安全壳喷淋系统之后。

像设备冷却水系统和电源系统这些支持系统，是不直接执行安全功能的。因此，按小事件树方法建立系统事件树时不包括这些支持系统。但是支持系统对执行安全功能的系统或系统组的无效度有明显的影响。所以必须确定每个前沿系统的支持系统，并在前沿系统分析时考虑这些支持系统。因而对前沿系统形成的是一棵大故障树。小事件树法产生的事件树是简洁的，便于对事故序列进行综合审查。只要有进行大故障树分析的计算机程序，小事件树-大故障树法是一种行之有效的方法，容易分析计算。

另外，在这种方法中，所有支持系统的相关性都在前沿系统中加以考虑。因而用此方法形成的大故障树中，对于共用的部件和支持系统只要利用相同的名字，就可以在故障树分析程序通过布尔代数的处理过程自动找出各相关性。

为了建立事件树，将需要从电厂设计和分析报告中获得每个始发事件发生后电厂的响应特性，包括物理、燃料和热工水力学等方面的特性。对此，由确定论方法完成的安全分析报告和相关文件可作为 PSA 工作的支持文件。

2）成功准则分析

PSA 总的成功准则的目标是定义堆芯损坏(和放射性核素早期大量释放)，即首先要确定堆芯损坏的准则。一般采取间接的判别准则，如堆芯长期裸露、超压等，这对分析是有影响的。如果堆芯裸露开始后，不太可能采取缓解措施防止堆芯损坏，那堆芯裸露就可以作为堆芯损坏的替代判据。这对轻水堆通常是适用的，但对别的反应堆堆型却未必适用。如果堆芯裸露后需要相当长的时间才会导致堆芯损坏，则需要考虑对堆芯损坏作更现实合理的定义。

对于每个始发事件组，需要确定实施哪些安全功能来防止堆芯损坏。一般考虑的安全功能有始发事件的诊断、反应堆停堆、余热排出和安全壳保护等。

必须首先确定用来完成每个安全功能的全部安全系统(前沿系统)，然后确定安全系统的成功准则，它应该是对系统所要求的最低水平，通常用冗余系统中需要运行的列数来表示。成功准则也规定了对支持系统的要求。

只要可能，应该按最佳估计瞬态分析定义 PSA 中的成功准则。用它代替按确定论设计基准分析所确定的保守的成功准则。但是，如果在 PSA 中对事故序列的某些系统已经利用了保守的成功准则，就应明确说明和加以论证。其结果要作详细审查，以确保这些保守准则不会影响 PSA 的分析结论。

分析安全系统的成功准则时，还要考虑与其他安全系统的相关性。如压水堆大破口事故中，根据安注箱成功向一回路注水的数目，低压安注系统的要求可能会有所不同。

在考虑成功准则时，还要识别操纵员的动作。通常根据应急规程或利用如事故序列流程图的分析方法来确定。

成功准则中还应规定安全系统的任务时间，这要根据瞬态分析决定。还应该找出因始发事件发生而造成失效的安全系统，并在定义成功准则中考虑。例如，支持系统(如电源、冷却水等)内出现部件失效的始发事件，就会造成相关安全系统的失效。又如压水堆发生的大、中 LOCA，当破口发生在冷端时，与该冷端相连接的应急堆芯冷却系统(ECCS)列就失去了流量，这在定义成功准则时需要加以考虑。

2.2.3 故障树分析

1）故障树建模

对事件树题头事件(功能失效)的支持逻辑是故障树。故障树的构建采用自上而下的演绎法追溯原因。该方法把系统最不希望发生的状态作为系统故障的分析目标，然后寻找直接导致这一状态发生的全部因素，再找出造成下一级事件发生的全部直接原因，直到无需在深究其发生的因素为止。其中，把最不希望发生的事件称为“顶事件”，无需再深究的事件称为“底事件”，介于二者之间的事件称为“中间事件”。

故障树可分为三种等级，功能故障树、系统故障树和部件故障树。功能故障树是故障树和事件树分析连接点，其顶事件代表某一安全功能的失效，底事件止于系统的失效；系统故障树的顶事件是某一系统的功能失效，底事件是部件或设备的失效；部件故障树顶事件为某一部件的失效，底事件为该部件的各种失效模式。

由于必须对事件树分析中确定的每个功能系统失效状态都建立故障树，所以在某些情况下对同一个系统可能需要建立多个故障树模型，以满足为不同始发事件组或事件树不同分支处定义的成功准则，这与系统需求前的事件序列有关。有时可以在一个故障树中使用房形事件实现不同成功准则之间的转换。

为了使所有建立的故障树对可能直接导致或同其他基本事件组合后导致顶事件发生的所有独立基本事件都进行模化，需要通过系统分析的方法确定故障树上需要建模的基本事件集。

2）故障树的定性分析

故障树定性分析的目的是找出导致顶事件发生的原因事件或原因事件的组合，即识别导致故障树顶事件发生的所有最小割集。“割集”是故障树中一些底事件的集合，当这些底事件同时发生，顶事件必然发生。“最小割集”是割集集合的一个子集，是底事件数量不能再减少的割集，即若将割集中所含的底事件任意去掉一个就不再成为割集。任一个故障树都由有限数量的最小割集组成。

最小割集是故障树分析的最基本内容。这些最小割集可以帮助判别潜在的故障，揭示设计的薄弱环节，指示系统设计改进方向，同时还可以用于指导故障诊断，改进运行和维修方案等。

3）故障树的定量分析

从故障树定性分析得出所有最小割集后，就可以根据相应的数据计算出故障树中各底事件发生的概率，进而求出顶事件发生概率，并根据需要进行重要度分析、不确定性分析、敏感性分析。故障树定量分析的内容包括：

（1）根据各底事件的可靠性参数及可靠性模型计算各底事件的失效概率；

（2）根据底事件的发生概率算出顶事件发生概率的点估计值和区间估计值，以确定系统的可靠性；

（3）确定每个最小割集的发生概率；

（4）确定每个底事件的发生对引起顶事件发生的重要度，即重要度分析，以便识别设计上的薄弱环节。

4）相关性分析

核电厂的各个系统并不都是独立的，相反很多系统之间都有相关性。系统的相关性对于多个系统的组合故障有很大影响，因而相关性故障分析在核电厂PSA分析中占有很重要的地位，必须对系统相关性进行处理。

系统的相关性有很多种，大致可分为以下几类：① 功能相关；② 实体相关；③ 人因相关性；④ 设备失效相关。相关性故障的类别不同，对它们的处理方法也不完全相同，人因相关性在人员可靠性分析中进行。

有关实体相关性和设备失效相关性能够通过整个电厂系统的大故障树分析法找出。当一个系统或设备组的功能依赖于另一个系统或设备的功能时，就会出现安全系统或设备之间的功能相关性问题。通过事件树分析可以找出设备失效和操纵员失误中可能出现的相关性问题。当一个支持系统的失效造成两个以上前沿系统失效时，就会出现设备失效的相关性问题。另外一个例子是，ECCS 系统在注入模式下失效，意味着该系统无法在再循环模式下运行。当安全系统运行前需要操纵员行动时，就可能出现由于操纵员失误引起的相关性问题。例如，在压水堆的事故序列中，在低压 ECCS 向一回路注水之前操纵员需要打开稳压器压力释放阀完成一回路的降压。另外，操纵员在进行事故管理程序时出现的失误也会引起相关性问题。

设备间相关性失效即通常所说的共因失效，它是指由单一原因引起几个设备或系统同时发生故障。在共因失效作用下，单元和系统的失效将不再是独立的。识别共因失效的一个重要标志就是指涉及的多重失效应该在同一时刻发生或者在极短的时间间隔内发生，这个时间间隔必须必故障探测或纠正所需的时间短得多。

2.2.4 人员可靠性分析

1）人因失误的类型

人为行动通常分为如下三类：

类型 A：在始发事件发生前人为行动造成系统或设备不可用；

类型 B：人为行动引起了一个始发事件；

类型 C：在响应始发事件中进行的人为行动。

类型 A 是在反应堆停堆之前，核电厂正常运行过程中发生的人为行动。它们可能引起一个设备或系统在需求时不可用或失效。人为失误可能发生在维修、维护、试验或标定工作中。类型 B 是引起始发事件的人为行动。在 PSA 分析的范围内，这种类型的人员可靠性分析很少。类型 C 的人为行动发生在电厂停堆以后，操纵员按照规程和培训内容操作，以便将电厂带入安全状态。这类人为行动通常是 PSA 分析中要考虑的最重要的人为行动。类型 A 的人为行动通常在故障树中出现，类型 C 的人为行为通常在事件树或故障树的顶层出现。

2）人员可靠性分析方法

人员可靠性分析（human reliability analysis，HRA）的目的是在 PSA 分析中考虑人员对核电厂风险的贡献，分析的主要步骤包括：

- 识别人为行动；
- 确立这些人为行动的重要程度（定性和定量筛选），分析它们对于系统不可用度以及事故序列发展的影响；
- 将这些人为行动加入到逻辑模型中恰当部分；
- 选择合适的 HRA 方法；

• 对人为行动事件进行定量化分析；

• 对所完成的分析建立文档。

HRA 中不具体规定确定人因失误概率(human error probability，HEP)的方法，可采用人的认知可靠性模型(human cognitive reliability，HCR)、人因失误概率预测技术(technique forhuman error rate prediction，THERP)、成功似然指数法(SLIM)等。人员可靠性分析工作主要由两部分组成，即事故前的人因事件分析和事故后的人因事件分析。对于引发始发事件的人因失误结合在始发事件及其频率的分析中。

事故前的人因事件分析主要分析系统在正常运行时，由于对系统安全相关的仪器、设备进行维护、校验、测试等工作中的人因失误，导致设备或系统处于潜在失效状态。很多PSA 分析中，使用 THERP 方法进行分析，但这不是唯一的方法，其他方法也可用。为了尽可能减少人为行动的相关性，通常由不同的工作组为冗余列完成维修和试验工作，在人员可靠性分析中必须有所反映。事故前人因事件分析由故障树分析人员和人员可靠性分析工程师共同完成。为了正确进行人因定量化工作，审查电厂人为失误的运行经验也是很有用的。要特别注意在维修、试验或标定任务时隔离(触发、打开、关闭)阀门而造成的电厂配置变化，它可能造成无法向操纵员提供关键性指令或使安全系统的自动操作失去效用。

事故后人因分析是指对 C 类事件的人因失误进行分析，分析电厂人员在通过报警显示渠道感知某项异常事件发生后所采取的任务行为。分析这类人为行动有很多可选用的方法，不管选择哪种方法分析类型 C 的人员行为，必须像事故前人因事件分析那样，保证确定待分析的 C 类人员行为的过程是完整全面的，所进行的定量化过程是正确一致的，在评估中包含了来自核电厂操纵员的输入信息和审评。在一些情况下，在评估分析中可以加入在模拟机上观察的结果。

2.2.5　数据分析

可靠性数据是开展核电厂 PSA 工作的基础之一，是进行核电厂安全分析的依据。数据分析的目的是给出各始发事件、基本事件型题头事件和故障树中的底事件定量化。

数据分析主要有三方面的工作：① 数据收集，即收集、解释和记录用于 PSA 使用的有关数据，包括失效的定义、确定部件的边界和失效严重程度的分类等基本工作，确定典型数据源和当前数据源，收集和解释通用数据库，收集特定电厂的数据并进行必要的筛选；② 参数评估，根据收集的数据进行参数估计，确定始发事件频率、部件启动失效概率、部件运行失效概率、不可用度和设备失效后的恢复时间等参数，并给出该估计的不确定性分析；③ 数据的正确使用，即在 PSA 工作中正确使用所评估的参数。

1) 数据源和数据类型

关于数据的一个主要问题是它在所讨论的电厂的可用性。很少出现数据完全可用的情况，因此 PSA 分析人员必须运用分析和判断来选择每种情况的最佳数据源。显然，最好使用核电厂特定数据代替通用数据，但是即便核电厂运行了多年，核电厂特定数据也很稀少，必须通过一些方法和通用数据结合起来使用。在少量但较合适的数据(电厂特定数据)和大量但合适程度略差的数据(通用数据)之间必须达到一个平衡。应该最大可能地使用核电厂特定数据，但要和通用数据进行比较，如有明显差异，应作合理的解释。这在组合两种数据源(如利用贝叶斯方法)时非常重要。如果对差异不能做出直接的解释，而且它对PSA结果又有重要影响，那就需要进行深入研究。

其他同类型核电厂的运行数据可作为通用数据，但可能对PSA分析人员是无法使用的。对于新核电厂，设计者可能会提供一些他们以前设计的并运行多年的核电厂的数据，但PSA分析者可能仍然需要大量依赖于通用数据。对于低频率的始发事件或低失效概率的部件，即使在通用数据库内数据也可能很稀少，甚至没有。所以，在PSA中利用的数值必须通过判断指定。必须给出数值估计判断的基础，说明它是可接受的。

在PSA所需要使用的数据包括：始发事件频率、设备失效概率和失效率、设备试验和维修造成的不可用度、共因失效概率和人因失误概率。

2) 设备可靠性数据分析

设备可靠性数据分析的目的是为系统故障树定量分析及事故序列定量分析提供所需的基本事件数据，包括硬件失效(在需求时设备不能提供要求的功能)、设备(系统)因试验或维修导致的不可用以及共因失效和人因失误。

设备可靠性数据分析包括设备范围的确定、所选设备的分类、设备边界的确定、故障模式的确定、数据的采集与处理、参数评估。需要说明的是，PSA中使用的设备边界和失效模式的定义要与数据记录中的定义保持一致。设备可靠性数据分析所提供的失效参数包括失效概率、任务时间、试验周期等。

• 电厂特定参数与其不确定性估算

电厂特定参数与其不确定性估算的目的是确定设备需求相关或时间相关失效的参数点估计值。若设备正常运行，硬件失效总模化为时间相关失效。若设备处于备用状态，则硬件失效可以是需求相关的，也可以是时间相关的。设备维修离线既可以是需求相关的，也可以是时间相关的。

特定参数包括需求失效概率、设备的失效概率、试验之间平均时间、运行失效、任务时间、非计划维修频率、平均修复时间、计划维修频率、计划维修平均维修时间、计划试验频率。

将得出的各参数点估计值假定是各参数概率分布的均值。选择一个概率分布后，各参数的不确定性可由各参数数据的统计置信区间限定，由此得出所有特定参数的点估计值和不确定性。

• 电厂特定事件与其不确定性估算

根据电厂特定参数估计和不确定性，进行事件概率和频率的定量化分析，即计算设备失效概率、试验和维修不可用度和始发事件频率，形成电厂特定失效事件概率及相关分布。

当设备的需求来自于始发事件时，这时作为PSA输入的设备失效概率是设备需求失效概率。对于运行失效，设备运行失效概率为运行失效率与启动后要求设备运行的任务时间之积。该失效概率表示设备在相应事故需求的时段内运行失效概率。但是，针对大多数设备，常用的、可接受的假设是失效发生在上次试验和本次需求之间的备用期间，或者失效发生在运行设备的任务时间内，这时的失效在时间上是随机出现的。如果设备的失效当做需求失效处理,就需要审查其合理性。备用设备的失效有时不能在失效时自动探测到,而只能在设备被需求或试验时发现,因而设备需求时的失效率为备用失效率乘以二分之一的试验间隔。该失效概率表示了备用设备需求时切换到运行模式的失效概率。若通用数据库中的备用失效率以每次需求为单位,那该值首先要除以数据源认可的二分之一的试验间隔,转化为以每小时为单位,然后乘以所讨论电厂的二分之一的试验间隔得到需求失效率。

3) 设备共因失效参数

对核电厂发生的系统事故分析表明,冗余系统的实际失效概率值比用传统的独立失效假设的预计概率值要大。这是因为具有相同功能的设备(如泵、阀、柴油机等)由于相同设计、相同制造工艺、又在相同环境下运行、维修、调试,从而造成两个或两个以上设备同时失效。

这种由共同原因造成几个设备一起发生失效的事件称为设备共因失效事件。设备共因故障对安全系统不可用度有重大影响。在核电厂 PSA 分析中,与安全密切相关的工程安全设施往往均为冗余系统,将各种设备的可能共因失效模式在故障树中模化后,共因失效往往构成系统失效的主要故障模式。

定义了共因基本事件后,就要得出这些共因基本事件的概率,即进行共因基本事件的定量化。定量化需要依据参数和模型,参数可使用试验或运行经验得到的数据,模型可选用 β 因子模型、多希腊字母(MGL)模型或 α 因子模型。

4) 试验与维修不可用度

试验和维修不可用度是指由于试验或预防性维修和纠正性维修行动导致设备、系统系列处于离线不可用状态。在 PSA 中,设备(系列)因离线试验或维修而处于不可用状态这类事件在系统故障树分析中作为基本事件来考虑,需得出这类事件的概率,也即设备(列)试验和维修造成的不可用度。

试验与维修活动各核电厂都不相同,因而应尽量使用核电厂的特定数据,特别是关键设备。如没有特定数据则使用通用数据。根据核电厂的试验/维修规程和试验/维修记录可得出核电厂特定试验/维修不可用度。在进行核电厂特定分析时,需要检查计算是否正确。若采用通用数据,需要注意数据源是否是最新的、可接受的数据源。

2.2.6 事故序列定量化分析

事故序列定量化分析可以给出各事故序列的发生频率,目的在于找出导致堆芯损坏的定性结果和定量结果,识别出导致堆芯损坏的支配性事故序列以及引起堆芯损坏的最小割集。

事故序列定量化工作是在事件树模型、系统故障树模型建造及可靠性分析(数据和人员)完成后开始进行的。具体步骤是:① 对每个前沿系统(包括支持系统)进行定量化分析;② 将相关逻辑模型连接至事件树中的相关题头,并根据始发事件或题头事件设置相应的边界条件,对每个序列进行初步计算,求出频率值及最小割集;③ 对有重要影响的序列和最小割集进行更深入的分析,最后重新计算,并给出总的堆芯损坏频率。

1) 系统故障树模型的定量化

系统故障树定量化的目的是为了求得导致系统失效的定性结果和定量结果,以分析系统失效原因和评估其可靠性水平，并可与其他相应系统的分析结果进行相对比较。

对系统模型进行分析时分两步，首先所有系统模型不挂支持系统进行定量化，以检查系统模型的正确性，即系统故障树的初步评估；然后所有涉及系统的系统模型连上支持系统定量化，以对系统进行全面的可靠性评估，即系统故障树的最终评估。

2）事故序列的定量化

事故序列定量化就是连接相应序列的事件树逻辑和相关的系统失效故障树模型，并与数据分析提供的数据库相连接，求得事故序列的频率。事故序列定量化的遵循迭代方法，通过初始定量化和最终定量化得到事故序列定量化的结果。

初始定量化主要在初步计算结果的基础上，通过最小割集和事故序列发生频率分析，评估结果的合理性，识别出重要的贡献者，并决定最后需要考虑有针对性的恢复操作。在初始定量化后得到一个 PSA 基本模型，这个模型中作了许多非常保守的假设，经过计算后可以看出有一些假设对电厂堆芯损坏频率的影响非常大，在一定程度上掩盖了电厂的实际状况，在最终定量化的过程中要对这些方面进行迭代，使之更符合实际情况。

在得出事故序列定量分析的结果后，还需对其进行分析研究，以检查并确认这些结果的正确性、合理性，以及与电厂实际情况的符合性。

2.2.7 敏感性分析、不确定性分析和重要度分析

尽管一级 PSA 更重要的产物可能是定性分析结果，如找出设计中的弱点，但人们总是关心堆芯损坏频率的计算结果，因为这是一个包含着所有分析人员按当前技术水平对电厂安全所作判断后得出的量，也是用来与其他电厂 PSA 结果和概率准则进行比较的基本量。在 PSA 分析中，对电厂及其运行尽可能采取现实的描述，给出对堆芯损坏频率的最佳估计。可以按点估计的方法计算出堆芯损坏频率的点估计值，也可以在整个分析中加上不确定性的传播，给出堆芯损坏频率的概率分布。为进行比较，一般引用的堆芯损坏频率是分布的均值而不是中值，或是其他的度量值，对于歪斜的分布，该度量值可能与均值差别很大。在点值计算中，必须审查输入的数据是否都是均值的最佳估计。

关于哪种处理方法是正确的问题，从 PSA 分析者看来可能有不同的观点，但必须服从管理当局的政策，或国家已有的实践，以明确是否接受点值计算或需要给出正规的不确定性分析。如果必须满足如 95%置信水平的概率准则，那就必须进行不确定性分析以说明该准则是满足的。若认为点估计值是可接受的，应把它看成是一个隐含概率分布的均值。必须注意到，使用输入数据的均值一般说来不会得到输出量（堆芯损坏频率）的均值。这是因为分析具有非线性特性，非线性主要来自于安全系统利用了冗余。

无论采取哪种方案，对堆芯损坏频率都应该做敏感性分析，分别说明主要的不确定性。此外，重要度分析也是需要进行的，以便说明对风险有重要贡献的始发事件组、系统和基本事件。

1）敏感性分析

敏感性分析是 PSA 的一个重要组成部分，是研究 PSA 模型中特定条件或参数变化对模型失效影响的基本方法。敏感性分析的目的是确定堆芯损坏频率对设备失效和人因失

误等数据的敏感性，找出那些对结果有潜在重大影响的问题，如建模假设等。这些假设或数据通常是在缺乏信息或强烈依赖于分析者判断的情况下得出的。在敏感性分析中用另外的假设或数据进行替换，评估它们对结果的影响。敏感性分析的主要对象是堆芯损坏频率的序列分析和最小割集分析结果中的支配性序列或支配性最小割集。

根据数据或假设的不确定性或它们对判断的依赖性，确定需要作敏感性分析的项目。其中一些可能会根据重要度分析被淘汰掉，另一些对 PSA 结果有明显影响的则被添加。在淘汰敏感性分析的候选项目时，要十分谨慎，因为计算出重要度很低很可能只是反映了所作假设的结果，而假设本身有问题。建模假设需要逐个进行分析，而且可以采用简单的边界计算而不重新进行 PSA 评估。对所有有关的假设和数据都应该进行敏感性分析。

2）不确定性分析

不确定性分析的目的是为 PSA 结果（即堆芯损坏频率、支配性事故序列和事故序列族的频率）的不确定性进行定性讨论，并提供定量结果。

PSA 对核电厂的各种事故响应进程建立相应的数学模型，由于模型与真实情况总是存在一定的不符合性，因而导致结果具有一定的不确定性。究其根源，不确定性分为以下三个主要类别：① 分析的全面性；② 模型的完备性；③ 参数的不确定性。

• 分析的全面性：PSA 模型的目标是找出能够导致不希望后果（对一级 PSA 是堆芯损坏）的所有可能的事故情景。但是不能保证这个过程是完整的，所有可能的情景都被识别和评估。这种不完整性引起结果的不确定性。这类不确定性是很难评估或定量化的。需要对始发事件的识别和电厂响应建模进行仔细审查，以保证由不完整性引起的不确定性尽可能合理地小。

• 模型完备性：对已识别出的事故情景而言，事件序列和系统逻辑模型也不能精确地模拟真实情况，概念模型、数学模型、数值近似、程序错误和计算限制都会带来不确定性。模型完备性的定量化仍然是个很困难的任务，目前还没有被认可的有效方法。可通过审查敏感性分析结果的办法来评估这些不确定性的相对重要性。

• 参数的不确定性：由于数据的缺乏或不足、电厂群体和/或设备的变化，以及由专家作假设，PSA 所用各种模型的参数存在不确定性。参数不确定性是三种不确定性中目前最可定量化的一种。

不确定性分析中应该重点考虑下列问题：不确定性分析的方法、对不同参数选择分布和输入数值（包括误差因子或标准偏差）的估计，以及在不确定性定量化过程中是否正确处理了相关性（如变量之间的相互关系），以保证不确定性分析过程在技术上是精确的，其不确定性在模型中的传播是正确的。

3）重要度分析

在一个故障树中，往往有很多的基本事件，这些基本事件并不具有相同的重要性，有的基本事件或组合（割集）一出现故障，就会引起顶事件的故障，有的则不然。因此，重要度是指一个基本事件或者割集对顶事件做出的贡献。典型的重要度有概率重要度（Birnbaum 重要度）、割集（F-V）重要度（Fussell-Vesely 重要度）、风险减少当量（Risk Reduction Worth，RRW）或风险减少因子 RDF、风险增加当量（Risk Achievement Worth，RAW）或风险增加因子 RIF 等。计算机程序通常能够为每个基本事件自动计算出不同的重要度。

重要度分析是故障树定量分析中的重要组成部分。重要度分析的目的是确定堆芯损坏频率、事故序列频率和系统不可用度的各贡献者的重要性。重要度分析对改进设计或识别设计弱点、制定安全措施等特别重要。一部件的某种重要度数值大，就说明该部件在某方面的重要性大。重要度分析和敏感性分析是相关的，重要度分析结果要与敏感性分析在定性上是基本一致的。

重要度分析可以按照基本事件的重要度来对基本事件进行排序，从而识别和确认堆芯损坏频率的重要贡献因素，即确认对堆芯损坏频率有重要贡献的始发事件、事故序列、系统/设备故障、人因事件、共因故障、试验和维修等。

\\\ 第 3 章 \\\

核电厂异常重要性判定方法的总体流程

第 1 章已经对核电厂异常重要性判定方法（SDP）在反应堆监督程序（ROP）体系中的的作用进行了介绍。异常重要性判定方法 SDP 评估综合了核电厂专用 PSA、核电厂系统手册和其他相关文档中可以获得的信息，为核安全监管人员制定出一套对安全事项的风险重要性进行快速评估的工具，同时也可帮助监管人员从工程上理解该安全事项的重要性。

SDP 判定流程一般包括两个阶段的内容：

1）SDP 引导阶段；

2）SDP 评估阶段。

针对每个阶段，编制相应的工作程序，用于评价安全运行的所有 7 个安全基石所涵盖的核电厂事件和异常，SDP 体系的总体架构和实施流程如图 3-1 所示。

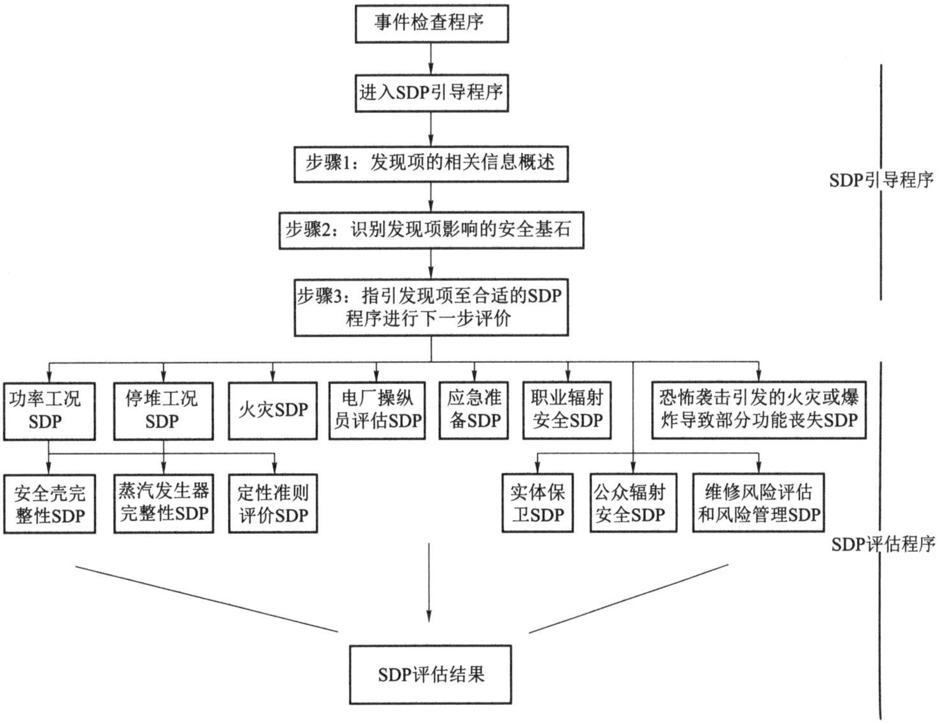

图 3-1　SDP 体系的总体架构和实施流程

下面根据SDP体系的实施流程对各阶段的工作内容进行介绍。

3.1 SDP引导程序

SDP引导程序的功能是根据安全事项的特征描述，引导评估人员选用恰当的SDP评估程序，整个过程基本上是通过三个步骤来实现的，这三个步骤分别对应三张工作表格。

步骤1：按工作表3-1，记录安全事项的相关信息描述，记录与事件和异常相关的所有支持性信息。

表3-1 安全事项相关信息表

支持性文档和参考资料：
安全事项的清晰描述：
对功能降级和系统缺陷的实际描述：
安全事项与功能降级或系统性缺陷的逻辑关系：

步骤2：按工作表3-2，识别安全事项所影响的安全基石，用于识别由于安全事项导致的性能和功能降级事件而影响的安全基石。

表3-2 安全基石识别表

始发事件	缓解系统	屏障完整性
❏A. 一回路LOCA始发事件贡献项——（稳压器加热套管的一回路泄漏、反应堆压力容器管道穿透、控制棒驱动机构管嘴、先导式安全阀、界面LOCA事件等） ❏B. 瞬态始发事件贡献项——（反应堆/汽轮机跳闸，丧失厂外电源，丧失重要厂用水（RRI/SEC）、主蒸汽管道/主给水管道降级/破口、直流电源降级/丧失、仪用压缩空气丧失、一回路/二回路瞬态事故） ❏C. 支持系统始发事件 ❏D. 蒸汽发生器传热管破裂 ❏E. 外部事件贡献项（局限于火灾和内部水淹）	❏A. 缓解系统 堆芯衰变热移出功能降级 短期热移出功能降级 一回路（例如，安全注入） 高压安注 低压安注 二回路（如，主给水、辅助给水、排放阀） 长期热移出功能降级（如，安全壳地坑再循环） ❏B. 外部事件缓解系统（地震/火灾/水淹/严重气候的防护功能降级） ❏C. 反应性控制系统功能降级（包括反应堆保护系统） 不受控的控制棒移动 一回路冷却剂误稀释或冷却剂误注入 反应性管理（例如，超过执照许可的功率限制、需求和控制）	❏A. 在电厂扰动情况下，一回路边界作为缓解该扰动的一个来源。（事件有：承压热冲击） 注：所有有关一回路边界的其他事件，如泄漏，在始发事件中考虑 ❏B. 反应堆安全壳屏障降级 实际存在破口或旁通 热移出、氢或压力控制功能降级 ❏C. 控制室、辅助厂房/反应堆厂房或乏燃料厂房屏障的降级 ❏D. 乏燃料水池 乏燃料水池水装量和/或温度（如，冷却） 燃料储运

应急准备	职业辐射	公众辐射
❒未能服从计划标准或风险重要计划标准 ❒实际事件执行问题	❒保持辐射剂量在合理范围的计划或工作控制 ❒受照或过度受照问题 ❒评估辐射损害的能力	❒放射性排出物的释放程序 ❒放射性环境监控程序 ❒放射性材料控制程序 ❒放射性材料运输程序
实体保卫		
❒安全和防护措施的检查程序		

步骤 3：按工作表 3-3，进入 SDP 引导程序。识别出受到影响的安全基石后，运用 SDP 引导程序，通过定性筛选的原则以决定使用合适的 SDP 程序做进一步的评价。

表 3-3　SDP 引导程序表

如果安全事项和与之相关的功能降级或系统缺陷存在于电厂的：
1. 应急准备安全基石，停止。转向应急准备 SDP 评估程序。
2. 职业辐射安全基石，停止。转向职业辐射安全 SDP 评估程序。
3. 公众辐射安全基石，停止。转向公众辐射安全 SDP 评估程序。
4. 实体保卫安全基石，停止。转向实体保卫 SDP 评估程序。
5. 始发事件、缓解系统或屏障完整性安全基石，继续下列问题。

阅读 A 到 E，用“是”或“否”回答问题。如果 A 到 E 的回答结果均为“否”，直接转向功率工况 SDP 评估程序。

A. 停堆、换料和强制停堆

安全事项是否属于停堆期间的操作、事件或功能降级？

☐ a. 如果“是”，停止，转向停堆工况 SDP 评估程序。

☐ b. 如果“否”，继续下面的问题。

B. 电厂操纵员资格：

安全事项是否涉及操纵员执照授权程序或模拟程序逼真度？

☐ a. 如果“是”，停止，转向电厂操纵员 SDP 评估程序。

☐ b. 如果“否”，继续下面的问题。

C. 维修风险评估：

安全事项是否涉及功率或停堆工况执行维修活动执照申请评估和风险管理？

☐ a. 如果“是”，停止，转向维修风险评估 SDP 评估程序。

☐ b. 如果“否”，继续下面的问题。

D. 安全事项是否涉及保持或恢复堆芯冷却、安全壳完整性和乏燃料水池冷却能力的缓解措施？

☐ a. 如果“是”，停止，转向恐怖袭击引发的火灾或爆炸导致部分功能丧失 SDP 评估程序。

☐ b. 如果“否”，继续下面的问题。

E. 火灾防护：

1. 安全事项违背火灾防护策略？

☐ a. 如果“否”，停止，转向功率工况 SDP 评估程序。

☐ b. 如果“是”，继续下面的问题。

2. 安全事项是否涉及：

(1) 火灾防护和易燃物、点火源或热操作的管控；

(2) 固定的防火系统或限制火灾的能力；

(3) 或影响在火灾情况下达到或保持安全停堆条件的能力。

☐ a. 如果“是”，停止，转向火灾 SDP 评估程序。

☐ b. 如果“否”，停止，转向功率工况 SDP 评估程序。

根据SDP引导程序表3-3的引导结果，指引评估人员进入SDP的评估阶段，选择合适的SDP评估程序进行进一步的评价。如果引导到停堆工况SDP或功率工况SDP，那么在停堆工况SDP或功率工况SDP的第1阶段，根据异常的情况可能需要转向其他SDP评价程序，包括蒸汽发生器完整性SDP、安全壳完整性SDP和定性准则评价SDP等评价程序。

3.2 SDP评估程序

通过使用SDP评估程序，评估安全事项导致的性能和功能降级事件对核安全的影响，并根据影响的大小对事件进行分级。部分SDP评估程序需要使用概率安全评价模型精确评估事项对核安全的影响。

SDP评估程序由13个子评估程序组成，包括：

1）功率工况SDP评估程序；

2）停堆工况SDP评估程序；

3）火灾SDP评估程序；

4）电厂操纵员评估SDP评估程序；

5）安全壳完整性SDP评估程序；

6）蒸汽发生器完整性SDP评估程序；

7）应急准备SDP评估程序；

8）职业辐射安全SDP评估程序；

9）公众辐射安全SDP评估程序；

10）实体保卫SDP评估程序；

11）维修风险评估和风险管理SDP评估程序；

12）恐怖袭击引发的火灾或爆炸导致部分功能丧失SDP评估程序；

13）定性准则评价SDP评估程序。

这些SDP评估程序需要根据核电厂相关的功率工况PSA模型、停堆工况PSA模型，LERF和内外部事件PSA模型等为基础进行开发。下面对各重要SDP评估子程序的具体评估流程和方法进行简要的介绍。

3.2.1 功率工况SDP评估程序

功率工况SDP主要用于功率工况下安全事项的风险评估，对应始发事件、缓解系统和屏障完整性3个安全基石的性能状态。功率工况SDP包含3个阶段的工作。

第1阶段：安全事项的特征描述和初步筛选。根据一些定性准则辨别安全事项的重要属性，进行初步的评价，以识别出具有低风险重要性的安全事项，这些安全事项可以交由核电厂自行制定纠正行动计划进行处理。

第2阶段：根据核电厂PSA模型或监管机构SPAR MODEL模型建立的SDP判定模型，对第1阶段的非低风险重要性的安全事项做进一步评估。如果评价结果为非“绿”色，则需要再进行第3阶段的详细评价。

第3阶段：主要进行详细的概率安全评价，以确定第2阶段的重要性判定是否合理。第3阶段属于完全的概率安全评价(PSA)方法，需要运用PSA模型进行详细分析。

具体评估过程请参见第5章。

3.2.2 停堆工况SDP评估程序

停堆工况SDP主要用于筛选停堆工况安全事项风险重要性。其主要评估3个安全基石的性能状态：始发事件、缓解系统和屏障完整性，主要包含3个阶段的工作：

第1阶段：安全事项的特征描述和初步筛选。辨别检查中所发现的安全事项的重要属性，并进行初步的筛选，根据一些定性准则识别出具有低风险重要性的安全事项，这些安全事项可以交由核电厂自行制定纠正行动计划进行处理。

第2阶段：对第1阶段未筛除的非低风险重要性事项做进一步的评估，如果得出的结果如果仍然是非“绿”色，则需要进行详细的概率安全评价。

第3阶段：进行详细的概率安全评价，使风险重要性得到最终确定和证明。

具体评估过程请参见第6章。

3.2.3 火灾SDP评估程序

火灾SDP包括一系列评估火灾相关风险重要性的定性和定量分析步骤，用以评估与火灾相关的安全事项，评价核电厂性能是否满足火灾纵深防御的目标。火灾SDP包含3个阶段的工作：

第1阶段：安全事项的初步筛选阶段。用于确定具有低风险重要性的火灾安全事项。如果满足筛选准则，则该安全事项的初始风险重要性指定为“绿色”，不需要进行第2阶段分析。如未能满足第1阶段筛选准则，则需要进行第2阶段分析，此阶段完成的分析任务如下：

1）首先根据火灾防护要素，对安全事项的情况进行描述；

2）根据安全事项的描述，评估安全事项导致的潜在影响以确定其降级程度；

3）基于安全事项的主要特征情况进行初始的定量筛选；

4）进行初始的定量化计算，其中需要考虑火灾频率和火灾的持续时间因子。

第2阶段：对安全事项造成的堆芯损坏频率增量(ΔCDF)进行评估。该评估阶段是在第1阶段评估的基础上，对第1阶段评估结果为非低安全重要性的事项，在先前分析结果的基础上做进一步细化的评估。在该阶段分析中会重新进行筛选，新的分析结果会与规定的阈值重新进行对比，当定量筛选结果小于安全阈值时，就认为风险重要程度低(绿)，不再进行后续分析。

第3阶段：如果第2阶段，评估的结果是非“绿色”，则需要在第3阶段利用核电厂特定的火灾PSA进行精确计算，以便得到准确的风险数值。

具体评估过程请参见第7章。

3.2.4 安全壳完整性SDP评估程序

安全壳完整性SDP用于评估导致早期大量放射性物质释放增量(ΔLERF)指标增加安全事项的风险重要性。安全壳完整性SDP主要评价3个安全基石的性能状态:始发事件、缓解系统和屏障完整性,以ΔLERF指标为依据,通过定量分析的方法确定相关安全事项的风险重要性。

安全壳完整性SDP包含3个阶段的工作:

第1阶段:安全事项的特征描述和初步筛选。辨别安全事项的重要特征属性,并进行初步的筛选,根据一些定性准则识别出具有低风险重要性的安全事项,这些安全事项可以交由核电厂自行制定纠正行动计划进行处理。

第2阶段:对第1阶段未筛除的非低风险重要性事项做进一步的评估,如果得出的结果如果仍然是非"绿色"的,则需要进行详细的概率安全评价。

第3阶段:进行详细的概率安全评价,使风险重要性得到最终确定和证明。

3.2.5 蒸汽发生器完整性SDP评估程序

蒸汽发生器完整性SDP用于评估在在役检查过程中识别出的与蒸汽发生器完整性相关安全事项的风险重要性。主要通过蒸汽发生器完整性SDP矩阵完成风险重要性的评估过程,其包含3个阶段的工作:

第1阶段:通过蒸汽发生器传热管功能降级的定性准则进行初步筛选,识别出具有低风险重要性的安全事项,这些安全事项可以交由核电厂自行制定纠正行动计划进行处理。

第2阶段:通过蒸汽发生器传热管完整性SDP判定模型对第1阶段非低风险重要性的安全事项做进一步的重要性判定,如果结果仍未非"绿"色,则需要进行详细的概率安全分析。

第3阶段:进行详细的概率安全评价,使风险重要性得到最终确定和证明。

蒸汽发生器传热管完整性SDP评估结果说明见表3-4所示。

表3-4 蒸汽发生器传热管完整性SDP矩阵

判定结果	ΔLERF/(堆年)$^{-1}$	安全事项导致的蒸汽发生器传热管降级程度
红色	ΔLERF > 10^{-5}	任何导致以下结果的降级: 1. 正常运行情况下传热管爆管 2. 试验中发现多根传热管很可能在正常运行工况下爆管 3. 试验中发现多根传热管不能承受 ΔP_{MSLB}
黄色	10^{-6}< ΔLERF < 10^{-5}	单根传热管不能承受 ΔP_{MSLB}
白色	10^{-7}< ΔLERF < 10^{-6}	单根传热管不能承受 $3\times\Delta P_{NO}$
绿色	ΔLERF < 10^{-7}	单根或多根传热管检查后已经修复
降级需要进行第三阶段评价	潜在ΔLERF> 10^{-7}	1. 两根或多根传热管不能承受 $3\times\Delta P_{NO}$ 2. 单根或多根传热管在最后三次检查中两次不能承受 $3\times\Delta P_{NO}$ 3. 一个或多个蒸汽发生器违反了"事故泄露性能准则" 4. 单根传热管不能承受 $3\times\Delta P_{NO}$

3.2.6 其他 SDP 评估程序

1）应急响应准备 SDP 评估程序

应急响应准备 SDP 的目的是运用定性评价的原则，评估与应急准备安全目标和性能预期相关的安全事项的风险重要性。

2）职业辐射安全 SDP 评估程序

职业辐射安全 SDP 的目的是评估在民用核设施正常运行期间放射性材料对工作人员的健康和安全相关安全事项的风险重要性。职业辐射安全 SDP 以合理的辐射剂量为基准，运用一系列定性和定量的评估步骤，最终评估得出此类安全事项的风险重要性。

3）公众辐射安全 SDP 评估程序

公众辐射安全 SDP 的目的是评估与在民用核设施正常运行期间放射性材料对公众健康和安全相关安全事项的风险重要性。公众辐射安全 SDP 从放射性废气废水排出物的处理、放射性材料的加工和运输以及放射性环境监控、放射性材料控制程序等几个方面对不同的相关安全事项进行一系列定性和定量的评估，最终评估得出此类安全事项的风险重要性。

4）电厂操纵员评估 SDP 评估程序

电厂操纵员 SDP 用于评估与电厂操纵员活动相关安全事项的风险重要性。这些安全事项的来源主要是电厂操纵员的任职资格考试。分析认为，电厂操纵员在考试中的表现能够很大程度上代表其在实际操作中的表现。

5）维修风险评估和风险管理 SDP 评估程序

维修风险评估和风险管理 SDP 用于评估核电厂与在功率工况和停堆工况下进行维修活动时核电厂风险评估和风险管理相关安全事项的风险重要性。维修风险评估和风险管理 SDP 的评价过程主要以定量评价为主。

6）恐怖袭击引发的火灾或爆炸导致部分功能丧失 SDP 评估程序

恐怖袭击引发的火灾或爆炸导致部分功能丧失 SDP 的目的是评估与在恐怖袭击引发的火灾或爆炸导致的核电厂安全重要系统大面积不可用的情况下，为了保持和恢复堆芯冷却、安全壳完整性和乏燃料水池冷却能力，而实施的导则和策略相关安全事项风险重要性，评估过程由一系列定性评估组成。

7）实体保卫 SDP 评估程序

核电厂为防止非法盗取核材料以及针对核电厂的人为破坏而采取特殊保护措施，形成多层的实体保卫。实体保卫 SDP 的目的是评估电厂实体保卫的探测、延迟和响应等环节存在漏洞的情况下，为了保持核电厂防止外部入侵的能力，而实施的导则和策略相关的保卫事项风险重要性，评估过程由一系列的定性评估组成。

8）定性准则评价 SDP 评估程序

有时，安全事项的影响范围比较大，而又没有比较恰当 SDP 判定程序相对其进行分析。同时也无法利用 PSA 进行风险判定，因为安全事项的情况是复杂的，原因和影响都不能在 PSA 中利用模型化的方式表达出来。在这种情况下 SDP 提供了一种基于工程判断和确定论的风险识别程序，即定性准则评价 SDP 对其进行判定。

3.3 SDP 的结果评价

SDP 的结果评价与性能指标一样使用“绿、白、黄、红”一组颜色标识来反映事件的风险大小程度。颜色标识所代表的风险包含定量和定性两个方面，详细介绍见表 3-5、表 3-6。

表 3-5　颜色标识所代表的风险(定性)

颜色	风险大小程度
绿色	表示安全性能完全满足相关安全基石的目标，电厂性能没有重大偏离
白色	表示安全性能偏离期望的正常范围，安全裕量略有下降，但是满足安全基石的目标
黄色	表示安全性能下降明显，安全裕量有所下降，安全基石目标有所下降
红色	表示安全裕量大幅度降低，连续运行有可能将不能确保公众的健康与安全

表 3-6　颜色表示所代表的风险(定量)

颜色	风险大小程度(定量)
绿色	$\Delta CDF \leqslant 1.0\times10^{-6}$ 或 $\Delta LERF \leqslant 1.0\times10^{-7}$
白色	$1.0\times10^{-6} < \Delta CDF \leqslant 1.0\times10^{-5}$ 或 $1.0\times10^{-7} < \Delta LERF \leqslant 1.0\times10^{-6}$
黄色	$1.0\times10^{-5} < \Delta CDF \leqslant 1.0\times10^{-4}$ 或 $1.0\times10^{-6} < \Delta LERF \leqslant 1.0\times10^{-5}$
红色	$\Delta CDF > 1.0\times10^{-4}$ 或 $\Delta LERF > 1.0\times10^{-5}$

根据事件的 SDP 评估结果，即根据评估结果所确定的“色块”来区分事件的重要程度，并作为监管行动的输入条件，然后监管机构可以制定和实施管理行动并发布相关监管信息。

以上叙述对 SDP 判定流程的基本框架进行了介绍，其中引导程序帮助评估人员采用合适的评估程序，而评估程序会对安全事项进行具体评估。下面将介绍功率工况 SDP 评估程序中 SDP 判定模型建立，进一步理解 SDP 判定方法的理念。

\\\ 第 4 章 \\\

核电厂异常重要性判定模型的建立

第 3 章介绍了 SDP 判定流程的基本框架，其评估程序对安全事项进行具体的重要性判定。SDP 评估程序分析过程一般又分为 3 个阶段，以功率工况 SDP 为例，阶段 1 是对安全事项的特征描述和初步筛选，根据一些定性准则来辨别检查中所有安全事项的重要属性，进行初步的评价，以识别出具有低风险重要性的安全事项。阶段 2 是对阶段 1 筛选出的非低风险重要性安全事项作进一步评估，在这一步需要使用通过电厂 PSA 模型简化后的 SDP 判定模型。阶段 3 是对阶段 2 中评估结果需要进行 PSA 计算，以便验证安全事项的重要度，并得到具体的风险值，但如果阶段 2 得出的结果是低风险重要度，则不需要进行 PSA 计算。那么为什么不直接使用 PSA 对安全事项进行分析，下面将以功率工况 SDP 为例，介绍其与 PSA 的关系，以及功率工况 SDP 评估程序其判定模型的建立。

4.1 PSA 与 SDP 的关系

对于反应堆安全而言，既要降低始发事件的发生频率，又要保证应对始发事件所需要的缓解系统可用和屏障完整性来避免堆芯损伤。所以无论安全事项属于何种情况，都可能会造成风险增加，具体体现就是堆芯损伤（CDF）。而 SDP 采用了风险指引型的评估方法，是基于核电厂的 PSA 模型，最终得到风险增量 ΔCDF（堆芯损伤频率增量）或者 ΔLERF（早期大量放射性物质释放频率增量）。

要采用具体的风险评估工具来对安全事项的风险进行评估，即概率安全分析（PSA）。对于一起始发事件，通过事故导则和相关假设，以安全功能为引导，给出缓解事件进行的功能题头（安全功能），然后对核电厂响应和可能造成的结果进行分析，建立起完整的事件树（见图 4-1）。

而对于每一个功能题头，其实就是缓解系统和屏障完整性的体现，换言之也是核电厂安全功能的体现。根据核电厂的具体配置和运行技术规范的要求，对每一个功能题头建立故障树，以实际的功能实现原理出发，进行逻辑分割，直到底层的基本事件，基本事件的发生概率由试验、统计或者理论推导得到。这样形成一个完整的小事件树—大故障树 PSA 模型，能够计算出所有事故序列的发生频率。

不考虑安全事项对模型造成影响，直接采用 PSA 模型计算得到的 CDF 值就是电厂的风险基准值。如果安全事项对电厂的安全功能造成冲击，在 PSA 模型中则体现为使得事件树和故障树中某一个部件/功能失效或者失效概率上升，抑或造成始发事件发生频率上升，这都会使得 CDF 值增加，与电厂的风险基准值进行比较，得到的 ΔCDF 可用于风险评估。

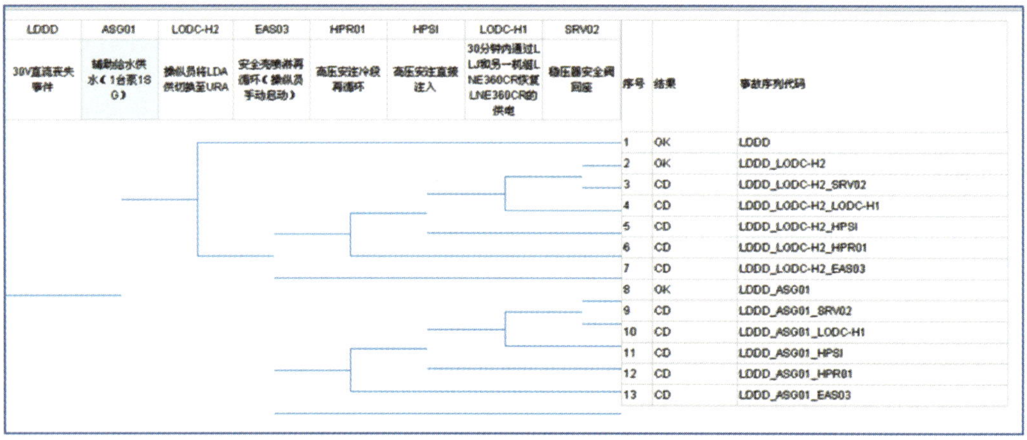

图 4-1 PSA 事件树

PSA 模型风险评估的流程如图 4-2 所示，主要分为寻找过程和计算过程。首先需要采集安全事项的信息，然后在 PSA 模型中寻找到所有的受安全事项影响的 PSA 事件要素，并且确定安全事项对其造成的具体影响。然后需要对整个 PSA 模型进行数值计算，最终得到 ΔCDF。

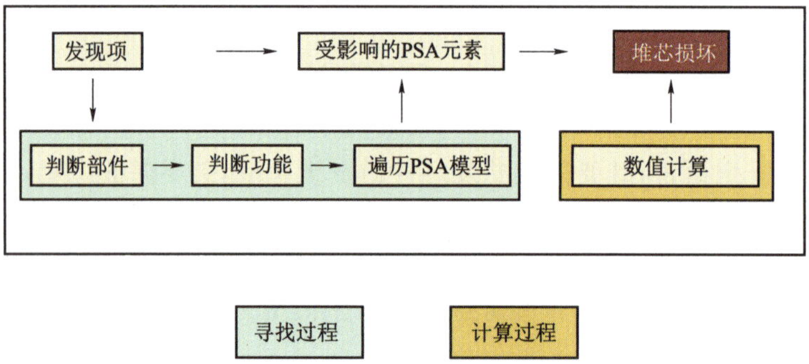

图 4-2 PSA 评估流程

利用 PSA 模型来对安全事项进行安全重要度评估是常用手段，而且计算精度高。但是，如果每一个安全事项都这样处理，评估成本是非常大的。

• 首先，这要求使用者对 PSA 模型非常了解，当出现降级(失常)工况时，需要准确的找出降级工况在 PSA 模型中的位置，并且同一个降级工况可能影响多个 PSA 要素，这对使用人员的要求很高，工作量也很大。

• 其次，PSA 模型的开发成本和维护成本都很高，即使是同一类型的核电厂，其 PSA 模型也是存在区别的，而且随着电厂具体配置的升级和变更，PSA 模型也需要修改。

• 再次，PSA 计算的结果虽然精确，但是难以体现评估的逻辑性，并且结果可读性也较弱。

而对于监管人员，安全事项来源于许多不同的电厂，而且对于大部分安全事项而言，其安全重要度明显是极低的，并不需要进行详细的 PSA 分析。此时，上述问题就变得尤为明显。所以，对 PSA 模型进行简化，得到一个高效率、低门槛、开放性的评估方法非常必要。

与 PSA 相比，在 SDP 方法中，认为一个安全事项源于性能缺陷，造成了降级工况，而降级工况又对三大安全基石造成冲击。对始发事件基石来说，可能直接引起始发事件，也可能使始发事件发生频率上升；对缓解系统和屏障完整性安全基石而言，则是使得缓解能力或屏障功能失效或者可靠性降低，如图 4-3 安全事项对反应堆安全的影响，实际上也是 SDP 评估流程。

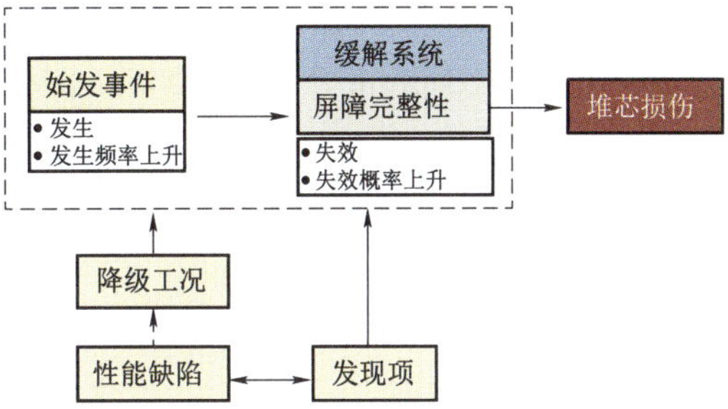

图 4-3　SDP 评估流程

在 SDP 评估过程中是利用定性和定量两种准则来对安全事项进行评估的，低风险重要度的安全事项可以通过定性准则筛选掉，而未能筛选掉的安全事项，则需要利用定量的方法进行评估。前面我们已经提到，需要降低对评估者的要求，同时还要提高效率。这时就需要合理地对 PSA 模型进行简化，去除影响不大的相关安全因素，保证 SDP 模型的有效和可靠。在 SDP 评估程序中，功率工况 SDP 判定程序比较具有代表性。首先，在功率工况下发生的安全事项的风险度和安全重要性较高，对核安全监管来说更应值得关注；其次，功率工况 SDP 模型所对应 PSA 模型也较为复杂，涉及的系统和设备也覆盖了核电厂大部分系统和设备，所以下面以功率工况 SDP 模型为例，介绍 SDP 定量判定模型建立的过程。

4.2　SDP 定量判定模型的建立

根据功率工况 PSA 模型的特点，需要从以下几个方面入手，对其进行简化处理。

4.2.1　功能题头的简化

1）合并

• 对配置相同、功能一致的功能题头进行合并，而不对其所处的始发事件序列进行区分。

• 对于属于同一功能的连续动作的题头进行合并。

2）删除

• 对于会导致转向其他事件树的功能题头进行删除，单独建模处理。

• 将 CDF 值很小（10^{-10} 以下）的事件序列删除。

3）拆分

• 事件树中某些题头的配置和成功准则会根据所处序列的不同而不同，将其拆分为多个配置和成功准则确定的功能题头。

4.2.2 失效概率的统一

在 PSA 分析中，安全事项的风险增量，就是源于安全事项对图 4-4 中所有要素失效概率造成的影响。不同的电厂由于具体配置和运行情况的不同，不仅故障树模型存在差异，即使是相同故障树形式，其基本事件的失效概率也是不同的。而 SDP 方法则通过列化处理和量级化处理将要素的失效概率进行了统一，简化了评估流程。

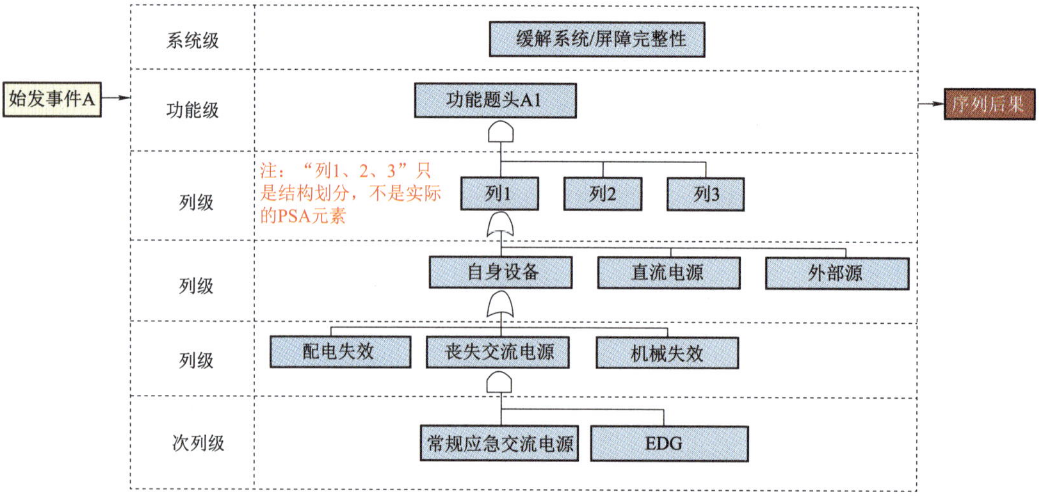

图 4-4　SDP 列化示意图

1）列化处理

为了简化评估过程，SDP 将故障树简化到了列级，列级以下的都不予考虑，因为其风险贡献非常小。这里的列 1、列 2、列 3 并没有实际的物理意义，所谓列级就是该要素一旦失效，就意味着至少一列失效，也即是以“或门”往下分割的（如图 4-5）。列化处理后的功能题头构成图 4-5 所示。

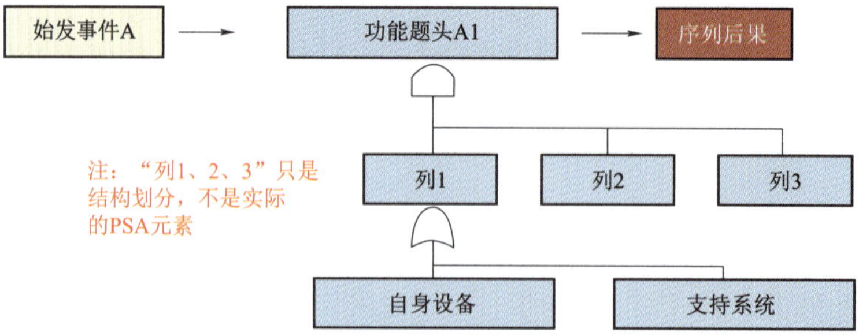

图 4-5　SDP 列化模型

2）失效概率量级化

将题头进行列化简化后，SDP 对失效概率进行了简化，不再利用基本事件进行布尔运算（Boolean）来得到功能题头的失效概率，而是通过对大量工业数据进行统计和分析，对不同的“列”进行分类，每一类的“列”其失效概率为同一量级，并且引入了“缓解能力”的概念来代替失效概率。列的“缓解能力”＝－log(列的“失效概率量级”)，如失效概率为 10^{-3} 量级的列，其缓解能力为 3。而整个功能题头的失效概率同样由缓解能力来代替，根据功能题头的列的构成情况来确定其缓解能力。这一处理的合理性和保守性在大量的统计数据中得到了验证。

将功能题头进行列化并且失效概率量级化之后，SDP 不再关注基本事件的不同，甚至不再关注功能题头的具体构成。只需要明确构成功能题头的列的数量和种类，就可以得到其缓解能力。以大亚湾核电厂为例，缓解能力计算规则如表 4-1 所示。人因事件的处理方法相同。简化之后，安全事项对功能题头的失效概率的影响体现为对某(几)列的缓解能力造成了影响，从而影响了整个功能题头的缓解能力，此时称其为功能题头的剩余缓解能力。

表 4-1　剩余缓解能力表

剩余缓解能力类型	缓解能力等级 (可信度)
失效列的恢复 对于始发事件后可修复的失效设备，操纵员的修复动作。操纵员动作可在控制室内或控制室外进行，当其作为“剩余缓解能力”时，假设失败概率接近 0.1。只有在满足下述条件时才具有可信度： (1) 充裕的可用时间； (2) 需要时环境条件允许接近； (3) 有规程作为指导； (4) 在相似条件下进行过按规程操作的训练； (5) 执行操作时所需的设备可用并且已准备就绪	1
1 个自动蒸汽驱动(ASD)列 包含一个能够提供 100%安全功能的蒸汽透平的相关设备列。这样的一列当作为“剩余缓解能力”时，由于失效、试验或维修导致的不可用概率假定为接近 0.1	1
1 列系统 能够提供 100%安全功能的相关设备(如：泵、阀、断路器等)列。这样的装置作为“剩余缓解能力”时，由于失效、试验或维修导致的不可用概率假定为接近 1×10^{-2}	2
1 个多列系统 一个由两个或更多列组成的系统，认为易受共因失效的影响。这样的装置作为“剩余缓解能力”时，由于失效、试验或维修导致的不可用概率假定为接近 1×10^{-3}，而不再考虑系统是由多少个列组成的	3
2 个具有多样性的列 由两列组成的系统，但认为不会受共因失效的影响。这样的装置作为“剩余缓解能力”时，由于失效、试验或维修导致的不可用概率假定为接近 1×10^{-4}	4(＝2＋2)
操纵员动作可信度 事故期间由操纵员执行的重要操作(如：利用充-排操纵排出一回路热量)。这些动作归为三类人员差错概率(HEPs)，分别为： 操纵员动作＝1，代表失败概率在 5×10^{-2}～0.5； 操纵员动作＝2，代表失败概率在 5×10^{-3}～5×10^{-2}； 操纵员动作＝3，代表失败概率在 5×10^{-4}～5×10^{-3}	1,2 或 3

4.2.3 始发事件的简化

1）合并

• 对功能题头进行简化后，将事件树进程基本一致的始发事件进行合并，并以最不利工况进行包络。

• 合并后的始发事件频率为被合并始发事件频率之和。

2）删除

• 将频率极小且造成的 CDF 小于 10^{-10} 的始发事件进行删除。

4.2.4 始发频率量级化

将经过合并和删除后的始发事件频率进行量级化处理，引入始发事件水平（IEL）来代替始发事件频率（IEF），IEL＝－log（IEF 的量级），如始发事件频率为 2.8×10^{-3} 次/年时，其 IEL 为 3。如果安全事项造成始发事件频率上升，通常情况下，SDP 将其处理为将 IEL 提高一个等级，例如，某安全事项会造成 IEL 为 3 的丧失厂外电（LOOP）事件频率上升则提高一个等级，按照 IEL 为 2 进行计算。

4.2.5 事件序列列表化——事件树的离散

SDP 方法以 ΔCDF 来作为评估结果，而对 CDF 有贡献的只有堆芯损坏（CD）序列，所以在功率工况 SDP 中不考虑最终状态为 OK 的事故序列。经过始发事件简化和功能题头简化，CD 序列的数量将大大减少，所以 SDP 方法对所有的 CD 序列进行了列表化处理。对于每一个始发事件都给出对应的工作清单，如表 4-2，是大亚湾核电厂 SDP 模型的始发事件工作清单，即将所有的事件树离散成为了对应的表格，这里以“其他瞬态事件（TRANS）为例。

表 4-2 始发事件工作清单

核电厂 SDP 工作表——其他瞬态事件（TRANS）序列	
需求的安全功能	每一安全功能完全可信的缓解能力
主给水旁路供水（ARE）	主给水旁路有三条：根据成功准则要求，一个旁路向蒸汽发生器供水就满足要求。为了配合供水，还需要 1 台电动主给水泵或 3 台凝结水泵供水。但是该功能的实施需要操纵员操作
辅助给水供水（ASG01）	ASG 系统有 3 列，两列电动泵，一列汽动泵。此功能事件的成功准则是一台泵供水即可
充排操作（LMFW-H1）	操纵员实施一回路实施充排操作，启动安注和打开稳压器安全阀
高压安注直接注入（HPSI）	高压安注由 2 列构成，一列从换料水箱取水，并向一回路冷段注入
稳压器安全阀组打开（SRV02）	由三组稳压器安全阀租，1 组稳压器安全阀组打开即可
高压安注冷段再循环（HPR01）	高压安注由 2 列构成，一列从地坑取水，并向一回路冷段注入
安全壳喷淋再循环（EAS03）	安全壳喷淋系统有 2 列，一列运行成功即可。该功能主要是针对 FB 情况下的再循环，需要操纵员启动。根据 PSA 人因分析，有规程指导的启动失效概率为 1.7×10^{-3}，与两列设备失效等量级

续表

编号	选择受影响的功能	基准分	始发事件可能性	每一受影响的事故序列的剩余缓解能力评价	失效列的恢复	结果	LERF因子
1	TRANS+ARE+ASG01+EAS03 3 + 2 + 4 + 3	12	0	2 + 4 + 3	0	9	0
2	TRANS+ARE+ASG01+HPR01 3 + 2 + 4 + 3	12	0	3 + 4+ 3	0	9	0
3	TRANS+ARE+ASG01+HPSI 3 + 2 + 4 + 3	12	0	3 + 4 + 3	0	9	0
4	TRANS+ARE+ASG01+LMFW-H1 3 + 2 + 4 + 3	12	0	3 + 4 + 3	0	9	0
5	TRANS+ARE+ASG01+SRV02 3 + 2 + 4 + 3	12	0	3 + 4 + 3	0	9	0

4.2.6 暴露时间的确定

暴露时间(T)是指被评价的构筑物、系统或设备(SSC)失效或降级的持续时间。通常,暴露时间是运行模式下的持续时间,停堆状态下的时间不应该包含在暴露时间里,除非技术规范里要求停堆状态下该设备系统必须可用。这里特指的是设备失效的暴露时间,而不是根本原因的暴露时间。

在这里,维修时间也属于暴露时间。维修时间是指设备失效直到恢复可用的时间。恢复可用是指维修已完成并且维修后的监督试验已证明其安全功能可用。以下这些特例是不需要将维修时间加在暴露时间里。

- 如果电厂停堆,这一缺陷只影响运行状态,那么维修时间不应包括在内;
- 如果维修需要很长时间的设计或建造(如防火墙),另外已迅速采取了其余的缓解行动。

根据设备运行情况将暴露时间分为两类:

1) 备用或周期性运行设备的暴露时间

- 能够确信上一次成功执行安全功能的时间

a) 暴露时间=t+维修时间(t 在这里是指最近成功功能运行到未成功功能运行或失效发现的时间)

适用于设备的降级机理为非逐渐影响而导致的失效。失效可能发生在上一次成功运行并停运后的任意时刻。例如:人因导致的设备失效,而且上次试验或运行时设备是可用的;仅发生在设备最近一次运行或改变状态时的机械故障导致的失效;替代部件存在缺陷,但通过了初次运行试验;导致设备失效的事件一直存在直到设备未成功运行才发现。

b）暴露时间＝$t/2$＋维修时间

适用于设备的降级机理为逐渐影响而导致的失效。失效不可能在上次成功运行并停运后立即发生。例如，没有强有力的证据表明，失效的原因与最近一次成功运行有关；失效机理是由环境条件引起的（例如，腐蚀、磨损等）。

• 不能够确信上一次成功执行安全功能的时间

a）平均（运行时间）＞PSA 要求时间（24h）

适用于不能够确信上一次成功执行安全功能的时间。暴露时间开始于设备不再具有能力运行 24 小时。

例子 A—设备监督试验期间在 9 月 30 日失效前累计运行时间 36 h。开始于 1 月 1 日，维修时间忽略不计，暴露时间基于 24 小时运行时间为 6 个月。

1 月	2 月	3 月	4 月	5 月	6 月	7 月	8 月	9 月
4 小时	4 小时	4 小时	4 小时	4 小时	4 小时	4 小时	4 小时	4 小时
情况开始			暴露时间 6 个月					运行时发生失效

b）平均（运行时间）＜PSA 要求时间（24 h）

适用于不能够确信上一次成功执行安全功能的时间。若已知失效机理开始的时间已知。暴露时间应起始于开始时间，终止于维修设备重新可用。

例子 B—设备监督试验期间累计运行 9 小时，已知失效机理开始时间 1 月 1 日和失效时间 9 月 30 日，维修时间忽略不计，暴露时间为 9 个月。

1 月	2 月	3 月	4 月	5 月	6 月	7 月	8 月	9 月
1 小时	1 小时	1 小时	1 小时	1 小时	1 小时	1 小时	1 小时	1 小时
情况开始			暴露时间为 9 个月					运行时发生失效

2）连续运行设备失效的暴露时间

持续运行设备的失效通常是在运行时（例如，正常运行的厂用水泵），暴露时间为 PSA 任务时间（即 24 小时）。

某些条件的分析可能涉及支持系统的始发事件（LOOP）。在这种情况下，正常运行组件的任务时间可能超过 24 小时。

最大暴露时间（T）通常仅限于一年。即使条件可能已经存在了一年以上（例如，从安装、修改、或建造起，设计上存在的缺陷），但最大暴露时间为一年。

4.2.7　ΔCDF 计算的简化

假设一座核电厂的基准 CDF 是 CDF_0，它既是一个年化的 CDF，又是一个瞬时 CDF。在 T_0 这段时间内（T_0 即为暴露时间，这里进行了归一化处理）核电厂发生了一个安全事项，它导致核电厂的瞬时 CDF 发生了变化，增大到 CDF_1，那么核电厂这一年的 CDF 也发生了变化，新的 CDF 的计算公式如下：

$$\begin{aligned}\mathrm{CDF} &= T_0 \times \mathrm{CDF}_1 + (1 - T_0) \times \mathrm{CDF}_0 \\ &= \mathrm{CDF}_0 + T_0 \times (\mathrm{CDF}_1 - \mathrm{CDF}_0)\end{aligned}$$

则 ΔCDF 应为

$$\begin{aligned}\Delta\mathrm{CDF} &= \mathrm{CDF} - \mathrm{CDF}_0 \\ &= T_0 \times (\mathrm{CDF}_1 - \mathrm{CDF}_0)\end{aligned}$$

把 CDF 展开为所有 CD 序列之和，CD 序列又可分解为始发事件发生频率和功能事件的失效概率之积，所以 CDF_0 和 CDF_1 应为：

$$\begin{aligned}\Delta\mathrm{CDF} &= T_0 \cdot (\mathrm{CDF}_1 - \mathrm{CDF}_0) \\ &= T_0 \cdot \left[\left(\sum_{n=1}^{N1} \mathrm{IEF}'_n \cdot P'_n + \sum_{m=1}^{N-N1} \mathrm{IEF}_m \cdot P_m\right) - \left(\sum_{n=1}^{N1} \mathrm{IEF}_n \cdot P_n + \sum_{m=1}^{N-N1} \mathrm{IEF}_m \cdot P_m\right)\right] \\ &= T_0 \cdot \sum_{n=1}^{N1} (\mathrm{IEF}'_n \cdot P'_n - \mathrm{IEF}_n \cdot P_n)\end{aligned}$$

和分别是受安全事项影响的 CD 序列的始发事件发生概率和功能事件的失效概率，这样的序列共有 N_1 个。SDP 方法只对前一部分进行了统计，也即认为序列的基准 CD 值被受安全项影响而增加后的大量级 CD 值“淹没”了：

同是，SDP 中对始发事件频率和功能题头失效概率都进行了量级化处理，并将 SDP 将安全事项的暴露时间 T_0 划分为 3 天以内、3～30 天、30 天以上三个区间，分别对应暴露时间水平 T_{0L} 为 2、1、0。

所以上式又可变形为：

$$\begin{aligned}\Delta\mathrm{CDF}_L &= -\lg\left[\sum_{n=1}^{N1} (T_0 \cdot \mathrm{IEF}'_n \cdot P'_n)\right] \\ &= -\sum_{\mathrm{SDP量级求和}} (T_{0L} + \mathrm{IEL}'_n + PL'_n)\end{aligned}$$

其中，T_{0L} 为暴露时间对应的暴露时间水平，IEL 为事故序列的始发事件水平，为了方便使用，将 T_{0L} 合并到 IEL 中，始发事件的 IEL 不再是定值，而是随着暴露时间水平变化而变化的值。

所以有：$\Delta\mathrm{CDF}_L = -\sum_{\mathrm{SDP量级求和}} (\mathrm{IEL}'_n + \mathrm{PL}'_n)$

PL 为事故序列中所有功能题头剩余缓解能力的和。所以就是受影响的事故序列的 CDF 量级，进行量级求和，最终得到的即表征的量级。

在将受影响的 CD 序列进行 CDF 量级求和时，采用了这样的近似处理，即 3 个同一量级的 CD 序列等效为一个高一个量级的 CD 序列。举例来说，就是 3 个量级为“6”的 CD 序列相当为 1 个量级为“5”的 CD 序列，3 个量级为“5”的 CD 序列相当为 1 个量级为“4”的 CD 序列，以此类推，求和过程中取整。这样的处理方式肯定是保守的，但通过将 SDP 事故序列同 PSA 模型的事故序列进行比较以及大量应用经验可以说明，这样的处理是合适的。

最终得到的即表征的量级，与 ROP 采用的风险重要度分级保持一致：

- 大于 6 时表明 $\Delta CDF \leqslant 10^{-6}$，风险重要度为绿色；
- 等于 6 时表明 $10^{-6} < \Delta CDF \leqslant 10^{-5}$，风险重要度为白色；
- 等于 5 时表明 $10^{-5} < \Delta CDF \leqslant 10^{-4}$，风险重要度为黄色；
- 小于等于 4 时表明 $\Delta CDF > 10^{-4}$，风险重要度为红色。

4.2.8 寻找过程的简化

在 PSA 评估过程中，需要评估人员找出安全事项可能影响的所有的 PSA 要素，如始发事件、构筑物、系统或部件(SSCs)等；而在 SDP 中，经过对 PSA 模型的简化，所有的 PSA 要素被删减到能够用表格来描述。表 4-3 为系统和始发事件关系表，对于一个安全事项(降级工况)，对照表格就能够快速确定可能受其影响的所有的始发事件和系统(其中系统又对应着功能题头)。

表 4-3 系统和始发事件关系表(部分)

影响的系统		主要设备	支持系统	始发事件情景
系统编码	系统名称			
GCTa	大气排放系统	三个大气排放阀(GCT131VV、GCT132、GCT133VV)	30 V 直流电源	除了 MLOCA、LLOCA 和 30 V 直流丧失的所有事故
ASG	辅助给水系统	电动泵 A 列、气动调节阀	30 V(LDA)直流电源、48 V(LCA、LCB)直流电源、125 V(LBA、LBB)直流电源、仪用压缩空气系统(SAR)	除了 MLOCA、LLOCA、30 V 直流丧失以及 A 列电源丧失的所有事故
		电动泵 B 列、气动调节阀	30 V(LDA)直流电源、48 V(LCA、LCB)直流电源、125 V(LBA、LBB)直流电源、仪用压缩空气系统(SAR)	除了 MLOCA、LLOCA、30 V 直流丧失、以及 B 列电源丧失的所有事故
		一台汽动泵、气动调节阀(供水)、气动隔离阀(汽轮机供气)	30 V(LDA)直流电源、仪用压缩空气系统(SAR)	除了 MLOCA、LLOCA 和 30 V 直流丧失的所有事故

4.2.9 保守性说明

SDP 判定来源于对 PSA 模型的简化，旨在得到一个高效率、低门槛、开放性的评估方法。但是 SDP 判定方法是无法取代 PSA 分析方法的，从宏观地看，SDP 只是对安全事项进行半定量的筛选和分级评估，将那些确定具有极低风险重要度的安全事项过滤掉，并根据分级结果进行后续的行动和进一步的评估，以提高安全风险评估工作的效率。所以这就要求 SDP 的评估结果一定是保守的，必须保证不会遗漏掉高风险重要度的安全事项，也不会对风险重要度的评级过高。所以在 SDP 模型的开发过程中，对 PSA 的绝大多数简化方法都是合理且偏于保守的（如概率的量级化和序列的量级求和方法），并且会进行大量的计算验证，以证明所建立的 SDP 模型是正确和有效的，实际上 SDP 判定方法是现阶段 PSA 分析方法的一种有效补充。

4.3　具体的事件树简化

以大破口失水事故（LLOCA）事件树简化为例，介绍为建立 SDP 模型而进行的简化过程。LLOCA 是由大破口（LLOCA1A）和压力容器直接注入管线大破口（LLOCA2A）简化合并而来，其事件树如图 4-6 所示。

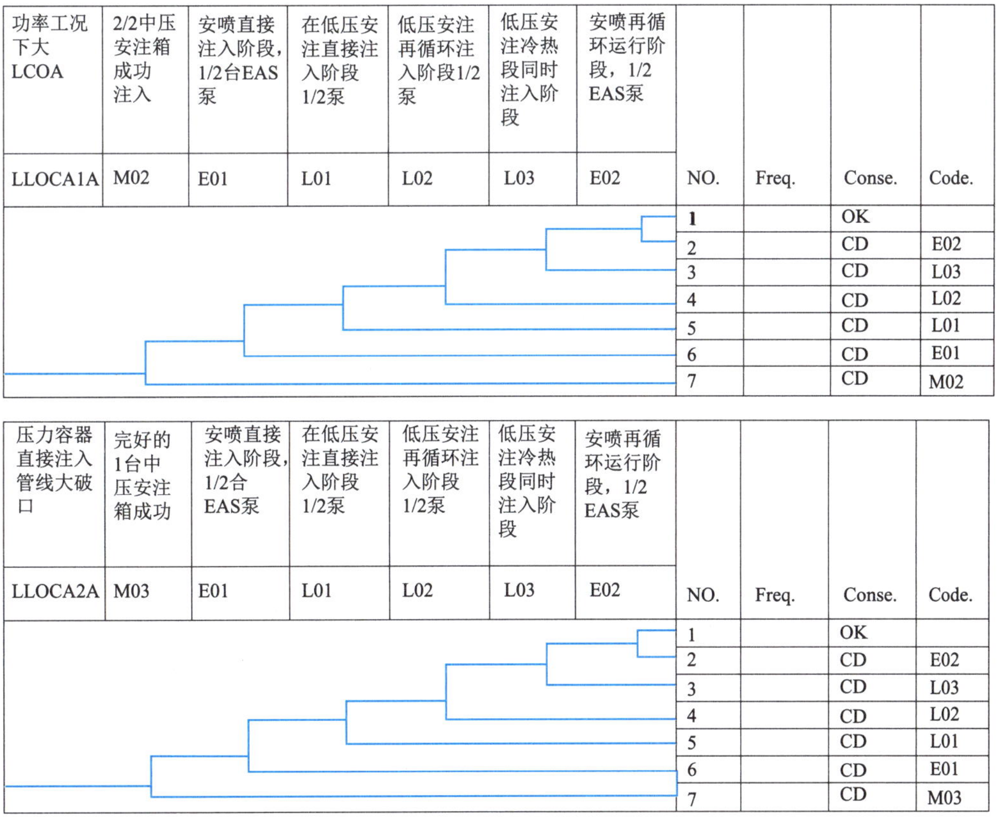

图 4-6　大破口（LLOCA1A）和压力容器直接注入管线大破口（LLOCA2A）事件树

对比两个事件树可以看出事故进程完成相同，唯一的不同点为中压安注箱注入题头存在如下差别，对其进行了相应的处理：

- 2/2 台中压安注箱成功注入（M02）：其成功准则为需要两台安注箱全部投入使用；

• 完好的1台中压安注箱成功(M03):其成功准则为需要安注箱全部投入使用,但由于压力容器直接注入管线产生大LOCA,导致一台安注箱不可用,则只有一台完好的安注箱可用;

• 中压安注箱注入题头(SIT)风险矩阵已经考虑了各种失效模式。

故最终决定把安注箱投入相关的题头进行合并,统一归为中压安注箱注入题头(SIT)。最后确定构建大破口失水事故(LLOCA)事件树形式如图4-7所示。

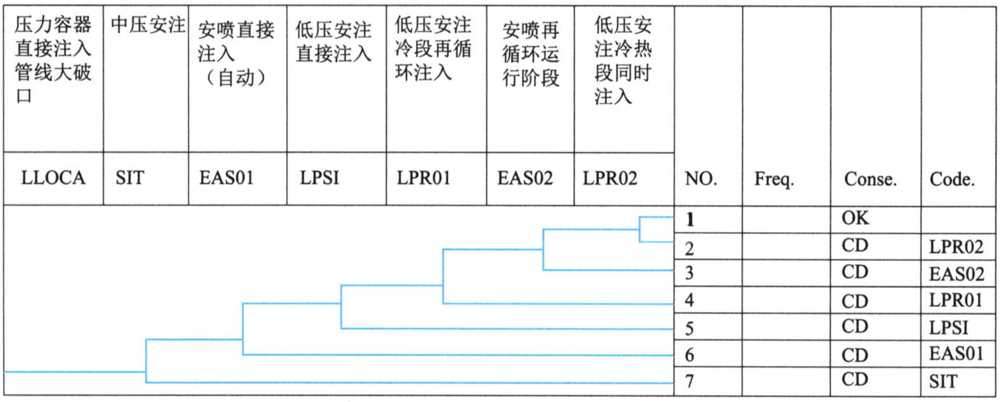

图4-7 构建大破口失水事故(LLOCA)事件树形式

LLOCA事故序列确定:

SDP事件序列表包括3方面的信息:事件树中的功能事件、功能事件的成功准则、事件树中全部的CD序列。

根据构建的LLOCA事件树,确定SDP事故序列(CD序列),进而确定所涉及的题头包括EAS01、EAS02、LPR01、LPR02、LPSI、SIT。根据始发事件的边界条件及相关题头的成功准则,进而确定每个题头的成功准则。

该事件树始发事件的边界条件为:

• HS-LHIVP1-01:冷段1发生破口时;

• HS-LHIVP1-02:压力容器注入管线1发生破口时;

该边界条件主要是假设破口均发生在一环路,而SDP中需要把这样的假设给均衡化,认为破口会发生在任一环路,故不考虑该边界条件的影响。

根据电厂的系统设备配置及相关事故进程的最小配置要求,确定各题头的成功准则,最后编制成如表4-4所示。

表4-4 核电厂SDP工作表——一回路大破口失水事件(LLOCA)序列

需求的安全功能:	每一安全功能完全可信的缓解能力:
安全壳喷淋直接注入(EAS01)	安全壳喷淋系统有2列,一列运行成功即可,系统是自动启动
安全壳喷淋再循环(EAS02)	安全壳喷淋系统有2列,一列运行成功即可,系统是自动切换
低压安注冷段再循环(LPR01)	低压安注由2列构成,一列从地坑取水,并向一回路冷段注入
低压安注冷热段同时再循环(LPR02)	低压安注由2列构成,一列从地坑取水,并向一回路冷段注入

续表

需求的安全功能：			每一安全功能完全可信的缓解能力：				
低压安注直接注入(LPSI)			低压安注由 2 列构成,一列从换料水箱取水,并向一回路冷段注入				
中压安注(SIT)			安注箱属于非能动设备,投入无需操纵员的干预。此功能题头的成功准则为:2/2 个安注箱及注入管线成功即可				
编号	选择受影响的功能	基准分	始发事件可能性	每一受影响的事故序列的剩余缓解能力评估	失效列的恢复	结果	LERF 因子
1	LLOCA+EAS01 8 + 3	11					0
2	LLOCA+EAS02 8 + 3	11					0
3	LLOCA+LPR01 8 + 3	11					0
4	LLOCA+LPR02 8 + 3	11					0
5	LLOCA+LPSI 8 + 3	11					0
6	LLOCA+SIT 8 + 4	12					0

综上所述,功率工况 SDP 判定模型的建立实际上是对核电厂 PSA 模型的简化,其简化过程中遵循一定的原则,其判定的结果应该比核电厂 PSA 判定的结果更加保守,这样才能达到对安全事项筛选的目的。

下文我们将选择功率工况 SDP 评估程序、停堆工况 SDP 评估程序和火灾 SDP 评估程序,对其评估过程进行详细介绍。

第 5 章

功率工况异常重要性评估程序

功率工况异常重要性(SDP)评估程序(简称功率工况 SDP)主要评估核电厂 3 个安全基石的性能状态,分别是始发事件、缓解系统和屏障完整性。功率工况 SDP 包含三个阶段的工作:

第 1 阶段:安全事项的特征描述和初步筛选;

第 2 阶段:风险重要度的评估;

第 3 阶段:进行详细的概率安全评估,以确定第 2 阶段的重要度判定是否合理。

功率工况 SDP 实施流程如图 5-1 所示,在后面的评估流程介绍中,将以大亚湾核电厂为参考电厂来进行介绍。

5.1 功率工况 SDP 第 1 阶段

功率工况 SDP 的第 1 阶段主要对发现的安全事项(安全缺陷或问题)进行初步筛选,识别出具有低风险重要性的安全事项。对于被筛选为“绿色”的安全事项,说明该安全事项对于核电厂的安全的影响很小,不作为重点关注项。反之,则说明此安全事项对于核电厂的安全影响较大,需要进一步评估和确认,以确定对安全的重要程度。需要说明的是,如果安全事项经过再次筛选后被判定更适合其他 SDP 评估程序,则转向相应的 SDP 评估程序进行分析。

图 5-2 给出了第 1 阶段筛选的实施过程,即按照对应的安全基石执行功率工况 SDP 第 1 阶段的筛选表,执行完成后,可能得到以下三种结果:

- 该安全事项的风险重要度为“绿色”;
- 该安全事项需要进行第 2 阶段评估;
- 该安全事项需要转向其他 SDP 评估程序,包括蒸汽发生器完整性 SDP、安全壳完整性 SDP 和定性准则评估 SDP 等评估程序。

需要说明的是,如果安全事项涉及不止一个安全基石,则需要应用到所有对应的安全基石筛选表。

功率工况 SDP 第 1 阶段筛选主要涉及 3 张工作表,详见下文。

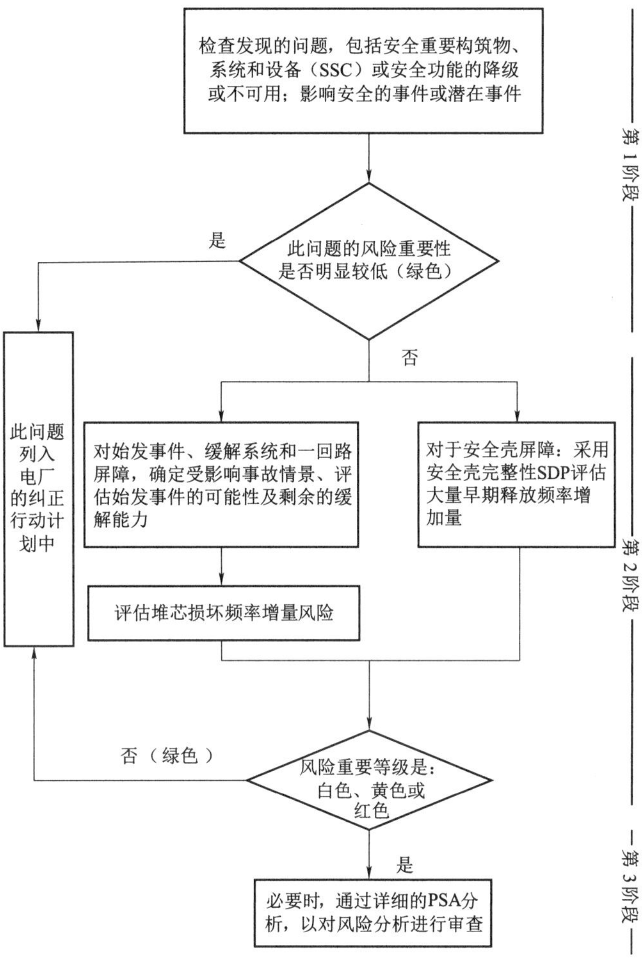

图 5-1　功率工况 SDP 判定方法实施流程

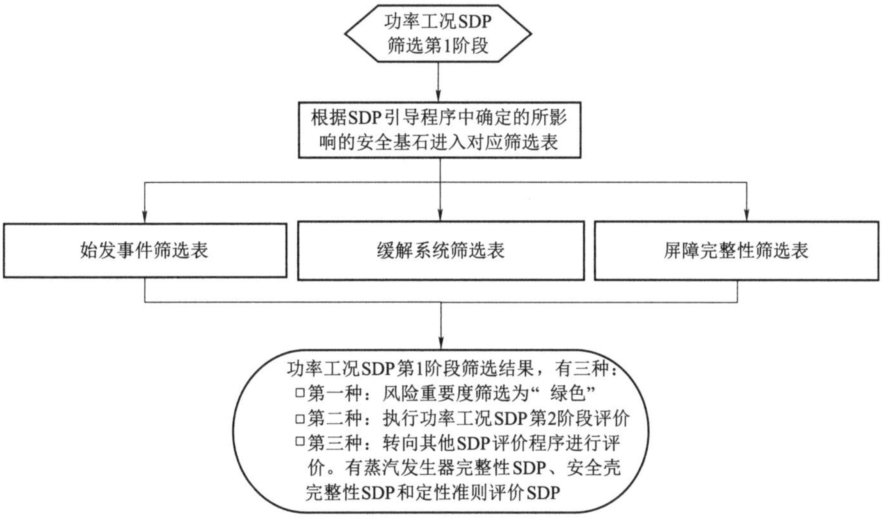

图 5-2　功率工况 SDP 第 1 阶段实施流程

5.1.1 始发事件筛选表

对与始发事件安全基石相关的安全事项进行筛选时，包含以下五个方面的筛选：LOCA始发事件、瞬态始发事件、支持系统始发事件、蒸汽发生器传热管破裂、外部始发事件（如表 5-1 所示）。

表 5-1 始发事件筛选表

A. LOCA 始发事件

1. 通过对功能降级进行合理评估，判断安全事项所导致的结果是否会产生大于一回路小破口的泄漏率？

☐ a. 如果“是”，停止，转向功率工况 SDP 第 2 阶段评估。

☐ b. 如果“否”，继续下面的问题。

2. 通过对功能降级进行合理评估，判断安全事项是否会影响 LOCA 事故的缓解系统，最终导致其丧失全部功能。

☐ a. 如果“是”，停止。转向功率工况 SDP 第 2 阶段评估。

☐ b. 如果“否”，其风险重要度为“绿色”。

B. 瞬态始发事件

1. 安全事项是否导致反应堆紧急停堆以及使核电厂向稳定的停堆状态过渡所需要的缓解系统功能丧失（如丧失冷凝器、丧失主给水）？其他事件还包括高能管道破裂、内部水淹和火灾。

☐ a. 如果“是”，停止。转向功率工况 SDP 第 2 阶段评估。

☐ b. 如果“否”，其风险重要度为“绿色”。

C. 支持系统始发事件

1. 安全事项是否包括全部或部分支持系统功能的丧失？支持系统功能的丧失可能导致始发事件发生或增加始发事件的发生频率，或影响缓解系统功能，例如丧失厂外电、丧失直流电、丧失交流电、丧失设备冷却水系统、丧失重要厂用水系统和丧失仪表用压缩空气系统。

☐ a. 如果“是”，停止。转向功率工况 SDP 第 2 阶段评估。

☐ b. 如果“否”，其风险重要度为“绿色”。

D. 蒸汽发生器传热管破裂

1. 安全事项是否包括蒸汽发生器传热管降级事件，即一根传热管不能承受三倍稳态满功率运行状态下压力？

☐ a. 如果“是”，停止。转向蒸汽发生器完整性 SDP 评估程序。

☐ b. 如果“否”，继续下面的问题。

2. 是否一个或多个蒸汽发生器违反“事故泄漏”的性能标准（例如包含超过了设计基准事故状态下规定的事故泄漏的性能标准）？

☐ a. 如果“是”，停止。转向功率工况 SDP 第 2 阶段评估，蒸汽发生器完整性 SDP 评估程序中适用的部分内容可以作为参考。

☐ b. 如果“否”，其风险重要度为“绿色”。

E. 外部始发事件

安全事项是否会影响火灾或内部水淹始发事件的发生频率？

☐ a. 如果“是”，停止。转向功率工况 SDP 第 2 阶段评估。

☐ b. 如果“否”，其风险重要度为“绿色”。

通过筛选得出该安全事项的第 1 阶段评估结果，或进入功率工况 SDP 的第 2 阶段评估，或由于风险重要度筛选为“绿色”而分析结束，或转向蒸汽发生器完整性 SDP 的评估程序。

5.1.2 缓解系统筛选表

对与缓解系统安全基石相关的安全事项进行筛选，主要包含四个方面的筛选，缓解系统和功能、外部事件缓解系统、反应性控制系统、火灾消防队，如表 5-2 所示。

表 5-2　缓解系统筛选表

A. 缓解 SSC 及其功能(不包含反应性控制系统)

1. 如果安全事项影响缓解 SSC 的设计或技术规格书规定的限制条件，SSC 是否能够维持其可操作性或功能?

☐ a. 如果“是”，其风险重要度为“绿色”。

☐ b. 如果“否”，继续下面的问题。

2. 安全事项是否表明丧失系统和/或功能?

☐ a. 如果“是”，停止。转向功率工况 SDP 第 2 阶段评估。

☐ b. 如果“否”，继续下面的问题。

3. 安全事项是否导致缓解系统最少一列丧失的时间大于技术规范所允许的时间，或两个独立的安全系统丧失的时间大于技术规范所允许的时间?

☐ a. 如果“是”，停止。转向功率工况 SDP 第 2 阶段评估。

☐ b. 如果“否”，继续下面的问题。

4. 安全事项是否导致一个或多个未包含在技术规范中，但在核电厂维修大纲中定义为高安全重要的设备功能丧失大于 24 小时?

☐ a. 如果“是”，停止。转向功率工况 SDP 第 2 阶段评估。

☐ b. 如果“否”，其风险重要度为“绿色”。

B. 外部事件缓解系统(地震/火灾/水淹/极端气象保护降级)

1. 安全事项是否会导致用于缓解地震、水淹或极端气象等始发事件的设备或功能的丧失或降级?(例如地震缓冲器、水淹屏障等)

☐ a. 如果“是”，转向“始发事件筛选表”。

☐ b. 如果“否”，其风险重要度为“绿色”。

C. 反应性控制系统

1. 安全事项是否会影响单个反应堆保护系统(RPS)停堆信号和其他冗余的停堆信号或多样的停堆手段?(例如，其他 RPS 自动停堆信号，控制棒下插或手动停堆)

☐ a. 如果“是”，停止。转向功率工况 SDP 第 2 阶段评估。

☐ b. 如果“否”，继续下面的问题。

2. 安全事项是否会导致操纵员对反应性的控制不当(例如，反应堆功率超过功率限值、未能预见和控制反应性的改变)?

☐ a. 如果“是”，停止。转向定性准则评估 SDP。

☐ b. 如果“否”，继续下面的问题。

3. 该安全事项是否会导致操纵员对反应性的控制出现误操作(例如，反应堆功率超过功率限值、未能提醒和控制反应性的改变)?

☐ a. 如果“是”，停止。转向定性准则评估 SDP。

☐ b. 如果“否”，其风险重要度为“绿色”。

D. 火灾消防队

1. 安全事项是否影响消防队训练和资格授权，或消防队人员配置?

☐ a. 如果“是”，检查是否涉及以下一项或多项：

• 消防队在消防演习中具备在需要的时间内消除火险的能力，且该安全事项对于消防队响应火灾的能力并无重大影响。

• 在安全事项存在的时间里，消防队所面临的人手不足的时间小于 2 小时。

☐ b. 如果以上的至少有一项符合，其风险重要度为“绿色”。

☐ c. 如果“否”，继续下面的问题。

2. 安全事项是否影响消防队对火灾的响应时间?

续表

☐ a. 如果"是",是否涉及以下一项或多项：
• 消防队的响应时间由于纵深防御的其他措施而被缓解,例如易燃物存放未超过限制、火灾防护系统功能正常、安全停堆功能未受影响。
• 安全事项影响的高火灾风险区域备有自动灭火系统。
• 核电厂具备充分的就地火灾保护补偿措施。
☐ b. 如果以上至少有一项符合,其风险重要度为"绿色"。
☐ c. 如果"否",继续下面的问题。
3. 安全事项是否影响灭火器、消防软管、消防水龙头?
☐ a. 如果"是",检查是否涉及以下一项或多项：
• 防火屏障并未降级,且火灾状况不需要使用水进行灭火。
• 灭火器或消防软管短时间丢失,且附近布置有其他灭火器或水龙头。
☐ b. 如果以上至少有一项符合,其风险重要度为"绿色"。
☐ c. 如果"否",停止。转向定性准则评估 SDP。

通过筛选得出该安全事项的第 1 阶段评估结果,或进入功率工况 SDP 的第 2 阶段评估,或由于风险重要度筛选为"绿色"而分析结束,或转向蒸汽发生器完整性 SDP 评估程序。

5.1.3 屏障完整性筛选表

对与屏障完整性安全基石相关的异常进行筛选,主要包含以下四个方面的筛选：

- 一回路边界；
- 安全壳；
- 控制室、辅助厂房、反应堆厂房或乏燃料厂房；
- 乏燃料水池。

通过筛选得出该安全事项的第 1 阶段评估结果,或进入功率工况 SDP 的第 2 阶段评估,或由于风险重要度筛选为"绿色"而分析结束,或转向蒸汽发生器完整性 SDP 的评估程序,如表 5-3 所示。

表 5-3 屏障完整性筛选表

A. 一回路边界(例如导致压力增加的热冲击事件)
☐ 停止,转向功率工况 SDP 第 2 阶段评估。
B. 安全壳
1. 安全事项是否表明实际的安全壳旁路(阀门、气闸门等)、安全壳隔离系统和热移出设备开启?
☐ a. 如果"是",停止。转向安全壳完整性 SDP。
☐ b. 如果"否",继续下面的问题。
2. 安全事项是否导致安全壳内氢气复合器的功能降低?
☐ a. 如果"是",停止。转向安全壳完整性 SDP。
☐ b. 如果"否",其风险重要度为"绿色"。
C. 控制室、辅助厂房、反应堆厂房或乏燃料厂房
1. 安全事项是否导致控制室、辅助厂房或乏燃料水池的放射性屏障功能降级?
☐ a. 如果"是",其风险重要度为"绿色"。

续表

□ b. 如果“否”，继续下面的问题。
2. 安全事项是否导致控制室对烟或有毒气体的屏障功能降级？
□ a. 如果“是”，停止。转向功率工况 SDP 第 2 阶段评估。
□ b. 如果“否”，其风险重要度为“绿色”。
D. 乏燃料水池
1. 安全事项是否会对乏燃料水池的衰变热移出能力有不利影响，从而导致乏燃料水池温度超过许可的最大限值？
□ a. 如果“是”，停止。转向定性准则评估 SDP。
□ b. 如果“否”，继续下面的问题。
2. 安全事项是否由燃料转运过失、燃料组件跌落、储存桶跌落或是起重机在乏燃料水池上方操作引起燃料包壳机械损伤以及可发觉的放射性泄漏所导致？
□ a. 如果“是”，停止。转向定性准则评估 SDP，职业放射安全 SDP 评估程序中适用的部分内容可以作为参考
□ b. 如果“否”，继续下面的问题。
3. 安全事项是否会导致乏燃料水池水装量下降至许可限值以下？
□ a. 如果“是”，停止。转向定性准则评估 SDP。
□ b. 如果“否”，继续下面的问题。
4. 安全事项是否会影响乏燃料水池的中子吸收、燃料棒束的错误放置或硼浓度？
□ a. 如果“是”，停止。转向定性准则评估 SDP。
□ b. 如果“否”，其风险重要度为“绿色”。

5.2　功率工况 SDP 判定第 2 阶段

功率工况 SDP 判定第 2 阶段需要使用核电厂 SDP 判定模型对安全事项进行风险重要度评估，该模型利用核电厂标准化概率安全评估模型（Standardized Plant Analysis Risk Model, SPAR Model）或特定 PSA 模型简化得来。此阶段如果评估结果仍不是“绿色”，则需要再进行第 3 阶段的详细评估。功率工况 SDP 的第 2 阶段实施流程如图 5-3 所示，主要涉及下面 5 类工作表。

1）“始发事件分类表”：判断安全事项是否直接影响始发事件，根据暴露时间确定始发事件的可能性。

2）“系统/设备和始发事件的相关性”：用于确定安全事项所涉及的前沿系统或支持系统，方便评估者实施具体的重要性评估。

3）“功能系统剩余缓解能力准则表”：主要用来规定前沿系统或人因事件的剩余能力因子，以数字表示，数字越大说明该能力越强。

4）“事故序列分析表”：根据事故序列的发展，用于实施具体的评估工作。

5）“风险重要度计算规则表”：用于计算所评估安全事项的风险重要度。

5.2.1　始发事件分类表

应用“始发事件分类表”确定所评估的安全事项是否直接影响始发事件及暴露时间。

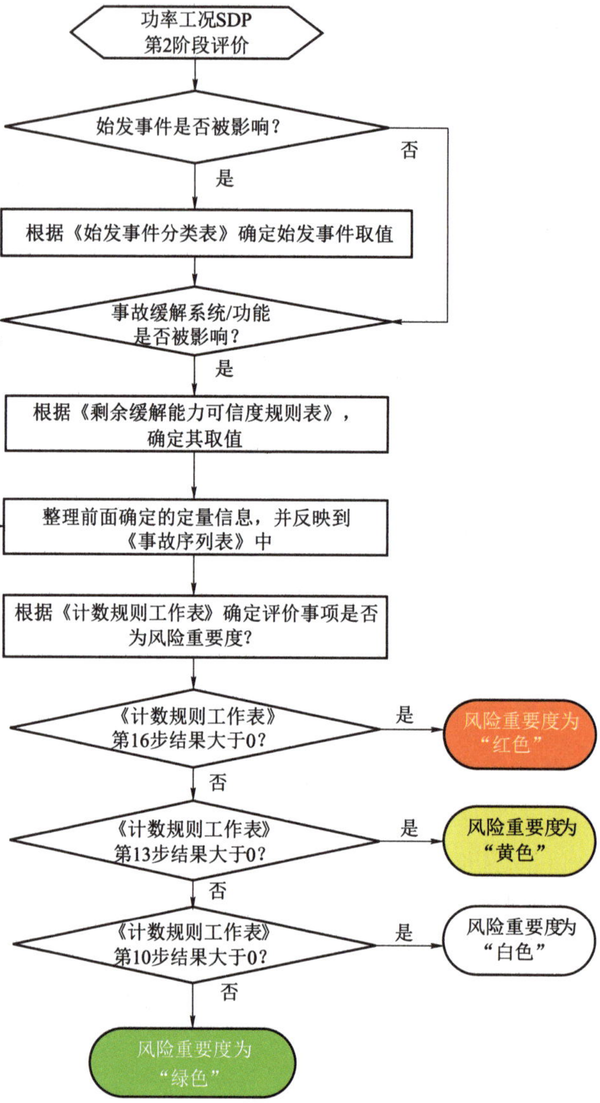

图 5-3　功率工况 SDP 判定方法第 2 阶段实施流程

“始发事件分类表”主要包含以下几个方面的工作：

1）确定始发事件组

始发事件的选取主要参考特定核电厂的 PSA 报告，因而初步确定的始发事件是有代表性，且反映了核电厂的特定情况。在确保风险分析完整性的前提下，对已确定的始发事件进行适当的归并分组，基本方式是将具有相同的前沿系统成功准则且有类似的事故进程（要求操纵员做出同样的反应或要求核电厂有同样的自动响应等）的始发事件归并成一个始发事件组，但是要遵循以下原则：

• 核电厂（包括操纵员）响应、成功准则、允许响应时间（如更高要求，则还包括对核电厂可运行性影响，以及操纵员和相关缓解系统的性能）均应类似；

• 事故进程虽有不同，但归并后“新”的始发事件组中要以最不利工况的要求作为该组的包络条件；

• 在分组过程中，如发现同一类别不同的始发事件因为核电厂响应明显不同或者会有更严重的放射性核素释放可能（如早期大量释放频率），则需要进一步细分。例如，针对LOCA事件，需按破口尺寸大小（有时还要按不同的破口位置）或者其他特殊影响进行细分；

• 对于分组合并后的始发事件频率，是归并为同一始发事件组的所有子事件的频率之和。

以上原则在第4章已有论述，这里不做详细介绍了。那么通过以上的处理后，可以得到SDP中需要分析的始发事件清单及其频率，如表5-4所示。

表5-4 功率工况SDP中需要分析的始发事件（参考大亚湾核电厂）

序号	始发事件组编码	始发事件描述	始发事件频率/(堆年)$^{-1}$	备　注
1	ATWT1	其他 ATWT	1.65×10^{-6}	30/48/125 V 直流电源丧失、厂外电源丧失的瞬态
2	ATWT2	给水丧失相关的 ATWT	8.55×10^{-5}	压缩空气丧失、主给水丧失、二次侧引发的瞬态以及其他导致停堆的瞬态
3	ISLOCA	界面 LOCAV-LOCA	1.50×10^{-7}	
4	LDBA	125 V A 列直流电源	9.70×10^{-4}	A 列 125 V 直流电源
5	LDCA	丧失直流电源 LCA	5.63×10^{-3}	A 列 48 V 直流电源
6	LDCB	丧失直流电源 LCB	5.63×10^{-3}	B 列 48 V 直流电源
7	LDCC	丧失直流电源 LCC	2.30×10^{-3}	C 列 48 V 直流电源
8	LDDD	30 V 列直流电源	1.10×10^{-2}	30 V 直流电源
9	LHS1	全部丧失热阱	1.00×10^{-4}	丧失最终热阱
10	LHS2	部分丧失热阱（安全段）	7.40×10^{-2}	丧失 RRI 安全段
11	LHS3	部分丧失热阱（公用段）	1.00×10^{-2}	丧失 RRI 公用段
12	LLOCA	大破口失水事故	1.00×10^{-4}	一回路大破口
13	LMFW	主给水丧失	5.00×10^{-1}	丧失主给水
14	LOIA	丧失压缩空气	1.20×10^{-2}	丧失压缩空气
15	LOOP	丧失厂外电源	2.50×10^{-2}	丧失厂外电源
16	MLOCA	中破口失水事故	3.00×10^{-4}	一回路中破口
17	MSLB1	安全壳内主蒸汽管道破口	1.10×10^{-3}	安全壳内蒸汽管道破口，不分大小破口，全部合并，并且包括给水管道破口
18	MSLB2	安全壳外主蒸汽隔离阀上游破口	1.01×10^{-3}	安全壳外主蒸汽隔离阀上游破口
19	MSLB3	安全壳外主蒸汽隔离阀下游破口	6.00×10^{-3}	安全壳外主蒸汽隔离阀下游破口
20	SGTR	蒸汽发生器传热管断裂	6.72×10^{-3}	蒸汽发生器传热管破裂，合并原先的1/2根 SGTR

续表

序号	始发事件组编码	始发事件描述	始发事件频率/(堆年)$^{-1}$	备　注
21	SLOCA	小破口失水事故	2.00×10^{-3}	一回路小破口，合并原先的BS1A和BS2A
22	SORV	稳压器汽相SEBIM阀破口失水事故	5.90×10^{-5}	稳压器安全阀卡开
23	SSGTR1	蒸汽管小破口叠加1根蒸汽发生器传热管断裂	4.80×10^{-5}	蒸汽管道小破口叠加1和2根SGTR，不考虑大破口叠加SGTR，因为其贡献很小
24	SSGTR2	蒸汽管小破口叠加10根蒸汽发生器传热管断裂	1.00×10^{-6}	蒸汽管道小破口叠加10根SGTR
25	STRANS	二回路变化引起的瞬态	8.70×10^{-1}	二次侧引起的一回路瞬态事故
26	TRANS	其他瞬态	6.30×10^{-1}	其他导致停堆的瞬态，主要是非二回路故障导致的停堆瞬态事件

2）根据始发事件组的频率来对其进行分类

通过得出的始发事件组清单和频率，对始发事件组进行分类。如果某一始发事件组的频率接近分类的上线，一般保守地把该始发事件组的类别提高一级，始发事件分类情况见表5-5所示。

表5-5　始发事件频率处理规则

	始发事件频率的范围							
始发事件频率	>1	$1\times10^{-1}\sim1$	$1\times10^{-2}\sim1\times10^{-1}$	$1\times10^{-3}\sim1\times10^{-2}$	$1\times10^{-4}\sim1\times10^{-3}$	$1\times10^{-5}\sim1\times10^{-4}$	$1\times10^{-6}\sim1\times10^{-5}$	$<1\times10^{-6}$
始发事件可能性	0	1	2	3	4	5	6	7

3）安全事项暴露时间的影响

核电厂发生的安全事项有一个持续时间，即从它刚出现到事件分析时这段时间，称为安全事项的暴露时间。安全事项只在暴露时间内对核电厂的CDF产生影响。因此，需要根据安全事项的持续时间来修改始发事件的发生概率。

SDP将安全事项的暴露时间划分为3类，“>30天”近似等于1年，“3～30天”近似等于1/10年，“<3天”近似等于1/100年，将安全事项的暴露时间乘以始发事件频率，即得到始发事件可能性(IEL)。因此，将始发事件在不同时间范围内的发生概率相应地降低一个量级，表现在IEL上就是IEL的值加1。这样，对于第Ⅰ类始发事件组，在对应的暴露时间内的IEL分别是1×10^{-1}、1×10^{-2}和1×10^{-3}每年，分别以1、2、3表示。根据此原则可以得到其他类别始发事件的各种可能性。这样，对于Ⅰ类始发事件组，在对应的暴露时间内的IEL分别就是1×10^{-1}、1×10^{-2}和1×10^{-3}/每年，分别以1、2、3表示。根据此原则可以得到其他类别始发事件的各种可能性。表5-6列出了始发事件分类样表，并给出了不同影响时间下的始发事件可能性。安全事项的暴露时间在4.2.7中有详细论述，这里不做详细介绍。

表 5-6　始发事件分类表(参考大亚湾核电厂)

始发事件分类表					
类型	始发事件频率	始发事件组	始发事件可能性 $X=-\lg$(始发事件频率)		
Ⅰ	$>10^{-1}$(堆年)$^{-1}$	主给水丧失(LMFW)、二回路变化引起的瞬态(STRANS)、其他瞬态(TRANS)	1	2	3
Ⅱ	$10^{-2}\sim10^{-1}$(堆年)$^{-1}$	部分(安全段)丧失热阱(LHS2)、部分(公用段)丧失热阱(LHS3)、丧失压缩空气(LOIA) 丧失厂外电源(LOOP)、30V 列直流电源(LDDD)	2	3	4
Ⅲ	$10^{-3}\sim10^{-2}$(堆年)$^{-1}$	给水管道破口(FWLB)、48 V A 列直流电源丧失(LDCA)、48 V B 列直流电源丧失(LDCB)、48 V C 列直流电源丧失(LDCC)、125 V A 列直流电源丧失(LDBA)、安全壳内主蒸汽管道破口(MSLB1)、安全壳外主蒸汽隔离阀上游破口(MSLB2)、安全壳外主蒸汽隔离阀下游破口(MSLB3)、蒸汽发生器传热管断裂(SGTR)、小破口失水事故(SLOCA)	3	4	5
Ⅳ	$10^{-4}\sim10^{-3}$(堆年)$^{-1}$	全部丧失热阱(LHS1)、中破口失水事故(MLOCA)、蒸汽管小破口叠加 1 根蒸汽发生器传热管断裂(SSGTR1)	4	5	6
Ⅴ	$10^{-5}\sim10^{-4}$(堆年)$^{-1}$	给水丧失相关的未停堆的瞬态(ATWT2)、大破口失水事故(LLOCA)、稳压器汽相 SEBIM 阀破口失水事故	5	6	7
Ⅵ	$<10^{-5}$(堆年)$^{-1}$	其他未停堆的瞬态事件(ATWT1)、界面 LOCAV-LOCA(ISLOCA)、蒸汽管小破口叠加 10 根蒸汽发生器传热管断裂(SSGTR2)	6	7	8
安全事项存在的时间(天)			>30	$3\sim30$	<3

5.2.2　系统和设备与始发事件相关性表

根据核电厂系统和设备的配置情况，确定始发事件与系统和设备的相关性，如表 5-7 所示。除了辨识始发事件与系统的相互关系之外，在表中还显示出系统中有哪些主要设备以及需要哪些支持系统。

表 5-7 的目的是便于根据安全事项确定哪些系统(包括支持系统)受到了影响，并最终影响到哪些始发事件。确定始发事件和其缓解系统及支持系统之间的关系，方便建立简化的故障树和确定相应的取值。

表 5-7 系统和设备与始发事件相关性表(样表)

影响的系统	主要设备	支持系统	始发事件
辅助给水系统	电动泵A列、气动调节阀	30V(LDA)直流电源、48 V(LCA、LCB)直流电源、125 V(LBA、LBB)直流电源、仪用压缩空气系统(SAR)	除了MLOCA、LLOCA、30V直流丧失、以及A列电源丧失的所有始发事件
	电动泵B列、气动调节阀	30V(LDA)直流电源、48 V(LCA、LCB)直流电源、125 V(LBA、LBB)直流电源、仪用压缩空气系统(SAR)	除了MLOCA、LLOCA、30V直流丧失以及B列电源丧失的所有始发事件
	一台汽动泵、气动调节阀(供水)、气动隔离阀(汽机供气)	30V(LDA)直流电源、仪用压缩空气系统(SAR)	除了MLOCA、LLOCA和30V直流丧失的所有始发事件
安全壳喷淋系统	两台安注泵(EAS001PO/EAS002PO)、电动阀	48 V(LCA、LCB)直流电源、125 V(LBA、LBB)直流电源、6.6KV(LHA/LHB)交流电源	一回路破口
重要厂用水系统	A列:SEC001PO/SEC003PO B列:SEC002PO/SEC004PO	48 V(LCA、LCB)直流电源、125 V(LBA、LBB)直流电源、6.6KV(LHA/LHB)交流电源、仪用压缩空气	热阱丧失相关的始发事件、涉及安全壳喷淋再循环和余热排出功能的始发事件
应急柴油发电机	LHP001AP、LHQ001AP、LHA002JA、LHB002JA	48 V(LCA、LCB)直流电源、125 V(LBA、LBB)直流电源,EDG润滑油系统、冷却系统以及通风系统	涉及厂外电源丧失的始发事件

5.2.3 功能系统剩余缓解能力准则表

SDP功能事件的概念同PSA功能事件的概念是一样的,同样具有成功准则,但是SDP功能事件被当做基本事件来处理。这样带来的一个问题就是在没有故障树支持的条件下如何确定功能事件这个“基本事件”的失效概率。一种情况下,功能事件的输入本来就是一个基本事件,比如人因事件,则直接根据基本事件的失效概率为这个功能事件指定一个数值。另一种情况下,功能事件的输入是一颗故障树,这颗故障树代表着一个前沿系统,SDP为这种情况设计了一种特别的解决方法。SDP为前沿系统指定一种类型,这个类型与系统的复杂程度和冗余度有关,决定了功能事件失效概率的量级,这个量级称之为功能事件的缓解能力。

“功能系统剩余缓解能力准则表”(表5-8)规定了前沿系统或人因事件的剩余能力因子,以数字表示,数字越大说明该功能的能力越强,即对后果的缓解能力越强。可信的缓解能力是以系统列的形式定义的,同时也要考虑核电厂PSA报告中特定的成功准则。而剩余缓解能力的大小主要取决于系统和操纵员行为的可用性和可靠性,但在分析中不考虑其支持系统的可用性。如果系统的列存在不同的特点导致它们缓解事故的可靠性不同,那么这些列就要分别定义。例如，辅助给水系统的电动泵列和汽动泵列就要分别定义。各个功能系统剩余缓解能力数值将在事故序列分析中参与计算。

表 5-8 功能系统剩余缓解能力准则表

剩余缓解能力的类型	剩余缓解能力可信度：X＝ －lg(失效概率)
失效列恢复： 操纵员恢复失效设备的行为，而且这些设备是事件发生后可以恢复的。操作行为可以是在主控室，也可以是主控室之外，当认为其为可信的剩余缓解能力时，它的失效概率约为 1×10^{-1}。只有满足以下的准则才认为是可信的： (1) 有足够的时间实施这些操作； (2) 环境条件允许到达操作的区域； (3) 有用于指导操作行为的程序； (4) 在相似的事故情景下有依据程序进行的培训； (5) 用于完成这些操作的任何设备都是可用的，且处于备用状态	1
一列自动蒸汽驱动： 一套相关设备，其中包含一个汽动驱动设备且能提供100%的指定安全功能。当这一列被确信为剩余缓解能力时，则因失效、试验或维修导致一列不可用的概率假定为：1×10^{-1}	1
完成功能的一列设备： 一套相关设备(如泵、阀门、开关等)，它们一起能够完成100%的制定安全功能。当这一列被确信为剩余缓解能力时，则因失效、试验或维修导致这些设备不可用的概率假定为：1×10^{-2}	2
一个多列系统： 一个由两列或多列组成的系统，认为他们之间存在共因失效模式。当这一系统被确信为剩余缓解能力时，则不论该系统有多少列，其因失效、试验或维修导致系统中设备不可用的概率假定为：1×10^{-3}	3
两个不同的列： 一个系统由两列组成，且两列之间不存在共因失效模式。当这一系统被确信为剩余缓解能力时，则因失效、试验或维修导致系统中设备不可用的概率假定为：1×10^{-4}	4(＝2＋2)
操纵员行为的可信度： 事故处理期间，由操纵员执行的重要操作(如通过充-排方式移出一回路的热量等)。这些操作行为使用三类人员失误概率(HEP)表征可信度。这些类别是： (1) 操作行为＝1，代表人员操作失效概率在 $5\times10^{-2}\sim0.5$； (2) 操作行为＝2，代表人员操作失效概率在 $5\times10^{-3}\sim5\times10^{-2}$； (3) 操作行为＝3，代表人员操作失效概率在 $5\times10^{-4}\sim5\times10^{-3}$	1、2或3

5.2.4 事故序列分析表

SDP事件树的形式跟PSA的事件树是一样的，也由始发事件和功能事件组成，但是事故序列只有成功分支和失败分支。SDP事件树是建立事故序列表的依据。根据始发事件分析表，确定可能发生的始发事件。首先，根据事件发展所需要的安全功能系统和对事故规程的要求，画出简化的事件树。然后，根据简化的事件树，编制出导致堆芯损坏的事故序列表。编制事故序列表的目的就是方便评估人员使用和实施具体的评估工作。

根据事件树发展的需求，其定量化过程需要遵循以下两个原则：

• 始发事件的取值需参考表 5-6“始发事件分类表”；

• 事故序列分析所有用到的系统功能和人员失效事件，及其剩余缓解能力的取值均需参考表 5-8“功能系统剩余缓解能力准则表”中的定义。

事故序列的发展，不仅仅用来获得安全事项导致的堆芯损坏频率的变化量（ΔCDF），而且可以得到早期放射性大量释放频率的变化量（ΔLERF）。ΔLERF 的值可以通过 ΔCDF 的值获得，或者通过一个修正因子来求。在事故序列表中，专门设置一栏 LERF。在对应栏中输入的数值代表是否该序列对 LERF 有贡献。“0”代表对应的事故序列对 LERF 没有贡献。鉴于 CDF 与 LERF 一般相差一个量级，因此，对于 LERF 有贡献的事故序列，在事故序列的表中的 LERF 栏中给出修正因子“1”。

表 5-9 给出了一回路大破口（LLOCA）事故的事故序列分析表示例，表中对 LLOCA 始发事件可能导致堆芯损坏的事故序列进行了简化事件树建模，并对始发事件和功能剩余缓解能力的取值进行了说明。

表 5-9 事件序列分析表

一回路大破口（LLOCA）始发事件的事故序列分析表	
需求的安全功能：	每一安全功能完全可信的缓解能力：
中压安注（SIT）	中压安注有 3 个安注箱及注入管线，对于主回路上的破口，只有两列可用，因此该功能的剩余能力是 3
安全壳喷淋直接注入（EAS01）	安全壳喷淋系统有 2 列，一列运行成功即可，系统是自动启动。因此该功能系统的剩余能力是 3
低压安注直接注入（LPSI）	低压安注由 2 列构成，一列从换料水箱取水，并向一回路冷段注入。因此该功能系统的剩余能力是 3
低压安注冷段再循环（LPR01）	低压安注由 2 列构成，一列从地坑取水，并向一回路冷段注入。因此该功能系统的剩余能力是 3
低压安注热段再循环（LPR02）	低压安注由 2 列构成，一列从地坑取水，并向一回路热段注入。因此该功能系统的剩余能力是 3
安全壳喷淋再循环（EAS02）	安全壳喷淋系统有 2 列，一列运行成功即可，系统是自动切换。因此该功能系统的剩余能力是 3

编号	选择受影响的功能	基准分	始发事件可能性	每一受影响的事故序列的剩余缓解能力评估	失效列的恢复	结果	LERF 因子
1	LLOCA＋EAS01 7 ＋ 3	10					0
2	LLOCA＋EAS02 7 ＋ 3	10					0
3	LLOCA＋LPR01 7 ＋ 3	10					0
4	LLOCA＋LPR02 7 ＋ 3	10					0

续表

编号	选择受影响的功能	基准分	始发事件可能性	每一受影响的事故序列的剩余缓解能力评估	失效列的恢复	结果	LERF 因子
5	LLOCA+LPSI 7 + 3	10					0
6	LLOCA+SIT 7 + 3	10					0

识别可信的、直接用于恢复降级设备或始发事件的任何操纵员恢复行为：

如果要对投运或恢复缓解设备的操纵员行为确定为可信，需要满足以下所有准则：1)有足够的时间实施这些操作；2)环境条件允许到达操作的区域；3)有用于指导操作行为的程序；4)在相似的事故情景下有依据程序进行的培训；5)用于完成这些操作的任何设备都是可用的，且处于备用状态。

5.2.5 风险重要度计算规则表

根据通用的定量计算规则表(见表 5-10)，对受安全事项影响的事故序列进行计算，可以确定所评估安全事项的风险重要度。

表 5-10 风险重要度计算规则表

步骤	操作指令/指示	得分
(1)	输入风险重要序列值等于 9 的个数	
(2)	第(1)步的结果除 3，并把所得结果记入下一轮	
(3)	输入风险重要序列值等于 8 的个数	
(4)	第(3)步结果与第(2)步结果相加	
(5)	第(4)步的结果除 3，并把所得结果记入下一轮	
(6)	输入风险重要序列值等于 7 的个数	
(7)	第(6)步结果与第(5)步结果相加	
(8)	第(7)步的结果除 3，并把所得结果记入下一轮	
(9)	输入风险重要序列值等于 6 的个数	
(10)	第(9)步结果与第(8)步结果相加	
(11)	第(10)步的结果除 3，并把所得结果记入下一轮	
(12)	输入风险重要序列值等于 5 的个数	
(13)	第(12)步结果与第(11)步结果相加	
(14)	第(13)步的结果除 3，并把所得结果记入下一轮	
(15)	输入风险重要序列值等于 4 的个数	
(16)	第(15)步结果与第(14)步结果相加	

■ 如果第 16 步结果大于 0，则检查安全事项的风险重要性是高安全重要度，用“红色”表征。

■ 如果第 13 步结果大于 0，则检查安全事项常的风险重要性至少是重要的安全重要度，用“黄色”表征。

■ 如果第 10 步结果大于 0，则检查安全事项的风险重要性至少是中等安全重要度，用“白色”表征。

■ 如果第 10、13 和 16 步结果都是 0，则检查安全事项的风险重要性是非常低的安全重要度，用“绿色”表征。

第 2 阶段的评估结果：□绿色 □白色 □黄色 □红色

5.3 功率工况 SDP 判定第 3 阶段

第 3 阶段属于完全的概率安全分析(PSA)方法,主要使用电厂的 PSA 模型进行详细的概率安全评估。该阶段主要用于以下两种情况:不适用第 1 阶段和第 2 阶段评估方法的情况;第 2 阶段评估结果为白、黄、红色的情况。

功率工况 SDP 第 3 阶段评估即针对安全事项进行风险评估,计算其对应的 ΔCDF,根据风险重要度判定准则确定安全事项的最终风险重要度。其实施流程如图 5-4 所示。

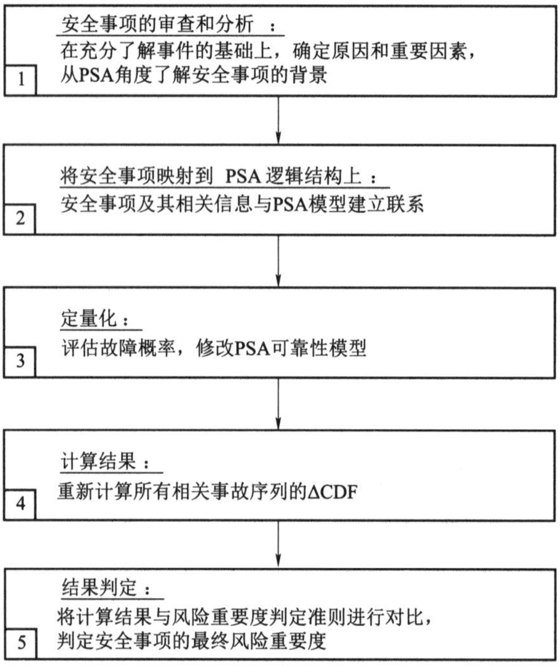

图 5-4 功率工况 SDP 第 3 阶段实施流程

1) 安全事项的审查和分析

在充分了解安全事项的基础上,确定原因和重要因素,从 PSA 的角度了解安全事项的背景。

2) 将安全事项映射到 PSA 模型逻辑结构上

为了把安全事项与 PSA 模型联系起来,需要确定有哪些事故序列被涉及或可能被涉及,有哪些故障树模型、基本事件或操纵员行为会受到影响,有哪些恢复行动可能要执行或变得不可能执行。在映射的过程中,就建立了安全事项与 PSA 模型中的事件之间的联系。安全事项的潜在影响主要有以下几类:

• 中断核电厂正常运行的安全事项,这对核电厂运行有真实的影响。在这种情况下,该安全事项很容易联系到 PSA 始发事件和相关的事故情景。这类安全事项可能会有一个干扰核电厂运行的子类,它单独不会引发一个始发事件,但如果与其他事件结合就可能导致始发事件发生，处理此子类事件需要有另外的概率论模型（例如小事件树）。

• 设备或系统不可用或降级的安全事项，它们对核电厂运行没有直接影响。如果安全事项产生的影响与一个或几个安全功能相关，则要系统地考虑有哪些主要的事故情景会受到此安全事项的影响。首先，要确定出所有需要受影响安全功能的始发事件，在这些始发事件发展出来的事故序列中，只保留与安全事项相关的事故序列。

• 有些安全事项可能对始发事件和设备或系统不可用两者都产生影响，在后续的分析中需要综合考虑这两种类型安全事项的影响。

3）定量化

定量化是对故障概率进行评估，然后将定量化的数据映射到步骤 2）所发展出来的 PSA 模型上。本步骤的目的是完成反映事件状态的定量化，定量化工作通过以下方式完成：

• 列出每个事件或序列的特征（持续时间、概率、任务时间、故障率、恢复行为等）；

• 确定反映事件特定状态的参数。

在参考 PSA 模型中，对于已经发生的基本事件，将其概率设为逻辑失效或为 1；对于没发生的基本事件，其概率仍为标准值。在某些情形下，事件状态可能会导致未发生事件的概率的修改，即根据与标准状态相比有利或不利的影响来增加或降低其概率。

4）计算结果

基本事件和始发事件赋予适当的失效数据之后，就可以计算出事故序列条件概率，进而计算出该安全事项所导致的总的 ΔCDF。

5）结果判定

将计算结果与风险重要度判定准则进行对比，判定安全事项的最终风险重要度。

通过以上分析步骤，从定性和定量两个方面，完成对功率工况下安全事项的重要度判定。实际上前两个评估阶段是安全事项重要度的筛选过程，其目的就是筛除“低”风险重要度事项，而第 3 阶段的 PSA 分析对通过前两个评估阶段非“低”风险重要的事项进行最后重要度确定，其结果反映安全事项最终安全重要程度。

\\\ 第 6 章 \\\

停堆工况下异常重要性(SDP)评估程序

停堆工况下异常重要性(SDP)评估程序(简称停堆工况 SDP)主要评估核电厂 3 个安全基石的性能状态,包括始发事件、缓解系统和屏障完整性。与功率工况 SDP 一样也包含三个阶段的工作:

第 1 阶段:安全事项的特征描述和初步筛选;

第 2 阶段:风险重要度的评估;

第 3 阶段:进行详细的概率安全评估,以确定第 2 阶段的重要度判定是否合理。

其评估流程图与功率工况 SDP 一致,可以参见图 5-1。接下来介绍停堆工况 SDP 的具体评估过程。

6.1 停堆工况 SDP 第 1 阶段

停堆工况 SDP 的第 1 阶段主要对安全事项进行初步的筛选,对于被筛选为"绿色"的安全事项,说明该安全事项对于核电厂的核安全贡献很小,不作为重点关注项。相反,对核安全重要安全事项,还需要进一步的评估和确认,以确定其对核安全的重要性。

图 6-1 给出第 1 阶段评估实施的全部过程,即按照对应的安全基石执行停堆工况 SDP 第 1 阶段的筛选表,执行完成后,可能得到以下三种结果:

- 该安全事项的风险重要度为"绿色",属于风险重要度很小的事项,不做进一步的分析;
- 该安全事项需要进行第 2 阶段评估,需要进一步进行定量和定性的分析;
- 需要转向其他 SDP 评估程序进行评估,例如,火灾 SDP、安全壳完整性 SDP 等。

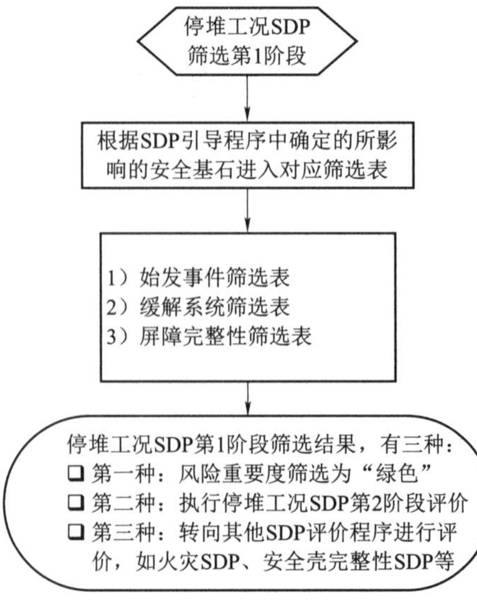

图 6-1　停堆工况 SDP 第 1 阶段实施流程

停堆工况 SDP 第 1 阶段筛选过程主要涉及始发事件筛选表(表 6-1)、缓解系统筛选表(表 6-2)和屏障完整性筛选表(表 6-3),下面对其进行详细的介绍。

6.1.1 始发事件筛选表

对与始发事件安全基石相关的安全事项进行筛选,包含以下四个方面的筛选:停堆工况下始发事件的发生频率、LOCA 始发事件、瞬态始发事件和外部始发事件。

如外部始发事件会增加火灾或内外部水淹发生频率,则评估直接转到停堆工况第 3 阶段,直接利用核电厂特定 PSA 模型进行风险评估。

表 6-1　始发事件筛选表

A. 停堆始发事件
1. 安全事项所导致的结果是否会增加停堆始发事件的发生可能性?
☐ a. 如果"是",停止,转向停堆工况 SDP 第 2 阶段评估。
☐ b. 如果"否",继续。
B. LOCA 始发事件
1. 破口位置是否无法探测或无法隔离,并且在 24 小时内将导致正常的安全功能失效(如,水位降低导致余热排出泵无法正常工作)?
☐ a. 如果"是",停止,转向转向停堆工况 SDP 第 2 阶段评估。
☐ b. 如果"否",继续。
2. 一回路水装量受泄漏影响下降,在影响余热排出系统功能前,是否能够自动停止泄漏?
☐ a. 如果"是",继续。
☐ b. 如果"否", 停止,转向转向停堆工况 SDP 第 2 阶段评估。
C. 瞬态始发事件
1. 丧失厂外电(LOOP)和丧失余热导出系统(LORRA)事件发生时,堆芯燃料是否处于淹没状态?
☐ a. 如果"是",继续。
☐ b. 如果"否",停止,转向停堆工况 SDP 第 2 阶段评估。
2. 丧失厂外电(LOOP)时,恢复厂外电的时间是否大于一回路水蒸发导致燃料原件裸露出水面的时间?
☐ a. 如果"是",停止,转向停堆工况 SDP 第 2 阶段评估。
☐ b. 如果"否",继续。
3. 丧失液位控制(LOLC)时,一回路是否没有处于满水状态?
☐ a. 如果"是",停止,转向停堆工况 SDP 第 2 阶段评估。
☐ b. 如果"否",继续。
D. 外部事件始发事件
1. 安全事项是否会影响火灾或内部水淹始发事件的频率并可能导致停堆始发事件的发生?
☐ a. 如果"是",停止,转向第 3 阶段评估。
☐ b. 如果"否",其风险重要度为"绿色"。

6.1.2 缓解系统筛选表

对与缓解系统安全基石相关的安全事项进行筛选,主要包含三个方面的筛选准则:缓解系统和功能、外部事件(地震/火灾/水淹等)缓解系统和火灾消防队。

如果发现外部事件缓解系统严重降级/不可用的情况,直接转到第 3 阶段,用 PSA 模型评估;如果消防相关,需要转向火灾 SDP 评估判断程序。

表 6-2 缓解系统筛选表

A. 缓解构筑物、系统和部件(SSC)和功能

1. 如果安全事项是缓解系统设计或功能缺陷,带缺陷运行的缓解系统是否能够维持其可操作性和事故缓解功能?

☐ a. 如果"是",其风险重要度为"绿色"。

☐ b. 如果"否",继续。

2. 安全事项是否表示丧失系统安全功能?

☐ a. 如果"是",停止,转向停堆工况 SDP 第 2 阶段评估。

☐ b. 如果"否",继续。

3. 安全事项是否表示以下情形的实际功能丧失,即最少一列丧失时间大于技术规范所允许的时间,或两个独立的安全系统丧失的时间大于技术规范所允许的时间?

☐ a. 如果"是",停止,转向停堆工况 SDP 第 2 阶段评估。

☐ b. 如果"否",继续。

4. 反应堆水池注水时,安全事项是否表示以下情形的实际功能丧失,即一个或多个技术规范中不包含的,在电厂停堆过程中高安全重要度设备功能丧失>24 小时?

☐ a. 如果"是",停止,转向停堆工况 SDP 第 2 阶段评估。

☐ b. 如果"否",继续。

5. 反应堆水池未注水时,该安全事项是否表示以下情形的实际功能丧失,即一个或多个技术规范中不包含的,在电厂停堆过程中高安全重要度设备功能丧失>4 小时?

☐ a. 如果"是",停止,转向转向停堆工况 SDP 第 2 阶段评估。

☐ b. 如果"否",继续。

6. 反应堆水池未注水时,该安全事项是否导致一回路水位监测系统降级或反应堆测量热电偶降级?

☐ a. 如果"是",停止,转向停堆工况 SDP 第 2 阶段评估。

☐ b. 如果"否",继续。

B. 外部事件缓解系统(地震/火灾/水淹/恶劣天气保护降级)

1. 安全事项是否包含专用于缓解地震,水淹或恶劣天气始发事件的设备或功能的丧失或降级?

☐ a. 如果"是",停止,转向第 3 阶段。

☐ b. 如果"否",继续。

C. 火灾消防队

1. 安全事项是否包括消防队训练和资格授权,或消防队人员配置?

☐ a. 如果"是",检查以下几项是否有一项或多项被涉及。

• 消防队在消防演习中具备在需要的时间内消除火险的能力,且该安全事项对于消防队响应火灾的能力并无重大影响。

• 在所有任务时间中,消防队所面临的人手不足的事件短于 2 小时。

☐ 如果没有以上内容,停止,执行定性筛选 SDP 程序。

☐ 如果至少有一项,继续。

☐ b. 如果"否",继续。

2. 安全事项是否包括对消防队响应火灾时间的影响?

☐ a. 如果"是",检查以下几项是否有一项或多项被涉及。

• 消防队的响应时间由于纵深防御的其他元素而被缓解,例如易燃物存放未超过限制,火灾防护系统功能正常,安全停堆功能未受影响。

• 该安全事项包括高火灾风险重要度区域,具备自动灭火系统。

• 电厂具备充分的就地火灾保护补偿措施。

☐ 如果没有以上内容,停止,执行定性筛选 SDP 程序。

☐ 如果至少有一项,继续。

☐ b. 如果"否",继续。

3. 安全事项是否包括灭火器,灭火水龙带,灭火水龙头?

☐ a. 如果"是",检查以下几项是否有一项或多项被涉及。

• 防火屏障并未降级,且火险状况不需要使用水进行灭火。

• 灭火器或水龙带短时间丢失,且附近有其他灭火器、水龙头。

☐ 如果没有以上内容,停止,执行定性筛选 SDP 程序。

☐ 如果至少有一项,绿色。

☐ b. 如果"否",绿色。

6.1.3 屏障完整性筛选表

对与屏障完整性安全基石相关的安全事项进行筛选，主要包含两个方面的筛选准则：一回路边界或燃料包壳和安全壳。如果出现与低温超压相关问题、影响蒸汽发生器下封头功能的问题、排水路径无法隔离的问题，则直接转入第 3 阶段使用 PSA 模型评估风险；如果可能导致一回路硼稀释，则使用定性 SDP 评估。如果与安全壳完整性有关，则转向安全壳完整性 SDP。

表 6-3 给出了停堆工况 SDP 第 1 阶段始发事件筛选表，缓解系统筛选表和屏障完整性筛选表的具体内容。

表 6-3　屏障完整性筛选表

A. 一回路边界或燃料包壳

□　如果安全事项是燃料棒放置位置错误则为“绿色”。

1. 低温超压—安全事项是否包含一个由于疏忽导致的安注或者在低温超压时，释放阀(PORV)或安全阀无法在需要的时候正常动作？

□　a. 如果“是”，停止，转向第 3 阶段。

□　b. 如果“否”，继续。

2. 冷冻密封—安全事项是否会导致冷冻密封的潜在失效增加，或者导致余热排出系统出现破口或导致其他丧失冷却剂事件发生？

□　a. 如果“是”，停止，转向第 3 阶段。

□　b. 如果“否”，继续。

3. 蒸汽发生器下封头—安全事项是否导致下封头安装问题，导致蒸汽发生器下封头降级或功能性丧失？

□　a. 如果“是”，停止，转向第 3 阶段。

□　b. 如果“否”，继续。

4. 安全事项是否导致潜在的一回路硼稀释？

□　a. 如果“是”，停止，转向定性 SDP 分析。

□　b. 如果“否”，继续。

5. 安全事项是否导致排水口隔离功能降级？

□　a. 如果“是”，停止，转向第 3 阶段。

□　b. 如果“否”，继续。

B. 安全壳

1. 该安全事项是否表示安全壳关闭或隔离能力的降级？

□　a. 如果“是”，停止，转向安全壳完整性 SDP。

□　b. 如果“否”，继续。

2. 该安全事项是否标示着反应堆安全壳物理完整性的降级(阀门，贯穿件，封堵结构)？

□　a. 如果“是”，停止，转向安全壳完整性 SDP。

□　b. 如果“否”，继续。

3. 该安全事项是否标示着反应堆安全壳物理完整性的降级(阀门，贯穿件，封堵结构)？

□　a. 如果“是”，停止，转向安全壳完整性 SDP。

□　b. 如果“否”，其风险重要度为绿色。

6.2 停堆工况 SDP 第 2 阶段评估方法

功率工况 SDP 判定第 2 阶段需要使用停堆工况 SDP 判定模型对安全事项进行风险重要度评估，该模型利用核电厂标准化概率安全评估模型(SPAR Model)或电厂 PSA 模型简化得来。本阶段由以下五张工作表完成。

1）始发事件分类表，确定所评估的安全事项是否直接影响始发事件及暴露时间。

2）系统/设备和始发事件相关性表，判断安全事项所影响的系统或设备。

3）功能系统剩余缓解能力准则表，对于影响人员行为的判断也使用同样的方法确定。

4）风险重要度计算规则表，根据事故序列的发展，计算相应的数值。

5）事件序列分析表，得到所评估安全事项的风险重要度。

表的基本功能与功率工况 SDP 一致，但具体的分析内容不同。图 6-2 给出了停堆工况 SDP 第 2 阶段的实施流程，即逐步执行本阶段所需使用的五张工作表。

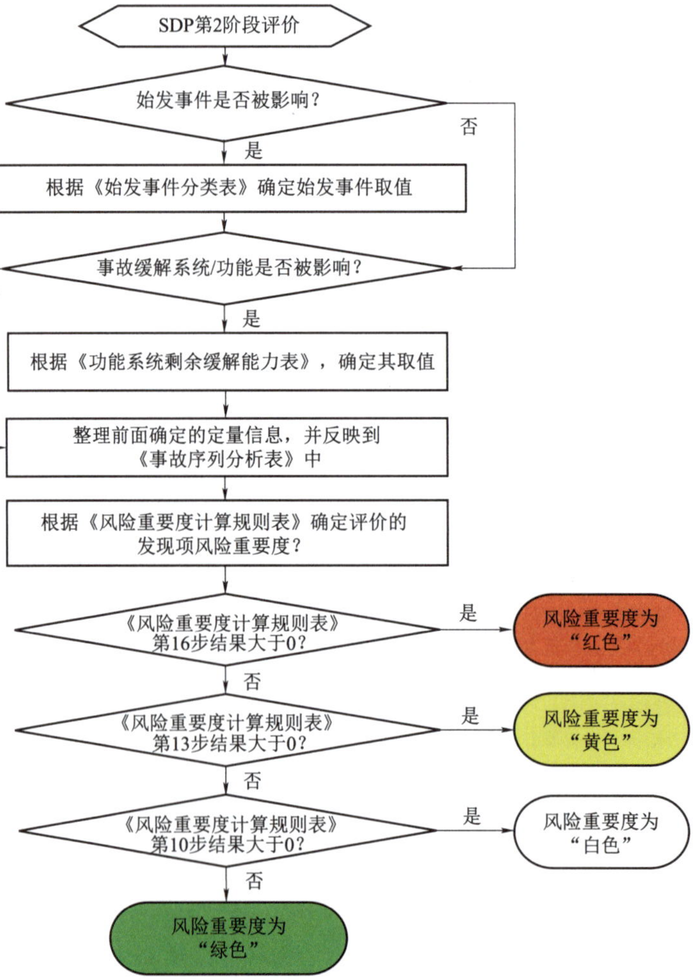

图 6-2 停堆工况 SDP 第 2 阶段实施流程

下面对停堆工况 SDP 第 2 阶段始发事件分类表，系统/设备和始发事件相关性表，功能系统剩余缓解能力准则表，事件序列分析表和风险重要度计算规则表的具体内容进行介绍。

6.2.1 始发事件分类表

1）电厂运行状态划分

在始发事件分类前，首先对停堆工况 SDP 的电厂运行状态(POS)进行划分。根据停堆工况 SDP，余热排出系统连接前属于功率工况 SDP 的评估范围。所以对于余热排出系统连接后的工况，参考大亚湾核电厂低功率和停堆 PSA 报告，将电厂运行状态 POS 划分如表 6-4 所示。

表 6-4　停堆工况 SDP 的 POS 划分

POS	名称	机组状态			温度控制	起始点		结束点
		水位	温度/℃	压力/MPa				
POS1	NS/RRA	IN PZR	$10\leqslant T\leqslant 180$	$0.5\leqslant P\leqslant 3.0$	RRA，SG 备用	下	RRA 接入(M3)	进入维修冷停堆(M10)
						上	离开维修冷停堆(M60)	RRA 隔离(M70)
POS2	人孔关闭的维修冷停堆	PZR 满水	$10\leqslant T\leqslant 60$	$0.1\leqslant P\leqslant 0.5$	RRA，SG 备用	下	进入维修冷停堆(M10)	人孔打开(M12)
						上	人孔关闭(M53)	离开维修冷停堆(M60)
POS3	人孔打开的维修冷停堆	PZR 水位＋2 m→法兰面水位→反应堆水池满水	$10\leqslant T\leqslant 60$	0.1	RRA，PTR 备用	下	人孔打开(M12)	反应堆水池满水(M20)
						上	一回路开始排水(M50)	人孔关闭(M53)

停堆工况 SDP 的 POS 划分主要根据的是 ANS 标准的 POS-B1 支持性要求，见表 6-5。

表 6-5　ANS 标准的 POS-B1 支持性要求

POS-B1	如果为了便于 LPSD 工作而将某一 LPSD 进程的若干 POS 归并成组，那么归并过程和 POS 的最终定义必须确保归并成的组选择了最严格的或最有约束性的特征(对 CD 或 LER 而言)。该过程必须考虑始发事件的类型和频率。 说明： POS 组的持续时间等于组内各个 POS 的持续时间之和。 POS 组的频率不等于组内各个 POS 的频率之和。 建议对电厂状态采取归并的方法而不是筛选淘汰的方法，因为即使某个电厂状态的持续时间很短，但是条件堆芯损坏概率有可能很高，如果被筛选掉，则可能会遗漏掉重要的堆芯损坏贡献项。 POSs 可以根据相似的参数例如温度、压力、衰变热以及衰变热移出机制进行归并。

2）利用始发事件分类表进行分析

始发事件分类表的作用是确定所评估的安全事项是否直接影响始发事件及暴露时间，主要包含以下三个方面的内容：

• 根据始发事件的频率来对其进行分组，分组的原则见表 6-6。如果某一始发事件的频率接近分组的上线，一般保守地把该始发事件的类别进一级。

• 安全事项所处的电厂运行状态（POS）可能包含不同的始发事件。需要根据安全事项在一个或多个 POS 的情况选取始发事件。

• 其次需要考虑安全事项暴露时间的影响。暴露时间一般选取 3 天和 30 天作为分界点，暴露时间＜3 天，3～30 天和＞30 天分别代表为 1/100、1/10 和 1 年。这样对于第Ⅰ类始发事件，在对应的暴露时间内的 IEL 分别是 1×10^{-1}、1×10^{-2} 和 1×10^{-3} 每年，分别以 1、2、3 表示。这里的 1 就是代表 1×10^{-1}。根据此原则可以得到其他类别始发事件的各种可能性。

表 6-6　始发事件分类表

始发事件分类表					
行	始发事件频率	始发事件类型	始发事件可能性 $X=-\lg$(始发事件频率)		
Ⅰ	＞1 每 1～10 年	丧失厂外电（LOOP） 丧失余热排出系统（LORRA）	1	2	3
Ⅱ	1 每 10～10^2 年	丧失水装量（LOI）	2	3	4
Ⅲ	1 每 10^2～10^3 年	丧失液位控制（LOLC）	2	2	2
事件/缺陷存在的时间（天）			＞30	3～30	＜3

6.2.2　系统和设备与始发事件相关性表

根据核电厂的系统和设备配置情况，确定始发事件与系统和设备的相关性，参见表 5-7，这里不再重复。

6.2.3　剩余缓解能力准则表

剩余缓解能力准则表主要用来规定系统或人员在安全事项（事件或异常）中的剩余能力因子，以数字表示，数字越大说明该功能的能力越强，即对后果的缓解能力越强，参见表 5-8，这里不再重复。

6.2.4　事件序列分析表

根据始发事件分析表，确定安全事项所在的 POS 以及可能影响的始发事件。首先，根据事件发展所需要的功能系统和对事故规程的要求，画出简化的事件树。然后，根据简化的事件树，编制出导致堆芯损伤的事件序列表。编制事件序列表的目的就是方便评估人员使用和实施具体的评估工作。

根据事件树发展的需求，其定量化过程需要遵循以下两个原则：

- 始发事件的取值需参考表 6-6“始发事件分类表”的定义。
- 事件序列分析所有用到的前沿系统功能和人员失效事件及其能力等级取值均需参考表 5-8“剩余缓解能力准则表”的定义。

参考大亚湾停堆 PSA 分析，表 6-7 对丧失厂外电事件始发事件可能导致堆芯损坏的事故序列进行了故障树简化和模型建立，并对始发事件和缓解能力的取值进行说明如下。

表 6-7　核电厂 SDP 工作表—丧失厂外电事件(LOOP)序列

需求的安全功能：	每一安全功能完全可信的缓解能力：
应急柴油发电机(EDG)	两台相同的应急柴油发电机组，一台成功启动并带负荷运行
辅助给水供水(ASG02)	对于全厂断电事故，ASG 系统只有汽动泵可用
稳压器安全阀回座(SRV03)	稳压器安全阀组　由安全阀和隔离阀构成，当一回路压力降到某一值后，两个阀门会相继关闭，所以只要一个阀门关闭即可保证稳压器的完整性
LLS 系统(LLS)	该功能由一台汽轮机及其发电机构成
充排操作(LOOP-H1)	LOOP 事故下，操纵员实施一回路实施充排操作
应急轴封注入(J03)	该功能由一台水压试验泵及注入管线构成
轴封破口的可能性(J05)	参考 PSA 分析，产生较大轴封破口的概率为 0.1
交流电源恢复(LOOP-R)	全厂断电事故下，电源恢复有相关程序，允许时间>1 小时，根据 PSA 分析，交流电源的恢复失效概率 0.62。因此该功能剩余能力因子为 1
辅助给水供水(ASG01)	ASG 系统有 3 列，两列电动泵，一列汽动泵。此功能事件的成功准则是一台泵供水即可
辅助给水供水(ASG04)	ASG 系统有 3 列，两列电动泵，一列汽动泵。此功能事件的成功准则是一台泵供水即可，针对 LOOP 事故下一列电源恢复
相邻机组供电(LOOP-H2)	操纵员切换到相邻机组 LNE360CR 供电
高压安注直接注入(HPSI)	高压安注由 2 列构成，一列从换料水箱取水，并向一回路冷段注入
稳压器安全阀组打开(SRV02)	由三组稳压器安全阀租，1 组稳压器安全阀组打开即可
高压安注冷段再循环(HPR01)	高压安注由 2 列构成，一列从地坑取水，并向一回路冷段注入
安全壳喷淋再循环(EAS03)	安全壳喷淋系统有 2 列，一列运行成功即可。该功能主要是针对 FB 情况下的再循环，需要操纵员启动。根据 PSA 人因分析，有规程指导的启动失效概率为 1.7×10^{-3}，与两列设备失效等量级

编号	选择受影响的功能	基准分	始发事件可能性	每一受影响的事故序列的剩余缓解能力评估	失效列的恢复	结果	备注
1	LOOP＋ASG01＋EAS03 4　＋　4　＋　3	11					
2	LOOP＋ASG01＋HPR01 4　＋　4　＋　3	11					

续表

编号	选择受影响的功能	基准分	始发事件可能性	每一受影响的事故序列的剩余缓解能力评估	失效列的恢复	结果	备注
3	LOOP+ASG01+HPSI 4 + 4 + 3	11					
4	LOOP+ASG01+LOOP-H1 4 + 4 + 3	11					
5	LOOP+ASG01+SRV02 4 + 4 + 3	11					
6	LOOP+EDG+ASG02+ASG04 4 + 3 + 1 + 2	10					
7	LOOP+EDG+ASG02+J03+ASG04 4 + 3 + 1 + 2 + 2	12					
8	LOOP+EDG+ASG02+J03+HPSI 4 + 3 + 1 + 2 + 3	13					
9	LOOP+EDG+ASG02+J03+LOOP-R 4 + 3 + 1 + 2 + 1	11					
10	LOOP+EDG+ASG02+LLS+ASG04 4 + 3 + 1 + 1 + 2	11					
11	LOOP+EDG+ASG02+LLS+HPSI 4 + 3 + 1 + 1 + 3	12					
12	LOOP+EDG+ASG02+LLS+LOOP-R 4 + 3 + 1 + 1 + 1	10					
13	LOOP+EDG+ASG02+LOOP-R 4 + 3 + 1 + 1	9					
14	LOOP+EDG+ASG02+SRV03 4 + 3 + 1 + 4	12					
15	LOOP+EDG+J03+J05+HPSI 4 + 3 + 2 + 1 + 3	12					
16	LOOP+EDG+J03+J05+LOOP-R 4 + 3 + 2 + 1 + 1	10					
17	LOOP+EDG+LLS+J05+HPSI 4 + 3 + 1 + 1 + 3	12					
18	LOOP+EDG+LLS+J05+LOOP-R 4 + 3 + 1 + 1 + 1	10					

续表

编号	选择受影响的功能	基准分	始发事件可能性	每一受影响的事故序列的剩余缓解能力评估	失效列的恢复	结果	备注
19	LOOP+EDG+LLS+LOOP-H2 4 + 3 + 1 + 3	11					
20	LOOP+EDG+LLS+LOOP-H2+ASG04 4 + 3 + 1 + 3 + 2	13					
21	LOOP+EDG+LLS+LOOP-H2+HPSI 4 + 3 + 1 + 3 + 3	14					
22	LOOP+EDG+LLS+LOOP-H2+LOOP-R 4 + 3 + 1 + 3 + 1	12					
23	LOOP+EDG+SRV03 4 + 3 + 4	11					

识别可信的、直接用于恢复降级设备或始发事件的任何操纵员恢复行为：
如果要对投运或恢复缓解设备的操纵员行为确定为可信，需要满足以下所有准则：1）有足够的时间实施这些操作；2）环境条件允许到达操作的区域；3）有用于指导操作行为的程序；4）在相似的事故情景下有依据程序进行的培训；5）用于完成这些操作的任何设备都是可用的，且处于备用状态。

6.2.5 风险重要度计算规则表

对于受安全事项影响的事件序列执行表 6-8 的计算规则，就可以确定所评估安全事项的风险重要度，评估过程与功率工况 SDP 一致。

表 6-8 风险重要度计算规则表

步骤	操作指令/指示	得分
(1)	输入风险重要序列值等于 9 的个数	
(2)	第(1)步的结果除 3，并把所得结果记入下一轮	
(3)	输入风险重要序列值等于 8 的个数	
(4)	第(3)步结果与第(2)步结果相加	
(5)	第(4)步的结果除 3，并把所得结果记入下一轮	
(6)	输入风险重要序列值等于 7 的个数	
(7)	第(6)步结果与第(5)步结果相加	
(8)	第(7)步的结果除 3，并把所得结果记入下一轮	
(9)	输入风险重要序列值等于 6 的个数	
(10)	第(9)步结果与第(8)步结果相加	
(11)	第(10)步的结果除 3，并把所得结果记入下一轮	

续表

步骤	操作指令/指示	得分
(12)	输入风险重要序列值等于5的个数	
(13)	第(12)步结果与第(11)步结果相加	
(14)	第(13)步的结果除3,并把所得结果记入下一轮	
(15)	输入风险重要序列值等于4的个数	
(16)	第(15)步结果与第(14)步结果相加	

■ 如果第16步结果大于0,则检查安全事项的风险重要性是高安全重要度,用“红色”表征。

■ 如果第13步结果大于0,则检查安全事项的风险重要性至少是重要的安全重要度,用“黄色”表征。

■ 如果第10步结果大于0,则检查安全事项的风险重要性至少是中等安全重要度,用“白色”表征。

■ 如果第10、13和16步结果都是0,则检查安全事项的风险重要性是非常低的安全重要度,用“绿色”表征。

第二阶段评估结果:□绿色　□白色　□黄色　□红色

6.3 停堆工况SDP第3阶段评估方法

停堆工况SDP第3阶段评估与功率功率SDP第3阶段评估目的相同,主要是使用电厂特定的PSA模型进行评估,主要用于评估:

- 从第1阶段直接跳转过来的安全事项。
- 第2阶段评估结果为白、黄、红色,也就是事项导致的风险增量$\Delta CDF > 10\times10^{-6}$的情况。

基本的评估流程与5.3节一致,这里不再重复。计算结果重新计算后得到的ΔCDF作为最终的重要度判定结果。

第7章

火灾工况异常重要性评估程序

火灾是核电厂安全的重要威胁之一，在核电发展的初期，由于在防火设计和工程建造等方面存在缺陷，发生了许多严重的火灾事故。现阶段对火灾的预防是核电厂安全工作的重要一环，国内的安全法规和设计标准导则也都对核电厂火灾的预防和处理有明确的规定。近年来，国内核电厂与火灾相关的事件和异常时有发生，主要是消防相关的设备或系统出现长期不可用或失效的情况，如何判定这些事件和异常对核电厂安全造成的实际或潜在影响也是目前核安全监管机构面对的难题。目前，国内部分核电厂已经开发了火灾 PSA 模型，用于火灾安全事项影响的安全评估，而对于核安全监管单位也可以利用火灾工况异常重要性(SDP)评估程序(简称火灾 SDP)进行安全评估。但目前国内核安全监管机构和核电厂还没有开发和使用火灾 SDP 的实例和经验，所以本章着重从评估过程和基本技术方法方面对其进行阐述。

7.1 概　述

火灾 SDP 是 SDP 判定流程的主要评估程序之一，能够对与始发事件、缓解系统和屏障完整性相关的火灾安全事项进行安全重要度评估，其主要评估安全事项是否能够影响到核电厂的火灾纵深防御设计，其主要涉及核电厂防火的三个领域，它们包括：

- 火灾发生的预防；
- 快速探测并扑灭确已发生的火灾，从而限制火灾的危害；
- 防止尚未扑灭的火灾蔓延到其他区域，使其对核电厂安全重要系统和设备的影响降到最低。

火灾 SDP 适用于机组在功率工况下的风险评估，包括 3 个评估阶段。

第 1 阶段：火灾安全事项特征描述和初步筛选。评估人员需要辨别安全事项，并对安全事项的特征进行准确描述，采用确定论和概率论方法进行评估，并对低重要度(绿色)的事项进行初步筛选；

第 2 阶段：进一步通过确定论和概率论方法对安全事项风险进行评估。此阶段是在第 1 阶段的基础上，进一步对第 1 阶段评估的非“绿色”安全事项做进一步的细化评估，以便进一步确定安全事项风险重要度等级(绿、白、黄、红)；

第 3 阶段：该阶段是风险重要度的最终确定。对安全事项进行详细的概率安全评估，审查第 2 阶段所得的风险重要度评估结果(非“绿色”安全事项)并对其进行必要的细化。从技术特点上，第 3 阶段属于完全的概率安全评估（PSA）方法，需要运用核电厂火灾 PSA 模型进行详细分析。

火灾 SDP 为监管人员提供了风险指引型的判定方法，帮助其确定涉及核电厂火灾防护相关安全事项的风险重要度。所有这些事项都能通过安全事项对火灾引起的 CDF 的影响程度（ΔCDF）来评估。如果火灾 SDP 识别出的风险重要度低（绿色），则不需要监管人员进一步调查，此类安全事项可以由核电厂自行制定纠正行动即可。

7.2 火灾 SDP 第 1 阶段评估方法

火灾 SDP 的第 1 阶段是一个对火灾安全事项进行初步筛选的分析处理过程，其首要目的是对低风险重要度的安全事项进行初步筛选，其共包含 6 个分析步骤，流程如图 7-1 所示。

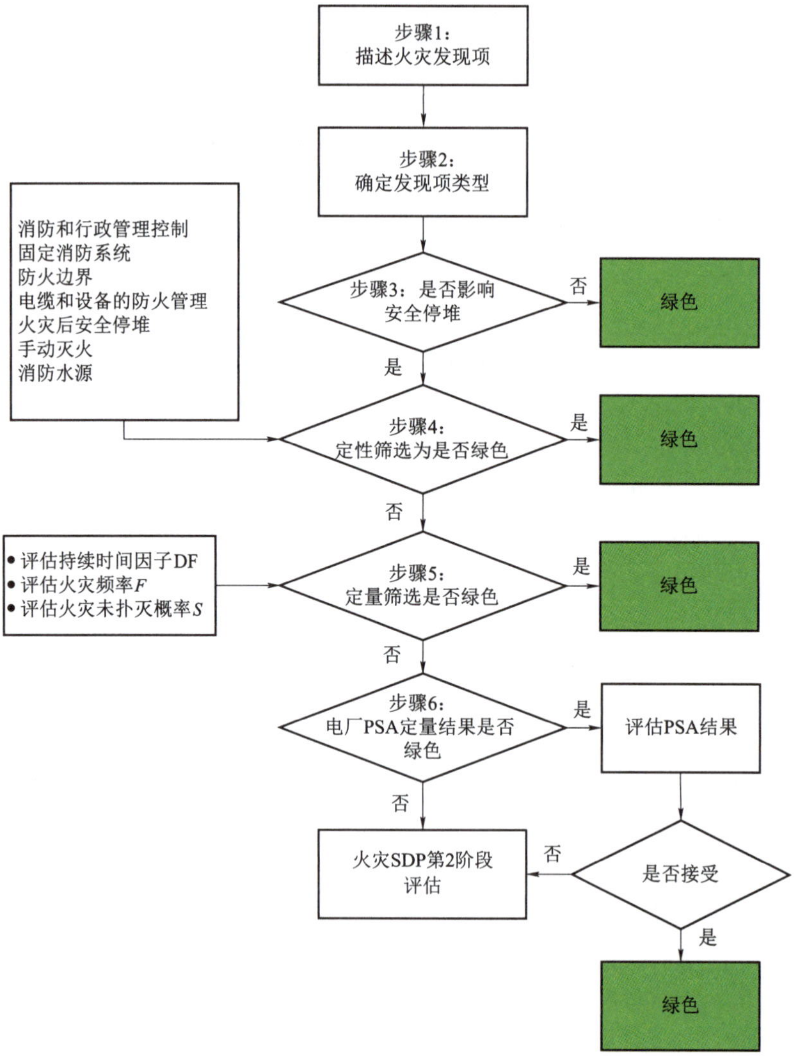

图 7-1 火灾 SDP 第 1 阶段工作流程

1）火灾安全事项特征的描述；
2）火灾实际或潜在影响；
3）对安全停堆能力的影响；
4）定性筛选；
5）初始定量筛选；
6）风险重要度初步筛选。

7.2.1 火灾安全事项特征的描述

第一步主要是对火灾安全事项的特征进行描述，包括火灾发生的地点、涉及的系统、火灾的规模等信息，信息要求越详细越好，并填写在表7-1中。

表7-1 火灾安全事项信息表

提供火灾安全事项的描述：

7.2.2 火灾实际或潜在影响

安全事项的火灾实际或潜在影响是从7个方面做综合分析，参见表7-2，以确定安全事项类别。

表7-2 确定安全事项类别表

类别	内容
防火和行政管理控制相关	• 易燃物和可燃物管理程序； • 行政管理措施，例如工作许可证程序； • 热加工作业的防火检查； • 现场巡视或定期防火检查； • 相关的培训程序
固定式消防系统相关	• 火灾探测系统； • 固定式灭火系统（自动或手动启动）
火灾限制和防火屏障相关	• 两个防火区域之间的防火屏障； • 密封贯穿件； • 消防水喷淋； • 防火和或烟气挡板； • 防火门设置
电缆或设备防火屏障相关	• 电缆、电缆线槽或单个设备的火灾防护而安装的非能动设备； • 电缆线槽或设备防火屏障； • 设备或电缆的辐射隔热部件； • 实体防火隔离

续表

类别	内　容
火灾后安全停堆相关	• 火灾后安全停堆分析中涉及的系统或设备； • 火灾后安全停堆可信赖的系统或设备； • 火灾后安全停堆必需设备； • 火灾后安全停堆的相关分析假设； • 火灾后核电厂相关的应急响应规程； • 涉及操纵员手动的操作规程； • 远程停堆能力(如主控室不可用的情况下)； • 控制或保护系统电路失效模式和影响(如:误动作问题)
手动消防相关	• 消防软管； • 消防灭火器； • 消防预案
消防水供应相关	• 消防水泵； • 消防水管路； • 消防水水源

7.2.3 对安全停堆能力的影响

通过以下问题判断火灾安全事项是否影响反应堆的安全停堆能力。

问题1:反应堆是否能达到和保持安全停堆(热停堆或冷停堆)的状态?

如果是——筛选为绿色,无需进一步分析;

如果不是——继续下一个问题。

如果是,请提供支持的信息,可能需要的文件:

问题2:安全事项被确定为"低"降级等级?

如果是——筛选为绿色,无需进一步分析;

如果不是——继续下一个问题。

提供指定"低"降级等级的解释:

注:降级等级是指安全事项(实际或潜在缺陷)导致安全相关系统或设备能力下降的程度,可以分为低降级、中降级和高降级,其定义如下:

低降级表示的是相关系统或设备性能和可靠性,受安全事项影响最小,即安全事项影响的系统、设备或辅助系统功能能够维持必需的安全功能和响应能力。

中降级表示是相关系统或设备性能和可靠性,受到了较大的影响,出现了性能或可靠性的重大降级,但仍能在后续的事件后果缓解过程中发挥一定的作用。

高降级表示,相关系统或设备性能和可靠性严重降级,以至于只能极少或者根本发挥不了任何安全功能。在风险重要度的计算中,如果存在系统或设备的高降级,在评估中对相应的系统或设备、相应的火灾防护屏障将给予不信任,即其所保护的安全重要系统和设备将完全暴露在火灾的威胁之下。

7.2.4 定性筛选

在本节中，将从 7 个方面对安全事项进行定性筛选，根据 7.2.2 节中确定的火灾安全事项类别，进一步评估安全事项的影响。

7.2.4.1 防火和行政管理控制

问题 1：火灾安全事项的影响是否只限制在非安全相关设备？

是—筛选为“绿”，不要求进一步分析；

否—继续下一个问题。

问题 2：火灾安全事项的影响是否限制在仅仅一列安全相关设备，其他列安全相关设备仍能完成其安全功能？

是—筛选为“绿”，不要求进一步分析；

否—继续下一个问题。

问题 3：如果火灾安全事项与可燃物或易燃物的存在有关，可燃物或易燃物的充分燃烧是否可能影响火灾屏障或安全停堆分析的结论？

是—继续 SDP 第 2 阶段定量筛选；

否—继续下一个问题。

问题 4：如果火灾安全事项与可燃物或易燃物的存在有关，可燃物或易燃物是否包括可以在环境温度下自燃的材料？

是—继续 SDP 第 2 阶段定量筛选；

否—继续下一个问题。

问题 5：如果火灾安全事项与可燃物或易燃物的存在有关，且存放在不符合安全要求的容器内，可燃物或易燃物是否是多于 1 加仑低燃点的(燃点值低于 200 ℉)的易燃或可燃液体？

是—继续 SDP 第 2 阶段定量筛选；

否—继续下一个问题。

问题 6：如果火灾安全事项与可燃物或易燃物的存在有关，可燃物或易燃物是否包括超过 1 磅的易燃气体？

是—继续 SDP 第 2 阶段定量筛选；

否—继续下一个问题。

问题 7：火灾安全事项是否与点火源(例如，使用移动式加热器或吸烟引起的)的存在有关？

是—继续 SDP 第 2 阶段定量筛选；

否—继续下一个问题。

问题 8：火灾安全事项与未能执行动火工作许可证有关，而这个工作可能会影响安全重要设备？

是—继续 SDP 第 2 阶段定量筛选；

否—继续 7.2.5 节的分析。

7.2.4.2 固定式消防系统

问题 1：如果火灾安全事项导致消防灭火系统（如自动喷淋或消防供水系统）异常，该灭火系统是否仍然可以在着火区域内保护停堆有关的安全重要系统和设备（例如安全停堆过程中所需安全设备的供电电缆）？

是—筛选为“绿”，不要求进一步分析；

否—继续下一个问题。

问题 2：火灾安全事项的影响是否限制在非安全相关设备？

是—筛选为“绿”，不要求进一步分析；

否—继续下一个问题。

问题 3：火灾安全事项的影响是否限制在仅仅一列安全相关设备，其他列安全相关设备仍能完成其安全功能？

是—筛选为“绿”，不要求进一步分析；

否—继续下一个问题。

问题 4：如果火灾安全事项涉及火灾探测系统（不用于自动启动灭火系统），该火灾安全事项是否会导致火灾探测延时超过 5 分钟，并且期间火灾是否足以破坏重要的安全相关设备？

是—继续 SDP 第 2 阶段定量筛选；

否—继续下一个问题。

问题 5：火灾安全事项是否仅仅只影响消防队快速到达火灾区域？

是—筛选为“绿”，不要求进一步分析；

否—继续下一个问题。

问题 6：如果火灾安全事项影响到固定式灭火系统，但在没有该固定式灭火系统的帮助下，是否仍然可以应对由非可燃物或易燃物引起的火灾？

是—筛选为“绿”，不要求进一步分析；

否—继续下一个问题。

问题 7：受影响的固定式灭火系统是否仍然可以扑灭火灾，使重要安全相关设备免受火灾的影响？

是—筛选为“绿”，不要求进一步分析；

否—继续 7.2.5 节的分析。

7.2.4.3 防火屏障

问题 1：对于涉及防火屏障的事项，其火灾载荷耐火的持续时间不少于 1.5 小时？

是—筛选为“绿”，不要求进一步分析；

否—继续下一个问题。

问题2:降级的防火屏障,其火灾载荷的耐火持续时间是否仍能够保持1小时或更长时间?

是—筛选为“绿”,不要求进一步分析;

否—继续下一个问题。

问题3:防火屏障两侧是否都有功能齐全的自动灭火系统?

是—筛选为“绿”,不要求进一步分析;

否—继续下一个问题。

问题4:火灾安全事项是否不会影响本防火区以外的设备(安全停堆所需的设备)?

是—筛选为“绿”,不要求进一步分析;

否—继续下一个问题。

问题5:对于涉及贯穿防火屏障的设备(如管道),该设备是否既不会燃烧也不会传播火灾(如电缆导管)?

是—筛选为“绿”,不要求进一步分析;

否—继续下一个问题。

问题6:对于有关防火屏障缺陷的火灾安全事项,确定相邻隔间内的重要安全相关设备(例如,来自不同安全停堆列)是否可能会受到通过火灾屏障缺陷蔓延过来火灾的影响?

是—继续7.2.5节的分析;

否—筛选为“绿”,不要求进一步分析。

7.2.4.4　局部的电缆或设备保护

问题1:自动灭火系统是否能够保护安全重要的设备和电缆免受火灾安全事项的影响?

是—筛选为“绿”,不要求进一步分析;

否—继续下一个问题。

问题2:火灾区域是否有功能齐全的火灾探测系统,并且防护屏障可以提供至少20分钟的耐火等级?

是—筛选为“绿”,不要求进一步分析;

否—继续SDP第2阶段定量筛选。

7.2.4.5　火灾后的安全停堆

问题1:由于电气电路问题,火灾是否可能引起着火区域外的二次火灾发生?

是—继续SDP第2阶段定量筛选;

否—继续下一个问题。

问题2:在火灾发生后24小时内,火灾是否能够影响到核电厂为维持机组稳定状态所必需的系统和设备?

是—继续下一个问题;

否—筛选为“绿”,不要求进一步分析。

问题3:火灾是否导致安全停堆所需相关部分系统和设备的不可用?

是—继续SDP第2阶段定量筛选;

否—继续下一个问题。

问题 4:火灾安全事项是否导致电厂无法达到机组稳定状态?

是—继续 SDP 第 2 阶段定量筛选;

否—继续下一个问题。

问题 5:火灾安全事项是否导致在 1 小时内必需的安全措施的执行被延迟,其延时超过 10 分钟?

是—继续 SDP 第 2 阶段定量筛选;

否—继续 7.2.5 节的分析。

7.2.4.6 手动消防

问题 1:火灾安全事项是否与热加工作业没有准备手提式灭火器有关?

是—筛选为"绿",不要求进一步分析;

否—继续下一个问题。

问题 2:火灾安全事项是否与消防预案有关?

是—筛选为"绿",不要求进一步分析;

否—继续下一个问题。

问题 3:火灾安全事项是否与消防演习不足或者灭火的设备缺失有关?

是—继续 SDP 第 2 阶段定量筛选;

否—继续 7.2.5 节的分析。

7.2.4.7 消防水供应

问题 1:所需的消防水在只有原来流量 50%的情况下,是否仍然满足灭火要求?

是—筛选为"绿",不要求进一步分析;

否—继续 7.2.5 节的分析。

7.2.5 初始定量筛选

7.2.5.1 指定一个持续时间因子(DF)

持续时间因子是反映防火功能降级的持续时间长短的一个重要参数,如表 7-3 所示。如果防火功能降级的持续时间大于 30 天,持续时间因子 DF 一般选取为 1。

表 7-3 持续时间因子

降级持续时间	持续时间因子值(DF)
< 3 天	0.01
3～30 天	0.1
> 30 天	1

7.2.5.2 评估火灾区域的火灾频率(*F*)

评估火灾区域可以作为点火源的设备,其火灾频率的取值,见表 7-4,该表的数据来自 NRC 火灾评估导则 CR6850,仅作为参考。

表 7-4　通用火灾区域点火频率(NRC/CR6850)

位置	点火源	通用火灾频率
电池室	电池	7.5×10^{-4}
安全壳(PWR)	反应堆冷却泵	6.1×10^{-3}
安全壳(PWR)	可燃物或热能释放	2.0×10^{-3}
控制室	控制板件	2.5×10^{-3}
控制/辅助、反应堆厂房	焊接和切割引起的电缆火灾	1.6×10^{-3}
控制/辅助、反应堆厂房	焊接和切割引起的可燃物火灾	9.7×10^{-3}
控制/辅助、反应堆厂房	可燃物	3.9×10^{-3}
柴油发电机室	柴油发电机	2.1×10^{-2}
电厂范围部件	空气压缩机	2.4×10^{-3}
电厂范围部件	电池充电器	1.8×10^{-3}
电厂范围部件	焊接和切割引起的电缆火灾	2.0×10^{-3}
电厂范围部件	电缆间相互摩擦导致绝缘层磨损，最后导致电气短路	4.4×10^{-3}
电厂范围部件	干燥器	2.6×10^{-3}
电厂范围部件	电动机	4.6×10^{-3}
电厂范围部件	电器柜	4.5×10^{-2}
电厂范围部件	高能电弧故障	1.5×10^{-3}
电厂范围部件	氢气罐	1.7×10^{-3}
电厂范围部件	电气连接盒	1.90×10^{-3}
电厂范围部件	氢气火灾	2.50×10^{-3}
电厂范围部件	氢气复合器(RWR)	4.40×10^{-2}
电厂范围部件	泵	2.10×10^{-2}
电厂范围部件	RPS MG 组	1.60×10^{-3}
电厂范围部件	变压器(油浸式)	9.90×10^{-3}
电厂范围部件	变压器(干式)	9.90×10^{-3}
电厂范围部件	焊接和切割引起的可燃物火灾	4.90×10^{-3}
电厂范围部件	可燃物	9.90×10^{-3}
电厂范围部件	通风系统	7.40×10^{-3}
变压器站	变压器-灾难性事件	6.00×10^{-3}
变压器站	变压器-非灾难性事件	1.20×10^{-2}
变压器站	场外变压器(其他)	2.20×10^{-3}
汽轮机厂房	锅炉	1.10×10^{-3}
汽轮机厂房	焊接和切割引起的电缆火灾	1.60×10^{-3}
汽轮机厂房	主给水泵	1.30×10^{-2}
汽轮机厂房	蒸汽发生器(T/G)励磁器	3.90×10^{-3}
汽轮机厂房	T/G 氢气	6.50×10^{-3}

续表

位置	点火源	通用火灾频率
汽轮机厂房	T/G 油	9.50×10^{-3}
汽轮机厂房	焊接和切割引起的瞬态火灾	8.20×10^{-3}
汽轮机厂房	瞬态	8.50×10^{-3}

7.2.5.3 火灾未扑灭概率(S)

火灾未扑灭概率(S)是在火灾区域内因火灾未能被扑灭,而导致安全相关系统和设备被破坏的可能性。S 值的选择基于未扑灭火灾事件树和工程经验的判断。一个火灾安全事项的 S 值由图 7-2 中描述火灾安全事项的最佳决策路径来确定。

例如,如果火灾被认为是一个非常大的火灾,室内有油浸式变压器或发生大的电气火灾,那么 S 值被认定为 1。这个值表示在在火灾被扑灭前安全系统和设备已经被完全破坏了。

如果在火灾区域内设置了水喷淋自动灭火系统,那么根据图 7-1 中分支从左到右表示 S 值为 0.05,该值表示有 95%的可能性在设备被破坏前,火灾已经被扑灭。可以通过表 7-5 左边一栏的适当圆圈记录火灾安全事项的特征,然后在图 7-2 查找并确定相对应的火灾未扑灭概率 S。

表 7-5 火灾安全事项的特征

未设置火灾探测装置
设置了火灾探测装置
火灾区域设置了自动灭火系统:CO_2气体灭火系统
火灾区域设置了自动灭火系统:卤代烷灭火
火灾区域设置了自动灭火系统:水喷淋灭火系统
火灾区域设置了自动灭火系统:覆盖或预置指令的自动喷淋灭火系统
仅仅设置了手动灭火系统
非常大的火灾(例如,室内油浸式变压器或大的电气火灾)
小的电气火灾(例如,竖柜内的一束电缆)
发动机或加热器的火灾(例如,柴油发电机和辅助子系统的火灾)
固体可燃物火灾(例如,布、纸、木材、塑料、任何易燃烧材料导致的火灾)
大型电气火灾(例如,电气柜内 1 束以上的不合格电缆导致的火灾)
控制室内小的电气火灾(例如,通过手提式灭火器可以扑灭控制室内的火灾)
控制室内大的电气火灾(例如,控制室内的火灾影响控制台上大部分的仪表控制盘)
热塑性电缆或组合电缆或未知的电缆类型
热固性塑料电缆
≤ 1 英尺
>1 英尺和 ≤ 2 英尺
> 2 英尺和 ≤ 4.5 英尺
> 4.5 英尺

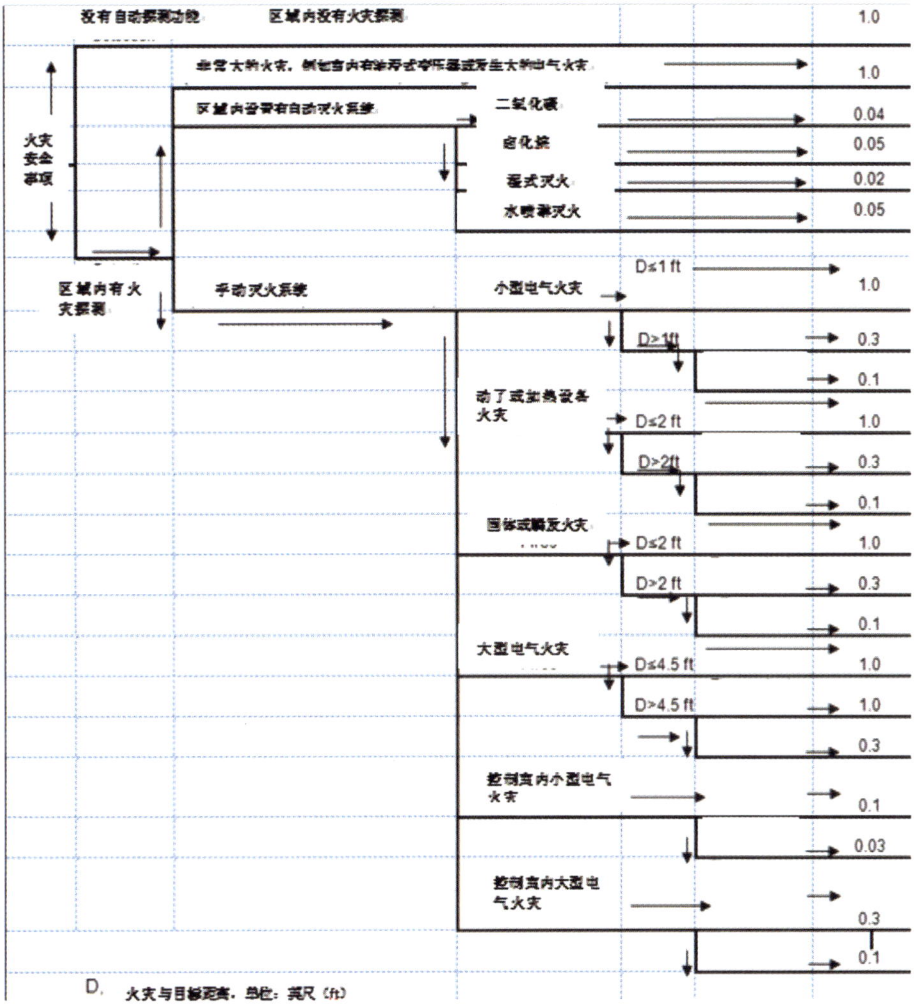

图 7-2　未扑灭概率决策树

以 1×10^{-6} 为阈值，定量筛选堆芯损坏频率的变化量(ΔCDF)。该值由火灾区域的持续时间因子 DF 乘以火灾频率 F、未扑灭概率 S 和条件堆芯损坏概率 CCDP 得到，CCDP 取保守值 1。

$$\Delta CDF \approx DF \times F \times S \times CCDP$$

如果事项会影响多个火灾区域，那么初始第 1 阶段筛选 ΔCDF 值基于所有受影响的火灾区域的火灾频率总和，如下：

$$\Delta CDF \approx DF \times \sum (F_{AREA} \times S_{AREA}) \times CCDP$$

在表 7-6 中记录 DF、F、S 和 ΔCDF 值。

表 7-6　堆芯损坏频率变化量(ΔCDF)

	降级持续时间 DF	火灾区域频率 F	未扑灭概率 S	ΔCDF
1				

续表

	降级持续时间 DF	火灾区域频率 F	未扑灭概率 S	ΔCDF
2				
3				
			ΔCDF Total=	

• 如果 Δ CDF 低于 1×10^{-6}，该火灾安全事项筛选为“绿”并结束分析（不要求进行第2阶段析）。

• 如果 Δ CDF 高于或等于 1×10^{-6}，那么该火灾安全事项不筛选为“绿”，继续第2阶段的定量筛选分析。

7.2.6 风险度初步评估

问题A：火灾安全事项的风险评估表明 ΔCDF 小于 1×10^{-6}，这个评估结果是否被接受？

是—筛选为“绿”，不要求进一步分析；

否—继续 SDP 第2阶段评估。

评估：

7.3 火灾 SDP 第2阶段评估方法

第1阶段筛选后未能判定为低风险（绿色）的事项有些将会传递到第2阶段做进一步的定性和定量化分析。第2阶段共分为9个步骤，分别是：

1）独立的安全停堆路径首次筛选评估

2）火灾损坏状态确定

3）火灾情景确定及点火源筛选

4）未筛除点火源的火灾发生频率

5）火灾情景和独立安全停堆路径的第二次筛选评估

6）火势发展和损害情景时间分析

7）未扑灭概率分析

8）电厂安全停堆响应分析

9）定量化和初始重要性的判定

其基本流程如图7-3所示。

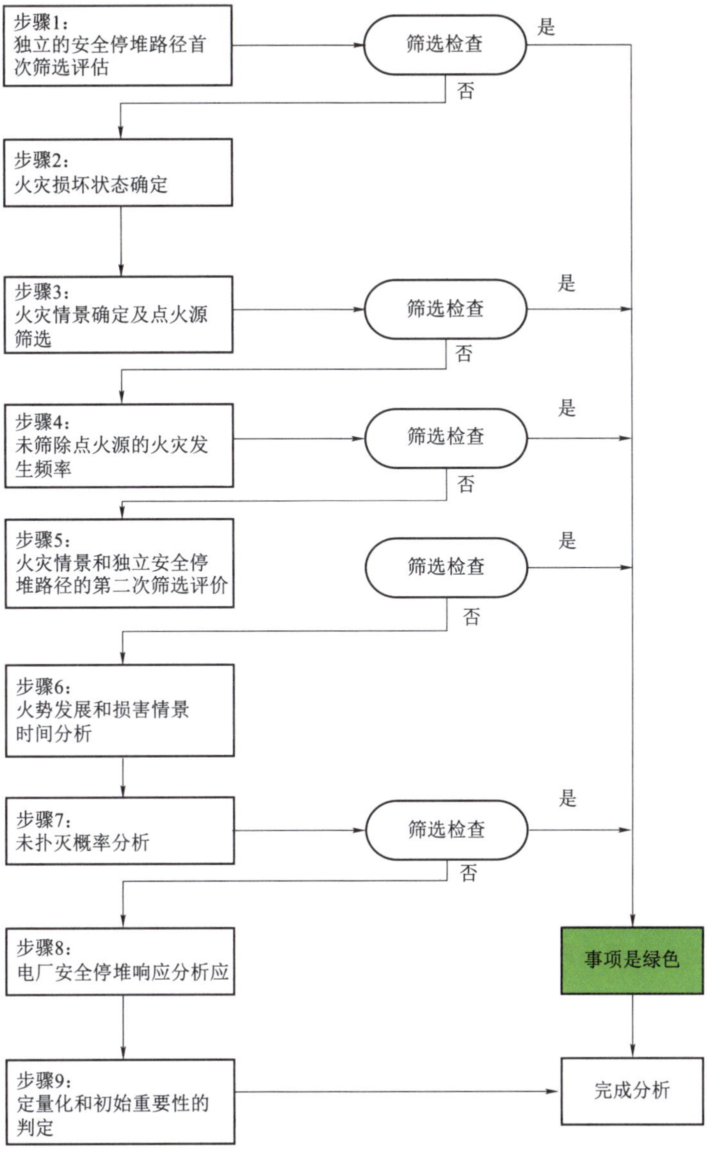

图 7-3　火灾 SDP 第 2 阶段分析

7.3.1　独立的安全停堆路径首次筛选评估

火灾安全事项发现后，评估人员所关注的应是安全事项对安全停堆功能的影响，即机组是否能够在火灾发生后或假定的火灾情景下，机组能够达到或维持在安全停堆状态。所以在火灾 SDP 评估时应确定安全停堆的路径有哪些。在美国核电厂火灾防护程序中，可能的火灾区域对安全停堆路径的影响都是有相应的分析的。

7.3.1.1　确定安全停堆路径的不可用度因子

在确定安全事项的特征后，其对停堆路径的影响已确定，这时评估人员需评估安全停堆路径的安全停堆不可用度因子，参见表7-7给出的不可用度因子，其中有一些附加的注意事项，例如：

• 受火灾效应(如烟或高温)或二氧化碳固定灭火系统排放影响的手动操作，在评估中是不给予信任的；

• 核电厂有相关规程规定的，并有明确要求的手动操作，在评估中应给予信任；

• 如果安全事项对于执行这些手动操作的可行性和可靠性有影响，安全停堆的不可用度因子都等于1.0。

表7-7　安全停堆路径的总不可用度值

剩余缓解能力的类型	不可用度因子
蒸汽驱动的系统列：相关设备能提供100%特定安全功能的蒸汽驱动设备，该列由于失效、试验或维修而不可用时的概率为1×10^{-1}	0.1
可提供100%的特定安全功能的相关设备(如泵、阀和断路器等)，该设备由于失效、试验和维修而不可用的概率约为1×10^{-2}	0.01
操纵员行动的可信度：操纵员进行的主要操作时的失误概率(HEPs)，有三个类别来估算，这些类别是： 操纵员行动=1.0，表示不给予信任 操纵员行动=0.1，表示失效概率在5×10^{-2}～0.5 操纵员行动=0.01，表示失效概率在5×10^{-3}～5×10^{-2} 可信度是基于以下准则进行确定： 1) 有足够的操作时间； 2) 环境的准入条件允许进行手动操作； 3) 有明确的规程指导操纵员操作； 4) 操纵员接受过相应的培训； 5) 所操作的设备均处于可用状态	1.0，0.1或0.01

7.3.1.2　评估识安全停堆路径的独立性

如果要在评估过程中对特定火灾损坏情景下的安全停堆路径给予信任，需要证明其独立性，可以根据以下特征进行判断，并参照表7-8来确定安全停堆路径是否具有独立性。

表7-8　安全停堆路径独立性检查标准

安全停堆路径遵从的策略	安全停堆路径独立性准则
实体隔离成为独立的防火区	• 安全停堆路径的防火区的防火屏障不受被分析的火灾安全事项的影响
3小时的防火屏障隔离	• 防火屏障等级明确 • 防火屏障未受火灾安全事项的影响
1小时的防火屏障隔离	• 防火屏障等级明确 • 防火屏障未受火灾安全事项的影响 • 火灾探测系统不受火灾安全事项的影响 • 灭火系统不受火灾安全事项的影响
实体隔离或其他保护措施	• 可进一步完善的安全停堆路径

• 核电厂已经确定和分析了支持安全停堆路径所需的构筑物、系统和设备(Structure, System and Component, SSCs)；

• 核电厂确定和分析了会导致安全停堆路径误动作的 SSCs；
• 核电厂评估了安全停堆路径所有需要进行的操作是可行的；
• 安全事项影响的防火区域外的所有操作都得到了评估；
• 核电厂对火灾可能影响的电气电路都做了分析；
• 信号或动力电缆不会影响安全停堆路径的有效性：

a）位于火灾区域的电缆具有耐火功能，同时又受到防火屏障的保护，具有 3 个小时的耐火极限，并且耐火等级和防火屏障都没有降级，则不考虑其受火灾影响。

b）位于火灾区域的电缆具有耐火功能，同时又受到防火屏障的保护，有 1 个小时的耐火极限，并且耐火等级和防火屏障都没有降级，所在区域设置的主动消防系统可用，则不考其受火灾影响。

c）若相邻区域的防火屏障没有降级，那么认为相邻火灾区域的电缆是不受火灾影响的。

d）如果 7.2.2 节分析中，指定的火灾安全事项类别是“火灾限制相关”，假如他们具有至少 1 小时的耐火等级并且火灾屏障未降级，则认为相邻区域内的电缆是不受火灾影响的。

• 拥有冗余的安全停堆路径。

如果火灾发生后安全停堆路径满足防火隔离和独立性准则，则该停堆路径在任何火灾情景都是认为可用的；但如果其中一条独立性准则未得到满足，那么该安全停堆路径则认为是不可用的。

7.3.1.3　筛选检查

安全停堆路径不可用度因子的引入，则火灾 SDP 第一阶段评估得出的 ΔCDF 值将发生改变。将 ΔCDF 和表 7-9 中的值进行比较，筛选等级取决于事项类别和指定的降级等级。

表 7-9　第 2 阶段步骤 1 定量化筛选准则

指定事项类别	ΔCDF 筛选值	
	中降级	高降级
防火和行政管理控制相关	N/A	1×10^{-6}
固定式消防系统相关	1×10^{-5}	
火灾限制相关	1×10^{-5}	
局部电缆或设备保护相关	1×10^{-5}	
火灾后安全停堆相关	1×10^{-6}	

• 如果 ΔCDF 低于表 7-9 中的相应值，事项筛选为绿色，分析完成。

• 如果 ΔCDF 高于或等于表 7-9 中的相应值，那么事项不选绿色，继续 7.3.2 节的分析。

7.3.2　火灾损坏状态确定

基于火灾 SDP 第 1 阶段评估 7.2.2 节中给定的火灾安全事项类别，分析和确定火灾损坏状态（FDS）。FDS 是在火灾 SDP 分析过程中假设的火灾发展和造成破坏的 4 个不同阶段，4 个火灾阶段描述如下：

- FDS0：只有点火源或起火的可燃物和易燃物被损坏，评估中不将 FDS0 作为一个风险贡献项在火灾 SDP 中进行分析。
- FDS1：火灾造成的危害发生在点火源附近，例如未受防火屏障保护的设备或电缆。
- FDS2：火灾造成大范围的破坏，包括火灾区域内未受防火屏障保护的设备或电缆，局部降级的防火屏障，以及耐火极限小于 1 小时的防火屏障所保护的设备或电缆。
- FDS3：火灾造成的危害蔓延到附近的防火区域内，相应的防火屏障严重降级。例如，墙体、防火门和密封贯穿件等。

7.3.2.1 初始 FDS 指定

参考表 7-10 初始 FDS/事项分类表，根据第 1 阶段中确定的火灾安全事项类别，确定需要在评估过程中保留的 FDS。

表 7-10 FDS/事项类别矩阵

事项类型或类别：	FDS1	FDS2	FDS3
防火和行政管理控制相关	保留	保留	保留
固定式消防系统相关	保留	保留	保留
火灾限制相关	不保留	不保留	保留
局部电缆或设备保护相关			
中降级	不保留	保留	保留
高降级	保留[(1)]	保留	保留
火灾后安全停堆相关	保留	保留	保留

注(1)：对于一个高降级的防火屏障，被保护的设备或电缆被认定为为完全裸露于火灾下，并且假定为在 FDS1 情景中就被破坏了。

7.3.2.2 FDS3 情景的筛选评估

如果第 1 阶段中指定的安全事项类别是"火灾限制相关"，并确定为 FDS3 情景，则继续 7.3.3 节的分析。对于所有安全事项类别，基于以下问题对 FDS3 情景进行筛选。其中，"着火"区域是指假定火灾开始的区域。"蔓延"区域是可能受来自"着火"区域的火灾蔓延影响的临近区域，火灾通过区域之间的防火屏障，蔓延到此区域。

问题 1：隔离蔓延和着火区域之间是否有一个未降级的耐火极限大于等于 2 小时的防火屏障？

是—筛除 FDS3 情景，继续 7.3.3 节的分析；

否—继续下一个问题。

问题 2：在蔓延或着火区域是否有未降级自动气体灭火系统？

是—筛除 FDS3 情景，继续 7.3.3 节的分析；

否—继续下一个问题。

问题 3：在蔓延或着火区域是否有未降级或未超过中降级的自动响应的全覆盖的水喷淋灭火系统？

是—筛除 FDS3 情景，继续 7.3.3 节的分析；

否—继续下一个问题。

问题4:是否能确定蔓延区域未包含着火区域内相类似的安全重要设备?

是—筛除FDS3情景,继续7.3.3节的分析;

否—继续下一个问题。

问题5:如果火灾蔓延区域不包含火灾后安全停堆必需设备;如果包含安全停堆相关设备,但这些设备是否离火灾屏障至少20英尺,或是否至少具有1小时耐火等级的火灾防护屏障?

是—筛除FDS3情景,继续7.3.3节的分析;

否—继续下一个问题。

问题6:是否在部分着火区域安装了自动灭火系统,并且点火源位置是否处在了该系统覆盖的区域中?

是—筛除FDS3情景,继续7.3.3节的分析;

否—继续下一个问题。

问题7:防火屏障是否能提供了最小值为20分钟的耐火防护,并且点火源以及着火区域的易燃和可燃物放置在了合适的位置,使得防火屏障不易受到火焰直接的影响?

是—筛除FDS3情景,继续7.3.3节的分析;

否—保留FDS3情景,继续7.3.3节的分析。

7.3.3　火灾情景确定及点火源筛选

本节分析任务是筛除不会使火灾蔓延并且不会对火灾区域内的系统和设备造成破坏的点火源;同时还要确定未筛除的点火源及其导致的火灾具体蔓延程度和其损坏情景。

7.3.3.1　确定和计算点火源

在第1阶段7.2.3节中,火灾对安全停堆的影响是进行过分析的。而在本节的分析中,需确定所有点火源的类别,以及相关的火灾情景特征。

如果火灾安全事项与灭火系统的降级有关,应关注那些与降级灭火系统有关的点火源,例如,可燃物或易燃物,它们在核电厂任何地方都可以作为点火源(如,垃圾、废物、临时储存燃料等)。

注意:在7.2.1节中,如果火灾安全事项被确定为“火灾限制相关”,则必须确定和计算位于降级防火屏障两侧的点火源。

对于大多数点火源,导致火灾发生频率是基于相关设备的防火性能,对于那些未通过相关防火认证的电缆、瞬发的易燃或可燃物,以及热加工作业,可以用低、中、高的可能性来确定。

1) 未通过相关防火认证的电缆(防火性能)。

电缆分布在核电厂的每个角落,所以电缆是火灾风险分析需要首要关注的对象。为了进行火灾频率计算,应根据区域内的未通过认证电缆的数量对每个区域进行评级。

2）瞬发的易燃或可燃物。

对于瞬发的易燃或可燃物发生火灾可能性的确定需关注以下因素：

a）电厂人员在这一区域的通行范围；

b）在运行过程中，正常工况所占的比例；

c）在该区域进行维修活动的频率；

d）易燃或可燃材料的存储情况；

e）行政管理的限制措施；

3）热加工作业情况。

对于易燃或可燃物引起火灾可能性的判断，同样也可以作为热加工作业判定的依据，两者之间有相似的地方，同时也可以考虑电厂特定条件，选择合适的等级。

7.3.3.2 描述火灾点火源

对于7.3.3.1确定的的点火源，需确定火灾强度、火灾严重程度和火灾发生的位置。点火源一般分为两类：一般点火源和特殊单点火源。

• 一般点火源是根据火灾强度特性（请参见表7-11），大多数固定点火源都是简单类型。点火源的严重程度用火灾严重程度因子表示，通常是根据每个点火源的热释放率（HRR）进行考虑。

表7-11 一般点火源的火灾强度特性

火灾大小(HRR)	通用火灾类别集的简单预定义火灾特点					
	小型电气火灾	大型电气火灾	室内充油(Oil-Filled)变压器	非常大的火灾源	引擎和暖气	固体与瞬态可燃物
70 kW	75%火灾				75%火灾	75%火灾
200 kW	98%火灾	75%火灾			98%火灾	98%火灾
650 kW		98%火灾	75%火灾	75%火灾		
2 MW			98%火灾			
10 MW				98%火灾		

• 特殊点火源需要根据点火源的特点进行考虑，主要根据以下几点确定：

a）自燃的电缆火灾；

b）电气故障导致高能电弧所引起的火灾；

c）易燃或可燃的材料引起的火灾，火灾强度超过所占区域最大的火灾承受能力；

d）热加工作业导致的火灾；

e）液态燃料泄漏导致的火灾；

f）氢气泄漏或爆炸产生的火灾。

对于独立的点火源，可以是单个的点火源，位置相对固定；但也可以有多个位置，例如，易燃物或可燃物、热加工作业、漏油火灾和电缆自燃火灾等，这些点火源的位置往往是不固定。

7.3.3.3　确定最近和最容易被点火源破坏的目标

根据每个点火源的特点，需确定点火源容易破坏的目标：

- 位于点火源正上方的，可能由火焰区或烟羽引燃的可燃材料；
- 可能由点火源直接热辐射点燃的可燃材料；
- 可能被点火源直接热辐射而损坏的目标（设备或电缆）；
- 一般火灾区域中最脆弱，且易损坏的设备；

7.3.3.4　点火源的筛选

用点火源影响区域图来评估每个点火源的火势蔓延和破坏潜力（烟羽和辐射效应），以及点火源上方热气层温度。影响区域图是基于火灾烟羽和辐射效应等两个方面的考虑的，火灾烟羽扩展用点火源上方的柱状体来表示，该柱状体的直径（W）是基于点火源本身的直径，柱状体高度的计算是基于火灾源上方目标的燃点阈值，如图7-4所示。满足以下准则的点火源将被筛除：

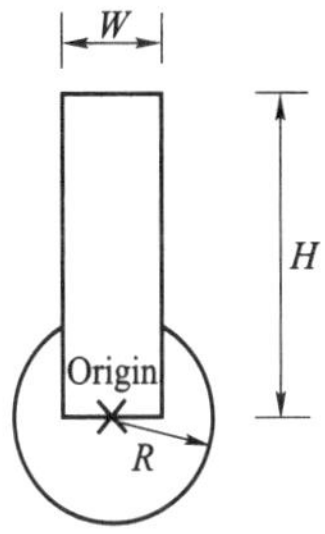

图7-4　点火源影响区域图

- 点火源不能导致可燃物的被点燃；
- 点火源不能引起所预想的火灾破坏程度。

如果一个点火源没有被筛除，那么将在后续分析中将予以考虑。以下表格（表7-12、表7-13和表7-14）给出了简单点火源类型。

原点（Origin）设在指定的火灾地点，通常是点火源本身的上部位置，但也有一些例外：

- 对于电气柜，原点在电气柜起火位置中心的地面；
- 对于易燃或可燃物，原点设于假定地点的其中心地面的两英尺之上；
- 对于氢气火灾或其他气体火灾，释放点即为原点。

对于远离墙或角落的开阔区域的火灾，可参见表7-12。

表7-12　远离墙的开阔地点火灾影响图中的球形和圆柱形区域所使用的计算值（单位：英尺）

火灾 HRR	热塑性电缆		热固性电缆	
	H	*R*	*H*	*R*
70 kW	4.8	1.8	3.5	1.3
200 kW	7.3	3.0	5.3	2.1
650 kW	11.6	5.4	8.5	3.8
2 MW	18.2	9.5	13.3	6.7
10 MW	34.7	21.3	25.3	15.0

其中电缆是基于下列损坏准则进行判断是否被破坏：

热塑性电缆：400 ℉

热固性电缆：625 ℉

影响图区域的参数也取决于火灾位置，特别对靠近墙角的火灾需进行调整。为了进行第 2 阶段的分析，如果该火灾的外沿在墙的两英尺内，则考虑该火灾“靠近”墙，如果在两堵墙形成的角落的 2 英尺内则也视为“靠近”墙。

对于靠近墙的火灾，可参见表 7-13。

表 7-13　靠近墙的火灾影响图中的球形和圆柱形区域所使用的计算值(单位：英尺)

火灾 HRR	热塑性电缆		热固性电缆	
	H	*R*	*H*	*R*
70 kW	6.3	2.5	4.6	1.8
200 kW	9.6	4.3	7.0	3.0
650 kW	15.3	7.7	11.2	5.4
2 MW	24.1	13.5	17.5	9.5
10 MW	45.8	30.1	33.4	21.3

对于靠近角落的火灾，可参见表 7-14。

表 7-14　靠近角落的火灾影响图中的球形和圆柱形区域所使用的计算值(单位：英尺)

火灾 HRR	热塑性电缆		热固性电缆	
	H	*R*	*H*	*R*
70 kW	8.3	3.6	6.1	2.5
200 kW	12.6	6.0	9.2	4.3
650 kW	20.3	10.8	14.8	7.7
2 MW	31.7	19.0	23.2	13.5
10 MW	60.4	42.5	44.1	30.1

注意：如果火灾的特点不符合“简单的”点火源类型，例如，燃料火灾等，它可能需要重新计算球形和圆柱形图，以得到一个具体火灾强度值，在这种情况下，建议寻求火灾 PSA 方面的技术支持。

热气层温度分析相关性

根据通风模式，应考虑自然通风的火灾和强制通风的火灾。在强制通风的情况下，应采用房间每小时空气变化的最小通风率。

7.3.3.5　筛选检查

该筛选考虑的是否已确定一个或多个潜在的火灾情景。如果点火源情景没有被确定，那么事项筛选为绿色，分析完成。

筛选准则如下：

- 如果筛除了任务 7.3.3.4 中所有确定的点火源，没有发现潜在的火灾场景，则第二阶段分析完成，确定事项重要度等级为“绿色”，无需完成后面分析任务。
- 如果一个或多个点火源被保留，随后继续 7.3.4 节的分析。

7.3.4　未筛除点火源的火灾发生频率

在本节分析中，对每个未筛除点火源的火灾频率进行进一步评估，以反映某个火灾限制相关和其他行政控制程序的变化，并且评估某些补偿措施的有效性。

首先，判断是否有火灾频率增加的可能性。对于火灾频率的增加仅适用于某些类型的点火源，例如热加工作业和易燃或可燃物。一般如果火灾安全事项指定的事项类别是"防火和行政管理控制相关"，则需要进行火灾频率的调整。

其次，如果补偿措施安排到位并被认为是可以降低被分析的点火源的火灾发生频率，例如，区域内的热加工作业火灾及易燃或可燃物的火灾频率的，则用特定调节因子（AF）来表征，其判断的依据如下。

- 对于瞬发易燃或可燃物火灾频率。例如，核电厂制定了完善的易燃或可燃物控制管理程序，并得到了认真的贯彻执行，存储恰当；同时人员巡视比较频繁，这些措施对与抑制火灾的发生都是有作用的。
- 对于热加工作业火灾频率。例如，通过热加工作业签发许可，核电厂对于区域内的热加工作业进行了很好的管理，该区域进行热加工作业的概率很小等。

将所有评估后的点火源的情景的火灾频率相加以生成所评估的火灾区域的火灾频率的更新值。然后再将所评估的火灾区域的火灾频率的更新值带入到 ΔCDF 的计算与表 7-15 中的值进行比较来确定是否无需进一步分析。

表 7-15　阶段 2 筛选步骤 4 量化筛选准则

指定的事项类别	ΔCDF筛选准则	
	中降级	高降级
防火和行政管理控制相关	N/A	1×10^{-6}
固定式消防系统相关	1×10^{-5}	
火灾限制相关	1×10^{-5}	
局部电缆或设备保护相关	1×10^{-5}	
火灾后安全停堆相关	1×10^{-6}	

- 如果 ΔCDF 的值低于表 7-15 中的相应值，那么事项筛选为绿色，分析完成；
- 如果 ΔCDF 的值超过了表 7-15 中的相应值，那么继续进行 7.3.5 节的分析。

7.3.5　火灾情景和独立安全停堆路径的第二次筛选评估

在本节分析中，一旦定义了电厂损坏情景，在此情景基础上对 7.3.1 节中确定的安全停堆路径进行再评估。

7.3.5.1　确定火势增长和损坏情景

为每个点火源确定一个或多个火势蔓延和损坏情景。火势蔓延和损坏情景是在 7.3.2 节中确定的 FDS 中进行了筛选，而对于每个需评估的设备和电缆需指定失效准则和阈值，用以判定在火灾情景中是否被破坏。在相应火灾情景下，被破坏的设备定义如下：

• 确定 FDS1 情景，以下设备将在此情景下受到破坏：

a）易受火灾烟羽或直接辐射加热影响的设备或电缆；

b）易受火灾烟羽或直接辐射加热影响，且受降级防火屏障保护的设备和电缆；

• 确定 FDS2 情景，以下设备将在此情景下受到破坏：

a）由于相同的点火源而引起的 FDS1 火灾情景中的电缆和设备；

b）靠近点火源的受中降级防火屏障保护的设备和电缆；

c）受高降级防火屏障保护的不靠近点火源设备和电缆；

d）受耐火性等级小于 1 小时的防火屏障保护的设备和电缆；

• 确定 FDS3 情景，假设火灾蔓延到相邻区域，以下设备将在此情景下受到破坏；

a）由于相同的点火源在相应的 FDS1 和 FDS2 火灾情景中损坏的设备和电缆；

b）位于相邻火灾区域的设备和电缆。

7.3.5.2 确定火势增长和损坏情况

在大多数火灾安全事项中，发生火灾风险受区域内存在的点火源特性的影响，很大程度上这些火灾发生的风险变化量由自燃的电缆、可燃物或易燃物、热加工作业等特征条件决定。

对 7.3.3 节分析中确定的点火源进行分析，确定易受这些点火源危害的设备和电缆，例如，离点火源较近的可燃物或易燃物、未通过相关验证的电缆等，以判定火势的增长以及对设备和电缆的破坏程度。

7.3.5.3 确定核电厂损坏状态情景

火势的蔓延导致相关的设备和电缆的被破坏，并影响到核电厂的安全。以下是用于假定核电厂损坏状态的一般准则：

• 假定系统的功能丧失，除非能证明系统可在假定火灾情景中免遭损坏；

• 在大多数情况下，假定设备或电缆的失效会使系统不可用，但在一些情况下，可以适当地确定系统能完成部分功能；

• 确定发生火灾后，安全停堆程序中规定的操纵员手动操作，在 7.3.7 节的评估中被信任的手动行动；

• 确定是否要考虑火灾的失效模式。

例 1：主要系统部件（如电动泵）的动力电缆的丧失，将被假定为致使系统不可用且不可恢复。

例 2：一些系统部件（如电动阀）的动力的丧失，将使系统无法正常运行，但是即使正常控制运行不起作用，在这种情况下，部件的手动操作也许仍然是可行的。如果该手动操作被包含在电厂火灾响应规程中，火灾 SDP 第 2 阶段分析将信任该手动操作。

例 3：控制电缆的失效将导致系统的误启动。

例 4：仪器或指示信号的丧失会干扰操纵员的操作，使其行动难度增加。

例 5：控制电缆的丧失也许会导致功能丧失或受损系统的误动作等失效模式，这时需在火势蔓延和损坏情景中确定两个不同电厂损坏情景来进行分析。

7.3.5.4 评估火灾情景中安全停堆路径的独立性

在火灾情景基础上，重新评估安全停堆的可能性(最初在7.3.1节中确定的)。如果安全停堆成功路径在情景基础上是被认为起作用，应满足以下准则：

- 安全停堆成功路径必须在核电厂的火灾后安全停堆分析中进行确定和分析，必须得到核电厂对指定火灾区域所发生火灾的响应规程的支持，并其不被已知各种风险所影响。
- 在假定的火灾情景下，必须保证所需的设备和电缆不被破坏，并且能够运行正常。
- 在假定的火灾情景下，必须保证安全停堆路径的功能性不受到影响。
- 在假定的火灾情景下，支持安全停堆成功路径的设备动作及所需的操纵员行动都必须是成功的；其中如果在受影响火灾区域中的操纵员行动是不可行的，则在临近区域的FDS3火灾情景中，则认为此区域的操纵员行动也是不可行的。

7.3.5.5 筛选检查

进行定量化筛选检查以确定安全停堆路径是否可在火灾情景中完成功能，根据以下准则进行判断：

- 通过依次考虑FDS3、FDS2和FDS1情景，确定每个点火源对核电厂危害最大火灾损坏状态；
- 对于给定点火源，确定最差的安全停堆路径，考虑该安全停堆路径在涉及的火灾情景中是否能够所起到作用；

如果在给定最差情况下，安全停堆路径被认为在任何给定的点火源引起的火灾情景中都不起作用，那么继续7.3.6节的分析。

如果给定最差情况损坏状态，安全停堆路径被认为是可行的；或指定的安全停堆路径没有起作用，火灾发生频率发生了改变；应重新计算ΔCDF值与表7-16的值进行对比。

表7-16 筛选步骤5量化筛选准则

指定事项类别	ΔCDF筛选值	
	中降级	高降级
防火和行政管理控制相关	N/A	1×10^{-6}
固定式消防系统相关	1×10^{-5}	
火灾限制相关	1×10^{-5}	
局部电缆或设备保护相关	1×10^{-5}	
火灾后安全停堆相关	1×10^{-6}	

- 如果ΔCDF值低于表7-16中的相应值，那么事项筛选为绿色，并且分析任务完成。
- 如果ΔCDF的值超过了表7-16的相应值，那么继续步骤6的分析。

7.3.6 火势发展和损害情景时间分析

在本节中，需分析火灾情景中火灾的发展情况，以评估达到相关的FDS的时间。

7.3.6.1 火势发展和损害的时间分析- FDS1情景

对于FDS1需要考虑两个火灾损坏机制，即火灾烟羽效应(包括直接烟羽影响)和直接辐射效应。而暴露时间则是由烟羽的温度和辐射热流密度等条件决定的，对于一些火灾的情景，火灾向临近区域的蔓延，则需要在确定区域内火灾中的暴露条件。在这种情况下，包括火灾蔓延的时间、电缆托架都需要进行考虑。

7.3.6.2 火势发展和损害时间分析-FDS2 情景

FDS2 包括位于火灾区域设备的损坏，包括由降级的防火屏障，灭火系统失效等引起的进一步破坏，其情景包括 FDS1 情景中的损坏加上受火灾影响的更广泛区域的附加损坏，具体包括如下：

- FDS2 情景的分析包括与 FDS1 相似的要素，即烟羽效应和直接辐射效应，同时要与在火灾下的裸露条件与火灾蔓延结合起来进行分析；
- 需评估 FDS2 情景中热气层对系统和设备的影响；
- 评估 FDS2 情景中由于紧邻点火源，火灾蔓延后破坏的设备；在这种情况下，需建立一个火势蔓延图以确定火灾蔓延到重要设备和电缆所需的时间；
- 评估 FDS2 情境中由于防火屏障的中降级，导致其保护的设备和电缆存在失效可能性。

7.3.6.3 火势增长和损害时间分析-FDS3 情景

FDS3 包括火灾蔓延过防火屏障(例如，密封贯穿件、防火门或者挡板等)，该分析部包括以下事项：

- 如果火灾安全事项与降级的防火屏障要素不相关，那么分析重点应在于可能蔓延到相邻区域的火灾；
- 如果火灾安全事项与降级的防火屏障相关，那么分析重点应放在所涉及的由降级的防火屏障所保护区域的火灾。防火屏障的降级直接体现为灭火响应时间的减少，火灾可能短时间内蔓延到相邻的区域。

7.3.7 未扑灭概率分析

在本节中，需要量化每个火势增长和其涉及的损坏情景的火灾未扑灭概率(PNS)。

7.3.7.1 火灾探测

火灾探测分析需考虑通过以下任何一种方法的探测概率：

- 固定式火灾探测系统的有效性和持续性；
- 其他火灾探测方式，包括人员巡视、工业电视监测等。

针对需探测的火灾，只需以上的一个探测方法有效，就可成功的发现火灾。

7.3.7.2 固定式灭火系统分析

评估固定式灭火系统是否有效的过程中应注意，如果所分析的火灾区域未配备固定式灭火系统或固定式灭火系统被认为是高降级的，跳过 7.3.7.2，继续 7.3.7.3 的分析。

关于固定灭火系统评估有两个关键要素：

- 有效性：如果固定式灭火系统启动，它是否能够控制火灾的发展？
- 时间安排：火灾发生后，系统何时能够释放灭火剂？

如果固定式灭火系统被视为是有效的，那么其触发将会假定为阻止火势进一步的发展及其对系统和设备的破坏。固定式灭火系统可能涉及气态系统、喷水、喷撒装置或供水系统的延时，实际的灭火剂释放时间是启动信号加上灭火剂开始释放时间的总和。跨防火区的火灾探测系统也会有延迟，例如，自动灭火系统不会立刻启动。如果采用了跨防火区探测，应评估探测时间是否满足对于灭火要求。同时实际信号产生的时间会受火灾探测器敏感性的影响(例如，离点火源较远的探测器，其反应时间较慢)。

如果所评估的火灾安全事项涉及喷撒装置的中降级，将会导致灭火系统的可靠性降低，或者是触发时间的延迟，这时应考虑如下要求。

- 如果火灾安全事项与灭火剂释放装置设置的间距不当有关，那么触发时间的分析中应考虑其间距的不利影响。
- 假如喷水灭火系统的中降级导致约25%的喷头不起作用，在这种情况下，要假定最靠近点火源的喷头不起作用，并假定第二近的喷头起作用，即在评估系统响应时间时考虑第二近的释放喷嘴的位置。
- 中降级事项也许意味着固定式灭火系统不能够提供全方位的灭火覆盖范围，在这种情况下，固定式灭火系统在FDS1火灾情景(包含那些特定点火源)的分析中不给予信任；该系统在相应的FDS2和FDS3情景中将会起部分作用，根据所建立的条件对其起的作用进行分析。
- 如果固定式灭火系统是手动启动的，其触发时间是基于消防队响应时间，并加上两分钟的延时来确定。

7.3.7.3 电厂人员和消防队

评估与手动灭火相关的时间安排。手动消防响应时间应基于过去的火灾经验、模型计算和一些典型案例。例如，美国NRC的Imc0609附F就根据以往经验和计算模型确定了每个火灾类别和地点的未扑灭概率的均值曲线，其包括以下火灾情景。

- 热加工作业导致的火灾；
- 主控室火灾；
- 变压器/开关站火灾；
- 涡轮发电机火灾；
- 高能电弧导致的电气故障所引起的火灾；
- 安全壳内的火灾。

下面我们需要评估手动灭火的未扑灭概率($PNS_{手动}$)，用7.3.6节中确定的火灾损坏时间减去7.3.7.1节中确定的火灾探测时间。如果火灾损坏时间($T_{损坏}$)减去火灾探测时间($T_{察觉}$)为0或负数，那么$PNS_{人工}=1.0$。如果火灾损坏时间减去火灾探测时间为正数，可以参照表7-17，对应合适的火灾类型或类别，选取对应的手动灭火的未扑灭的概率均值。

$PNS_{手动}$值可采用以下公式计算：

$$PNS_{手动}=\exp[-\lambda\times t]$$

其中“λ”是假定火灾类型的平均比率(1/分)，t是用分表示的火灾持续时间(探测后的损坏时间)。

7.3.7.4 筛选检查

采用7.3.6节中收集的信息和7.3.7节中完成的评估结果，计算在到达FDS状态之前，未能扑灭火灾的可能性，即未扑灭的概率(PNS)，应用于量化 PNS 的方法评估固定式灭火系统是否能够起到灭火作用，其基本概括为以下两条：

表 7-17 基于火灾持续时间的手动消防未扑灭概率值和火灾类型

$T_{损坏}-T_{察觉}$/min	均值未扑灭概率曲线值－$PNS_{手动}$									
	所有事件	热加工作业	瞬态	电气火灾	电缆火灾	配电站	主控室	涡轮发电机	高能电弧故障	安全壳
0	1.00	1.00	1.00	1.00	1.00	1.00	1.00	1.00	1.00	1.00
1	0.93	0.93	0.87	0.89	0.84	0.97	0.78	0.98	0.95	0.94
2	0.87	0.86	0.76	0.79	0.70	0.95	0.62	0.96	0.90	0.89
3	0.81	0.80	0.66	0.70	0.59	0.92	0.48	0.94	0.86	0.84
4	0.76	0.74	0.58	0.63	0.49	0.90	0.38	0.92	0.81	0.80
5	0.71	0.69	0.51	0.56	0.41	0.88	0.30	0.90	0.77	0.75
6	0.66	0.64	0.44	0.50	0.35	0.85	0.23	0.88	0.74	0.71
7	0.62	0.59	0.38	0.44	0.29	0.83	0.18	0.86	0.70	0.67
8	0.58	0.55	0.34	0.39	0.24	0.81	0.14	0.84	0.66	0.63
9	0.54	0.51	0.29	0.35	0.20	0.79	0.11	0.83	0.63	0.60
10	0.50	0.47	0.26	0.31	0.17	0.77	0.09	0.81	0.60	0.57
12	0.44	0.41	0.19	0.25	0.12	0.73	0.05	0.78	0.54	0.51
14	0.38	0.35	0.15	0.20	0.08	0.69	0.03	0.74	0.49	0.45
16	0.33	0.30	0.11	0.15	0.06	0.66	0.02	0.71	0.44	0.40
18	0.29	0.26	0.09	0.12	0.042	0.62	0.013	0.68	0.40	0.36
20	0.25	0.22	0.07	0.10	0.029	0.59	0.008	0.65	0.36	0.32
25	0.18	0.15	0.03	0.05	0.012	0.52	0.002	0.59	0.28	0.24
30	0.13	0.11	0.017	0.03	0.005	0.46	0.001	0.53	0.21	0.18
35	0.09	0.07	0.008	0.017	0.002	0.40	*	0.48	0.17	0.14
40	0.06	0.05	0.004	0.009	0.001	0.35	*	0.43	0.13	0.10
45	0.05	0.03	0.002	0.005	*	0.31	*	0.39	0.10	0.08
50	0.03	0.02	0.001	0.003	*	0.27	*	0.35	0.08	0.06
55	0.02	0.02	*	0.002	*	0.24	*	0.31	0.06	0.04
60	0.02	0.01	*	0.001	*	0.21	*	0.28	0.05	0.03
*值小于 0.001，筛选采用 $PNS_{手动}=0.001$ 或采用公式来计算实际值。										
均值速率常数(1/分)	0.069	0.075	0.137	0.117	0.177	0.026	0.242	0.021	0.051	0.057

• 对于固定式灭火系统不起作用的情况，PNS 的值则完全基于消防队对火灾的响应能力。

• 对于受灭火系统(自动或手动)保护的区域,考虑两条扑灭路径,包括固定式灭火系统能够起到作用,以及固定扑灭系统的部分失效后结合消防队的成功响应来扑灭火灾。

结合先前筛选检查中考虑每个火灾情景的未扑灭概率,计算的风险贡献。如果 ΔCDF 小于或等于 1×10^{-6},那么事项筛选为绿色,分析完成。如果 ΔCDF 大于 1×10^{-6},那么继续下一步骤的分析。

7.3.8 电厂安全停堆响应分析

在本节中,需根据假定火势的发展和损害情景,分析核电厂的安全停堆的有效性(包括所需的操纵员恢复行动)。

7.3.8.1 确定被信任的系统及其功能

在每个火灾损坏情景中或相关的始发事件中,某些系统对于安全停堆有支持作用,如何判定这些系统在火灾情景中或相关始发事件是可用的,可以按照以下准则进行判断。

• 在火灾安全事项分析中,可以认为某些设备和系统是可用的,无论其是否在安全停堆分析中起作用。然而,对于在火灾分析中不被信任的设备和系统,除非有合理的理由,否则在火灾分析中是不予考虑;

• 系统及其功能的保有或丧失取决于与该系统及其功能的相关部件和电缆的实际位置;

• 电路问题可能导致 SSCs 的误触发,所需的功能失效。

7.3.8.2 确定控制室外人员行动

在确定需响应的火灾情景后,需评估执行安全停堆规程人员行为。控制室外人员操作包括防止误触发的手动操作和系统的现场手动控制所需的操作等。

7.3.8.3 评估手动操作的失效概率

用以下准则评估上述的手动操作的失效:

• 对于手动操作需在空间或时间上进行考虑,确定其不受火灾影响;

• 对于不包含在工作程序中的控制室外手动操作,如果操作地点在火灾区域内,则在分析中认为操作是不可行的。

7.3.8.4 估算 CCDP

利用风险指引型方法,来评估每个火灾情景的 CCDP,需要考虑和确定针对始发事件设置的而不起作用系统及其功能的失效,以及手动操作人员的失误概率。

评估每个火灾情景的 CCDP,采用以下步骤来进行估算:

• 设定始发事件发生的频率;

• 降低用于支持核电厂安全停堆所需缓解系统能力的可信度;

例如:给定安全功能系统的两列中的一列能提供充分可信的缓解能力,具有两个可用列,指定多列系统可信度 3。如果在火灾损坏状态情景中,支持该安全功能的两列中的一列失效,可信度从多列系统可信度 3 降为单列可信度 2。

• 考虑人员失误贡献的影响;

a) 当自动功能失效,需要手动操作时,对人员实际的手动操作与标准正确的操作进行对比,采用更为保守的值;

b）根据火灾响应规程所采取的操作，应与其相关的功能与硬件可信度进行比较，并采取最保守的值；

c）因为火灾影响而不可用的支持系统，需要进行量化考虑。例如，因为没有操作规程等指导，进行该操作的失效概率，以及会产生误动作的概率。

- 在评估控制室外的行动时，需要考虑人员失误贡献的影响。
- 对于远程停堆操作，人员失误概率应与规程中要求的 SSCs 的可信度评估结果相比较，并采用了更加保守的值。在火灾 SDP 的第 2 阶段评估中不单独进行单个人员行动的评估分析。

特定情况：

- 违反火灾后安全停堆程序事项

违反安全停堆程序的事项将通过假设，在火灾中操纵员无法完成操作，而产生的风险增量来进行评估。第 2 阶段 SDP 应只在安全事项在火灾区域内得到确认时应用，对带有全电厂后果的事项，应进行第 3 阶段 SDP 评估，即利用核电厂的火灾 PSA 或电厂特定 PSA 进行评估。

- 与厂内配电系统问题有关的事项

与上述讨论的问题相似，配电系统可能对几个火灾区域都有影响，因为与配电相关的电缆可能穿过几个区域。除非确认影响的只是局部区域，其他情况下应该进行第 3 阶段的 SDP 分析。

7.3.9 定量化和初始重要性的判定

在步骤 9 中，计算所关注的 FDS 情景将最终量化，并给出火灾事项的初始判定的重要性程度，其 ΔCDF 是以下因子的乘积：

$$\Delta\, \mathrm{CDF} = \mathrm{DF} \times \sum_{i=1}^{n} [\mathrm{F}_i \times \mathrm{SF}_i \times \Pi \mathrm{AF}_{i2,4} \times \mathrm{PNS}_i \times \mathrm{CCDP}_i]$$

其中：n——给定事项被评估的火灾情景个数(包括所有相关的 FDSs)；

DF——来自步骤 7.2.4 的时间持续因子；

F_i——来自任务 7.3.4 的点火源 i 的火灾频率；

SF_i——任务 7.3.4 的情景 i 严重性因子；

AF_i——步骤 7.3.4 中的点火源特定频率调节因子；

PNS_i——步骤 7.3.7 的情景 i 未扑灭概率。

表 7-18 基于 ΔCDF 的风险重要度

频率范围/堆年	基于 ΔCDF 的 SDP
$\geqslant 10^{-4}$	红色
$< 10^{-4} \sim 10^{-5}$	黄色
$< 10^{-5} \sim 10^{-6}$	白色
$< 10^{-6}$	绿色

- 如果 $\Delta\mathrm{CDF} \leqslant 1 \times 10^{-6}$，那么事项筛选为绿色，分析完成。

• 如果 $\Delta CDF > 1 \times 10^{-6}$，那么事项是潜在风险重要的。

7.4 火灾 SDP 第3阶段

目前通用的核电厂火灾 PSA 分析方法是通过考虑每个核电厂防火分区以及火灾可能破坏的设备来识别潜在重要的场景，其中包括触发电厂瞬态、导致电厂系统和操作人员响应降级等，通过火灾初始频率来量化，利用火灾引起的关键设备损坏的条件概率来分析火灾并确定堆芯损毁频率。

火灾 PSA 主要的分析步骤是：

1）核电厂边界的定义和划分

火灾分析的第一步是定义分析的物理边界，将边界内的区域定为分析范围。

2）需考虑的设备

火灾 PSA 分析中的关键步骤是确定火灾发生后，可保证核电厂停堆所需的设备，主要包括火灾后安全停所需要的设备。

3）防火分区的定性筛选

在不需要定量分析的情况下对防火分区的重要性进行辨识。例如，如果防火分区中没有反应堆停堆或维持停堆状态所需要的设备，那么就可以将这样的防火分区筛选出去。

4）引发火灾的风险模型

这项任务的目的是开发火灾发生后反映核电厂响应的逻辑模型。在此过程中需要考虑核电厂火灾预防程序或消防预案。这些程序可能会影响系统或设备的可用性，以及火灾情况是操作员的行为。

5）估算火灾的发生频率

6）定量筛选

基于对火灾风险的贡献，对防火分区和火灾场景进行筛选。

7）火灾模型范围考虑

在未筛选过的火灾分区中，确定和筛选点火源。

8）详细的电缆故障分析

识别特定的电缆故障对火灾后反应堆安全停堆所需设备的影响。

9）详细的火灾建模

需考虑单个防火分区、多个防火分区和主控室。考虑的因素有初始的火灾特性、防火分区内或火灾的蔓延、探测和灭火、热辐射和烟羽引起的破坏。

10）火灾发生后人的可靠性分析

评估操纵员的行为。

11）地震火灾影响

识别地震和火灾之间任何潜在关联，以及所引起的风险。

12）火灾风险量化

对于火灾风险评估结果的确定，并可以提出建议。

13）不确定性和敏感性分析

14）火灾 PSA 文件

火灾 PSA 分析也是一项循序渐进的工作，在考虑并发的任务后需要对特定的任务进行精简。

7.5 小 结

综上所述，火灾 SDP 是基于确定论和概率论方法来评估核电厂火灾纵深防御原则是否受到安全事项的影响，并评估安全事项的风险重要度。其中确定论方面主要评估防火纵深防御是否被火灾安全事项所影响，而概率论方面则使用火灾 PSA 的评估方式对安全事项风险做定量分析。

对比美国 NRC 火灾 SDP 判定程序，我们发现其判定过程中有大量的监管文件和核电厂技术文件作为支持；特别是判定过程的第 2 阶段，其相关的火灾分析工具十分完善。所以要实现火灾 SDP 在核安全监管工作的实际应用还需做进一步的研究工作。

\\\\ 第 8 章 \\\\

国家核安全局核电厂异常重要性判定系统的设计与开发

在前几章当中已经对 SDP 的评估流程和评估程序进行了介绍，SDP 作为核电厂安全状态评估的重要工具，其实用性与适用性在国际范围内的核电厂监管活动中得到了广泛的认可。要使用好这一评估工具，必须采用合适的方案来实现 SDP 判定流程，建立起一套适合核电厂运行现状与实际监管工作的 SDP 判定系统，以帮助安全事项重要性判定工作高效和正确地进行。

国家核安全局在对异常重要性判定应开展的主要业务进行分析后，开发了国家核安全局核电厂异常重要性判定系统，该系统包括业务流程、信息流程、管理模式等任务，建立了系统支持工具的功能模型、用户模型、数据模型等，形成宏观信息资源规划。从技术角度出发，此系统具有较高的运维效率，能够方便顺利地实现业务需求的目标。下面我们对国家核安全局核电厂异常重要性判定系统的设计和开发进行简单介绍，希望能够给国内从事核安全工作相关单位和专家提供借鉴。

8.1　功能设计方案

实际工作中所需要的 SDP 判定系统，除了要能够实现对安全事项进行重要性判定之外，还必须有一套完整的系统功能和交互功能来让使用者流畅、高效和可靠地完成安全重要性评估工作。本节将对 SDP 系统的功能设计方案进行阐述，详细介绍了 SDP 判定系统中所需要的功能与相关要求，而国家核安全局的 SDP 判定系统也正是遵循这样的设计脉络所搭建的。

8.1.1　SDP 系统总体框架

SDP 判定系统的核心功能为安全事项的风险重要性评估，也即利用 SDP 判定方法实现安全事项的重要性判定，其功能实现的总体框架设计如图 8-1 所示。

而除了安全事项评定功能外，SDP 判定系统应设计有参数设置功能、系统设置功能，能够帮助使用者使用和管理 SDP 判定系统。同时，SDP 系统的功能设计中还应对兼容性、交互性与运行环境有所要求。下面对系统的一些功能指标进行说明，这些指标只是具有参考意义。

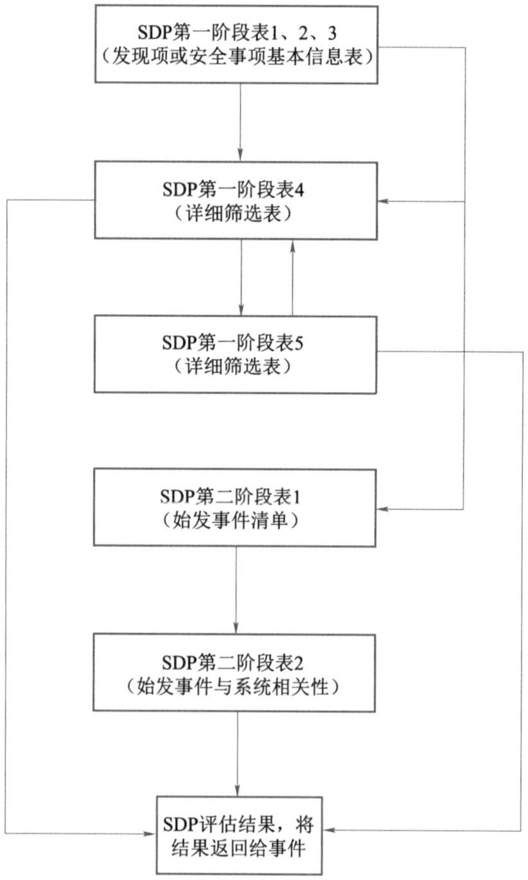

图 8-1　SDP 总体框架

8.1.2　非功能性指标

1）安全性要求

系统软件设计应满足安全设计标准，同时权限控制和身份认证等措施也要完善，具体要求如下：

- 身份鉴别

在身份鉴别中，系统应提供专用的登录控制模块对登录用户进行身份标识和鉴别；同时要保证用户身份标识的唯一，保证应用系统中不存在重复用户身份标识，身份鉴别信息不易被冒用；如果登录失败，则应提供处理功能，可采取结束会话、限制非法登录次数和自动退出等措施。

- 访问控制

在系统中应提供访问控制功能，依据安全策略控制用户对文件、数据库表等客体的访问；访问控制的覆盖范围应包括与资源访问相关的主体、客体及它们之间的操作；同时根据授权主体配置访问的控制策略，严格限制默认账户的访问权限。

• 安全审计

系统应提供覆盖到每个用户的安全审计功能，对应用系统重要安全事件进行审计；应保证无法单独中断审计进程，无法删除、修改或覆盖审计记录；同时审计记录的内容至少应包括事件的日期、时间、发起者信息、类型、描述和结果等。

• 软件容错

系统应设置数据有效性检验功能，保证通过人机接口输入或通过通信接口输入的数据格式或长度符合系统设定要求；应提供自动保护功能，当故障发生时自动保护当前所有状态，保证系统能够进行恢复。

2）可用性

为保证系统的使用的顺畅应确定系统的平均无故障运行时间、故障修复时间和可用率等系统指标。同时客户端应能够支持常用的IE6.0、IE7.0、IE8.0及更高版本的浏览器。

8.1.3 功能性指标

该系统的核心是安全事项的重要性判定，而判定主要依靠的是SDP判定模型。国家核安全局在参考了美国NRC现行SDP判定方法及流程后，结合我国现役核电机组的系统和设备的布置情况，开发SDP判定模型，其模型的正确性经过了实际验证。

目前系统只开发功率工况SDP，但其他SDP评估程序将在系统中留有接口。此外系统还能对核电厂异常情况进行管理，包括异常情况收集、查询、维护和校核等，具体包括以下几个方面。

1）安全事项评定

安全事项评定包含两部分内容，一部分为安全事项的数据修改和数据查看，另外一部分为安全事项的评定以及评定草稿功能。系统的评定流程包括引导评定以及功率工况SDP评定。在两种评定过程中，都具有评定索引的功能。安全事项在评定完成以后可以进行复评，在复评的过程中，假如复评修改的数据并不影响流程走向，则只做数据修改；假如复评修改的数据会影响流程走向，则给出警告提示，评价人员确认以后则删除该修改后面流程的所有数据进行重新评定。

2）数据修改

数据修改包含录入、修改、删除三大块，页面需提供以下功能：

• 页面需提供对单条记录的录入和修改。

• 页面需提供填写提示功能。

• 页面需提供对单条记录和批量数据的删除功能。数据进行逻辑删除，删除后依然存在数据库中，但是不再显示于系统中，其相关联的数据也一样。

3）数据查看

根据不同的搜索条件搜索出数据列表，同时提供对单条记录的查看详情。

• 搜索条件涉及的字段有：事项编号。

• 高级搜索涉及的字段有：事项编号、事项名称、电厂名称、机组编码、系统编码、厂房地点、机组状态、发生时间。

4）引导评定

引导评定就是SDP引导的过程，评定的流程分为三个步骤：

步骤1：安全事项的相关信息描述

↓

步骤2：识别安全事项影响的安全基石

↓

步骤3：指引安全事项至合适的SDP程序进行下一步评估。

评定成功之后，数据转到列表中。

5）功率工况安全重要性评定

（1）第1阶段的评估

本阶段依靠功率工况SDP第1阶段来评估安全事项，要求完成以下功能：

a）读取安全事项编号以及描述；

b）始发事件指标、缓解系统指标以及屏障指标等三项指标，用户可进行选择或者不选择，用户选择后，与相关事项实现链接；

c）用户选择了信息，则相应的分类的信息表中对应选中；

d）用户可对选中的信息进行相应的修改；

e）系统判断用户结束第1阶段信息表的填写工作后，应弹出确认表单，如果用户确定则点击确定按钮，第1阶段过程结束；如果用户需要修改信息，可点击上一步进行修改。

f）用户点击安全事项评定汇总表的确认后，将进入评估结果页面。

（a）评估结果分为2种：1）绿色；2）执行阶段2；

（b）应设置对本次评定结果保存和返回评定列表的功能。

（2）第2阶段的评估

在第2阶段评估过程中，需要设置以下工作：选择电厂机组、选择持续时间、选择始发事件、选择系统与设备、选择人因事件等；其中始发事件、系统与设备和人因事件可以选择多个；系统根据用户选择的数据结合公式进行计算并得出结果，用户能够根据算出的结果得知安全事项的严重程度。

a）数据输入

在功率工况SDP第2阶段数据输入页面中，电厂机组数据读取自安全事项，用户应可以添加受影响的系统设备以及人因事件，添加始发事件以及其频率增加幅度，选择暴露时间。

应设置选择受影响的系统（列）进入系统设备选择弹出层，系统应根据第1阶段关键词自动索引系统设备，将其放在前面显示并且设置颜色为黄色，用户也可以使用搜索功能查找并添加受影响的系统设备。

b）计算结果

在第2阶段数据输入页面中，用户输入完数据之后，应设置信息在确定功能，帮助用户对输入信息的正确性进行检查。而系统可以根据用户输入的数据和选定的计算模型计算得到结果，并把结果展示到页面中。在计算结果页面中，可以对事件序列的中文描述进行编辑。

c）评定索引

在评定过程中，应设置对应的评定索引，方便用户查看对应评估阶段的基本信息，点击则可以跳到对应的评估阶段。对于不同的评估阶段应设置不同的颜色加以区分。

d）生成报告

对于评估完成的安全事项，应设置生成完整评估报告的功能，报告包含评估流程的基本数据并可以打印。

e）评估草稿

对于未完成评估的安全事项，应设置草稿保存功能，用户可以在这里对草稿数据重新评定。评估草稿包含搜索、高级搜索、查看、评定等功能，具体应与安全事项评定列表的一样。

f）风险预测

设置风险预测功能，用户可以直接进行功率工况 SDP 第 2 阶段的评定而不需要填写安全事项等信息，评定计算方式与上文描述的一致，但是结果需单独保存。风险预测列表应具有搜索、删除等功能，点击预测按钮会重新进行评定，点击查看预测结果按钮可以查看风险预测结果。

8.2　SDP 判定系统参数设置

8.2.1　电厂机组

1）数据导入导出和搜索

系统需提供数据批量导入功能，模板格式为 Excel 表。

- 导入过程中，需要对数据进行验证，异常的数据不进行导入。
- 导入完成后，需显示记录总条数、成功导入条数和失败条数。

系统需提供数据导出到 Excel 功能，可以根据不同搜索条件导出数据，导出模板与导入模板类似。

搜索字段包括：机组编码、机组名称、电厂编码和电厂名称等。

2）数据修改

该功能和跟其他模块的修改功能类似，涉及的字段包括：机组编码、机组名称、电厂编码和电厂名称等。数据以机组编码为中心唯一，一个电厂可以有多个机组。

8.2.2　厂房地点

1）数据导入导出和搜索

搜索字段包括：厂房编码、厂房地点。该功能跟电厂机组的导入导出一样。

2）数据修改

该功能跟电厂机组模块的修改功能类似，数据以厂房编码为中心唯一存在。

8.2.3 机组状态

1）数据导入和导出

搜索字段包括:机组状态编码、机组状态名称。该功能跟电厂机组的导入导出一样。

2）数据修改

该功能跟电厂机组模块的修改功能类似,涉及的字段包括机组状态编码和机组状态名称。数据以机组状态编码为中心唯一存在。

8.2.4 事项来源号

1）数据导入导出和搜索

搜索字段包括:事项来源号、事项来源名称。该功能跟电厂机组的导入导出一样。

2）数据修改

该功能跟电厂机组模块的修改功能类似,数据以事项来源号为中心唯一存在。

8.2.5 模型信息

1）数据导入导出和搜索

搜索字段包括:机组编码、模型编码、模型名称。该功能跟电厂机组模块的导入导出一样。

2）数据修改

该功能跟电厂机组模块的修改功能类似,涉及的字段包括:模型编码、模型名称和机组编码等。数据以机组编码为中心唯一存在。

8.2.6 事件树

1）搜索

搜索字段包括:电厂名称、机组编码、始发事件编码、始发事项名称。事件树的数据由评定数据导入模块的导入功能导进。

2）查看事件树

事件树由始发事件、相关的功能事件以及对应的事件序列组成,用户可以查看相关事件树的组成。

8.2.7 评定数据导入

评定数据导入模块的功能是导入评定第 2 阶段相关数据。在评定第 2 阶段数据输入页面中,受影响的系统设备、人因事件、始发事件以及计算所需的计算模型数据在这里导入,参数设置的事件树数据也是根据模型数据读取而来。

评定数据导入 Excel 包含八个数据单,其中 eventlist、funclist、funclist1、component、component1、matrix 为计算模型数据,comlist 为系统设备、人因事件数据,events 为始发事件数据。

8.3　系统设置

8.3.1　用户管理

1）数据修改

包括数据修改和删除，涉及的字段包括：用户名、真实姓名、联系电话和邮箱等。

2）搜索

系统需提供数据搜索功能，搜索字段：用户名。

3）分配机组

有用户管理权限的用户登录后，可为其他用户分配机组，分配了机组的用户登录可以对与其机组相关的数据进行管理操作。

4）分配角色

有用户管理权限的用户登录后，可为其他用户分配角色，分配了角色的用户具有该角色对应的权限。

8.3.2　角色管理

系统默认具有评估人员、访客这两种角色，评估人员可以对安全事项进行评估，访客只能浏览安全事项评估过程或事件树：

1）数据修改

包括数据修改和删除，涉及的字段包括：角色名称。

2）分配权限

有角色管理权限的用户登录后，可为角色分配对系统模块的管理权限，分配了系统模块权限的角色就具有了对该模块的管理功能。

8.3.3　运行环境

系统需兼容 IE7、IE8、IE9 浏览器，并能够有比较好的用户交互性，其包括服务器软件环境和服务器硬件环境。

1）服务器软件环境

配置项目	要　求
操作系统	Windows Server 2003
Weblogic	10.3
数据库	Oracle 10g

2）服务器硬件环境

配置项目	要　求
CPU	四核心以上，主频 2400 MHz 以上
内存	4 G 以上
硬盘	320 G 以上

8.4　开发技术方案

前面已经介绍了 SDP 系统的功能设计等方面的要求，对 SDP 系统的设计与开发从需求上进行了阐述。而采用合理的技术和模式来实现这些需求，能使得系统的开发、使用和运维更加高效、便捷和稳定。本节将从总体开发的角度说明 SDP 系统中采用的技术方案，明确系统各模块、与第三方之间的接口，对关键模块和难点进行说明，明确开发规范和约束，同时可以有针对性地进行系统开发、测试、验收等各方面的工作。

8.4.1　设计约束

要求 SDP 系统易操作行，且操作层次不能太深。并且要保证浏览器 IE7、IE8、IE9 的兼容，界面的默认分辨率为 1024×768。

1）总体技术构架

系统架构设计采用经典 J2EE 三层结构：表现层、业务逻辑层、数据访问层。其中表现层采用 HTTL 模板引擎、Alice 和 Jquery。业务逻辑层采用了贫血模型和 EhCache 缓存框架，业务实体采用灵活方便的 JFinal Model 和 Record 实现。数据访问层采用 JFinal ORM 框架结合 Druid 数据库连接池实现，具体参见图 8-2。

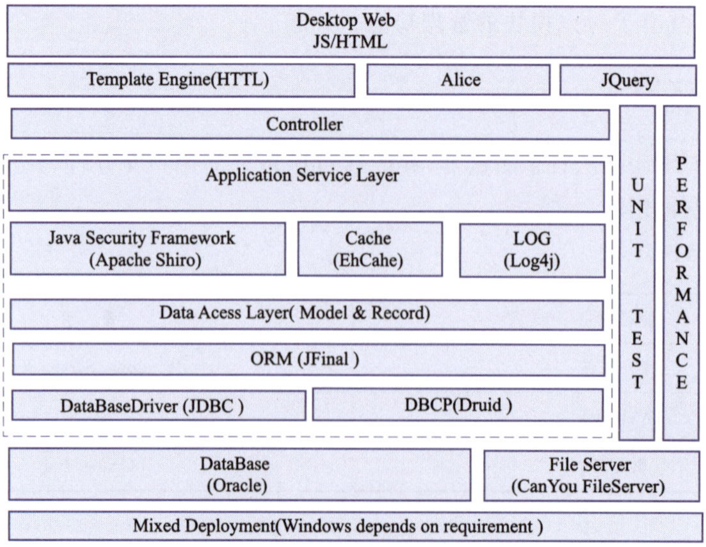

图 8-2　系统技术构架统示意图

2）系统部署构架

图 8-3 为系统部署构架，可以看出用户对系统和数据库的访问需经过授权和验证。

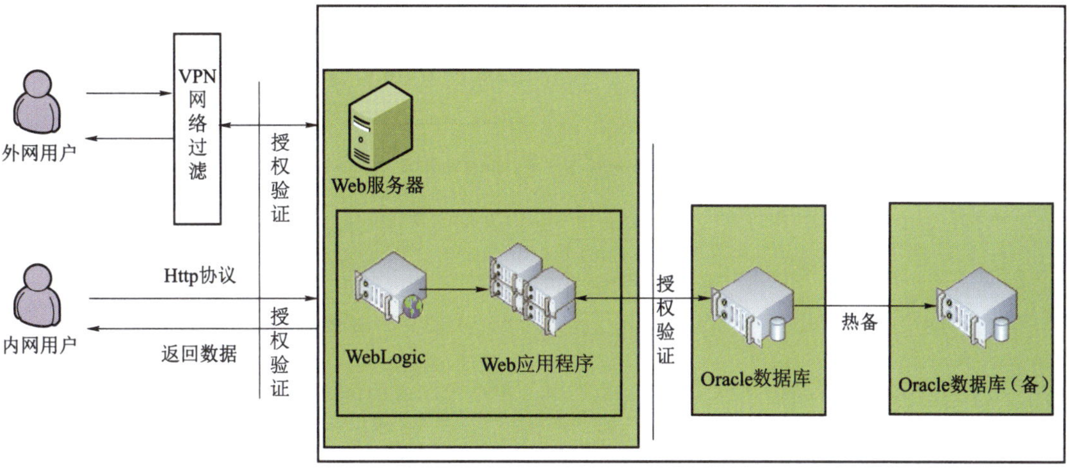

图 8-3　系统部署构架统示意图

3）系统模块构架

如图 8-4，系统基本分为 3 个模块，分别是安全事项评定模块、参数设置模块和系统设置模块。模块的设置是根据用户需求，并结合系统功能设计要求确定的，保证了系统满足用户的使用要求。

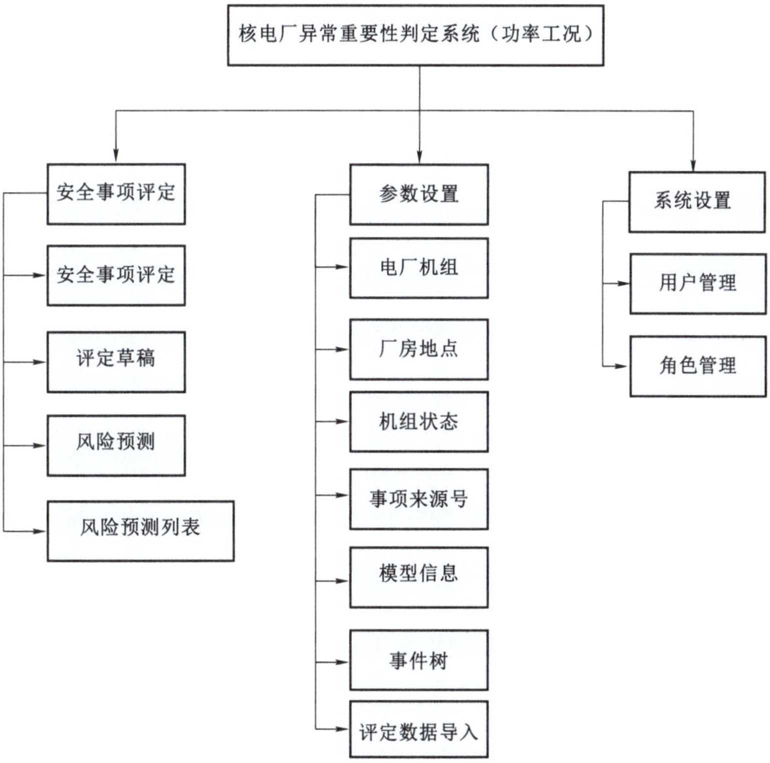

图 8-4　系统模块构架统示意图

8.4.2 编码实现策略

1）用户身份验证

用户身份验证系统中，用户登录成功后，用户信息票据即被加密，如图 8-5 所示。

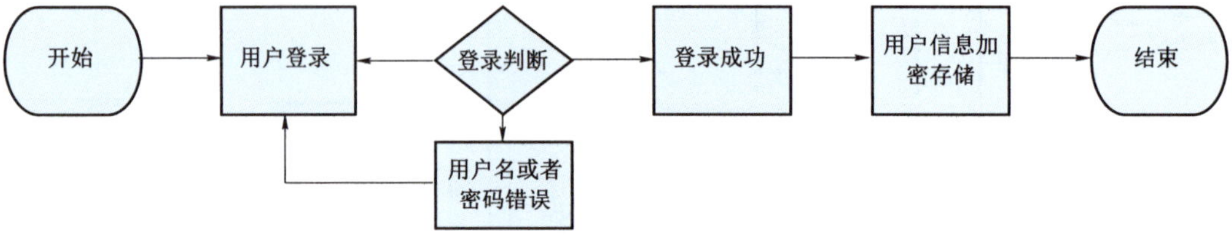

图 8-5 用户身份验证示意图

2）防 SQL 注入

如图 8-6 所示，系统采用阿里巴巴开源的 Druid 数据连接池的扩展组件 WallFilter 防御 SQL 注入攻击。它是基于 SQL 语法分析，理解其中的 SQL 语义，然后做处理的，智能，准确，误报率低。

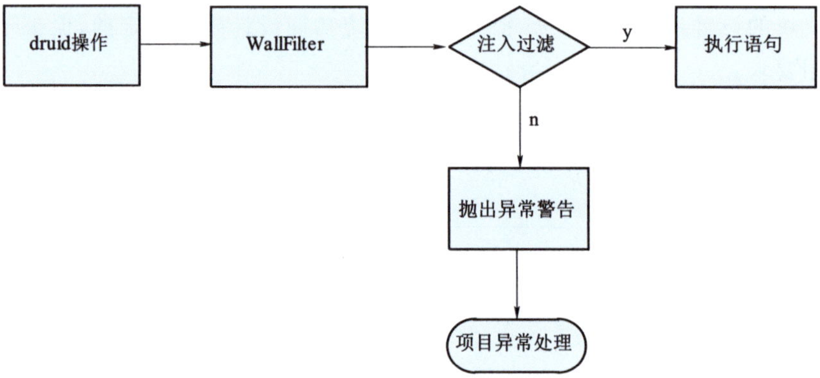

图 8-6 防 SQL 注入示意图

3）访问限制

该系统使用人员需经过管理员验证授权，使用人员只有登录之后才能使用，管理员根据使用人员工作任务的不同赋予其不同的角色，权限框架如图 8-7 所示。未来 SDP 判定系统将与国家核安全局经验反馈平台整合，登录经验反馈平台后，可直接使用 SDP 判定系统。

4）用户名密码加密

用户密码采用 MD5 加密，同时数据库里对密码采用加密处理，不使用明文存储，如图 8-8 所示。为未来系统与国家核安全局经验反馈平台整合后，其用户密码管理将在经验反馈平台上直接管理。

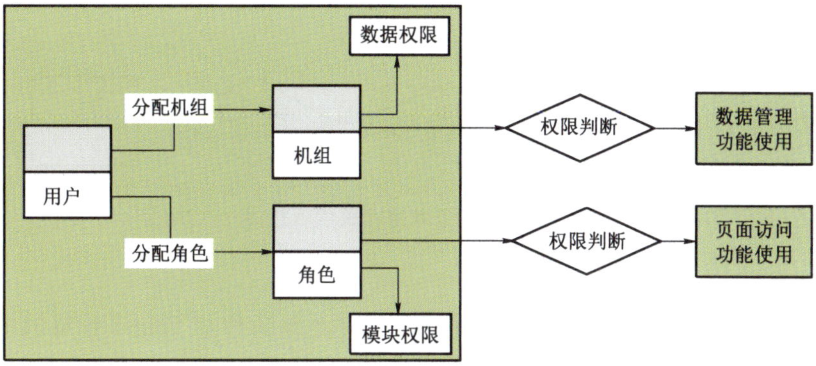

图 8-7　访问限制示意图

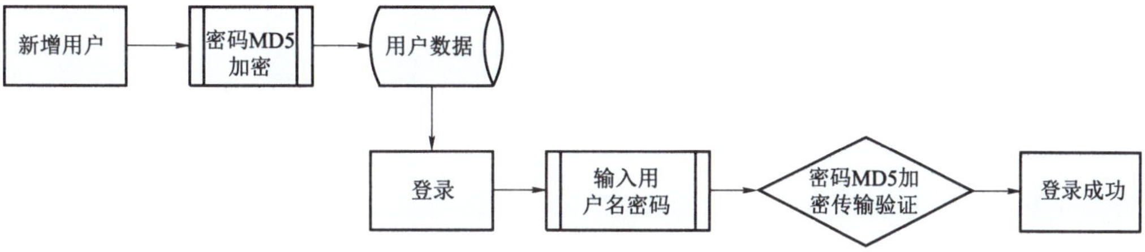

图 8-8　用户名密码加密示意图

5）异常处理

系统对于异常的处理采用 JFinal 的异常处理机制，对异常进行拦截记录处理，同时给予用户友好提示，避免系统异常信息直接抛给用户；同时也对系统通用性异常，像 404，401，500，503 等异常进行配置；如果用户会话过期处理，在长时间不操作时，如果用户会话已丢失，则跳转到登录页面，不把异常跑到页面上，如图 8-9 所示。

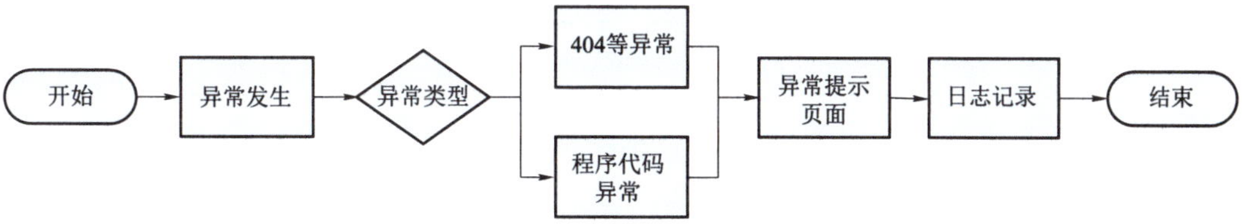

图 8-9　异常处理示意图

6）业务数据完整性

为防止通过对 Post 提交恶意拦截之后，对数据的篡改，采用前段验证加后端业务数据逻辑验证的方式。前段使用 Validform 验证框架，执行严格的数据过滤；后端采用业务数据的逻辑过滤，避免使用恶意拦截工具对提交数据的篡改。以前段和后端两个过滤网对业务数据进行过滤，达到完整和安全的效果，如图 8-10 所示。

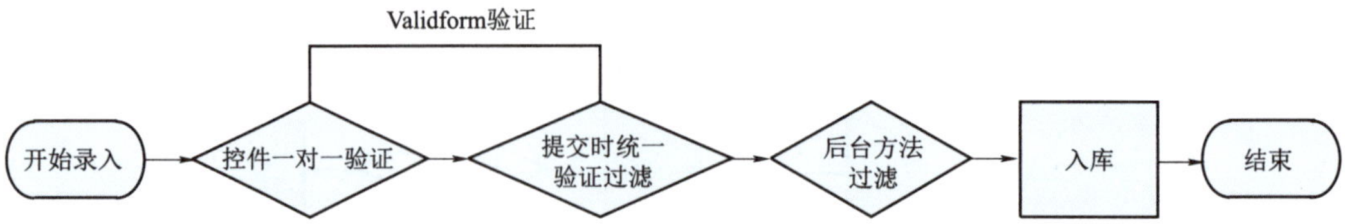

图 8-10 业务数据完整性示意图

7）文件上传

文件上传的实现思路是采用 Validform 的文件上传插件加 JFinal 封装的文件上传方法。以 Validform 里的 SWFupload flash 上传插件，结合 JFinal 里高性能的文件上传方法，达到前段验证效果良好，异步高性能上传文件的效果，如图 8-11 所示。

图 8-11 文件上传示意图

8）Excel 导入导出

Excel 的导入导出采用 Office 文档的 Java 处理包 POI。Apache POI 是一个开源的 Java 读写 Excel、WORD 等微软 OLE2 组件文档的项目。目前 POI 已经有了 Ruby 版本。采用 POI，能够大大提高对操作 Excel 的效率，对于导入导出的 io 读取，以及 Excel 的生成都提供的成熟的方案，性能有保障，具体流程如图 8-12 所示。

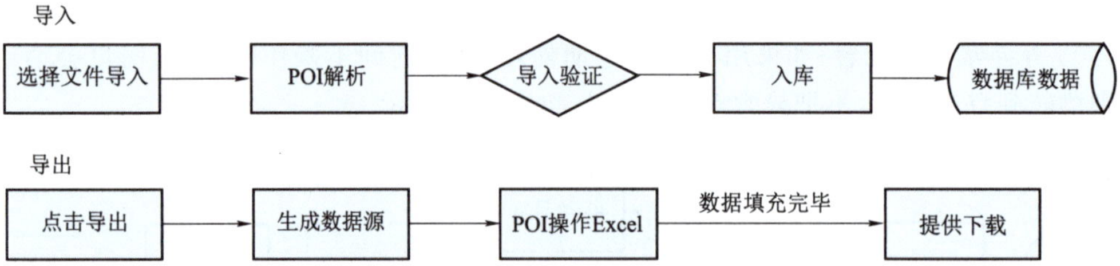

图 8-12 Excel 导入导出示意图

8.5 数据库设计

本节将对 SDP 系统的数据库设计进行详细的介绍，旨在提高 SDP 系统中模型数据的可读性，为运维人员和开发人员提供底层支持，使其能够对 SDP 系统进行深度和全面的理解，高效、准确地对 SDP 系统进行开发、维护和扩展。

系统主要分为安全事项、安全事项评定、计算模型、系统管理四个部分，数据库根据业务按照数据库设计三大范式进行设计，具体如下：

1）安全事项

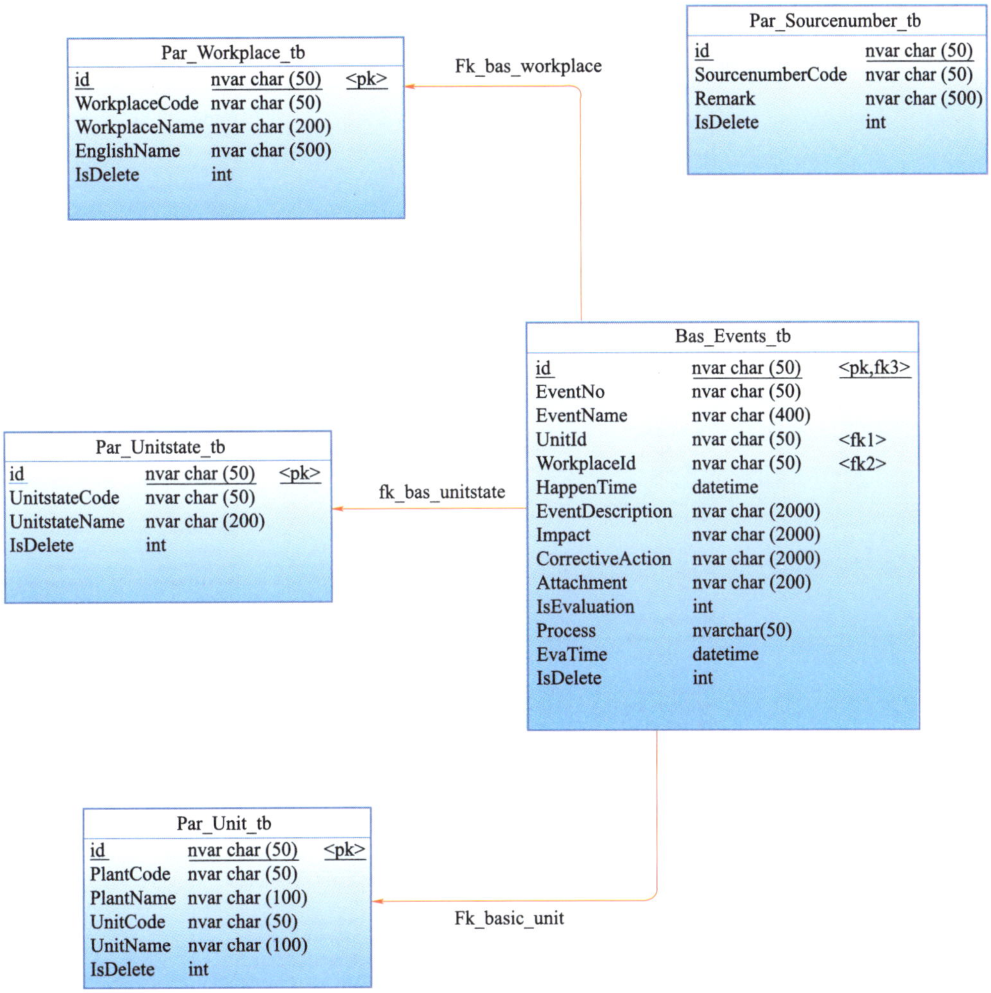

图 8-13　安全事项参数示意图

代　码	名　称
Bas_Events_tb	安全事项
Par_Sourcenumber_tb	事项来源号
Par_Unit_tb	电厂机组
Par_Unitstate_tb	机组状态
Par_Workplace_tb	厂房地点

2）安全事项评定

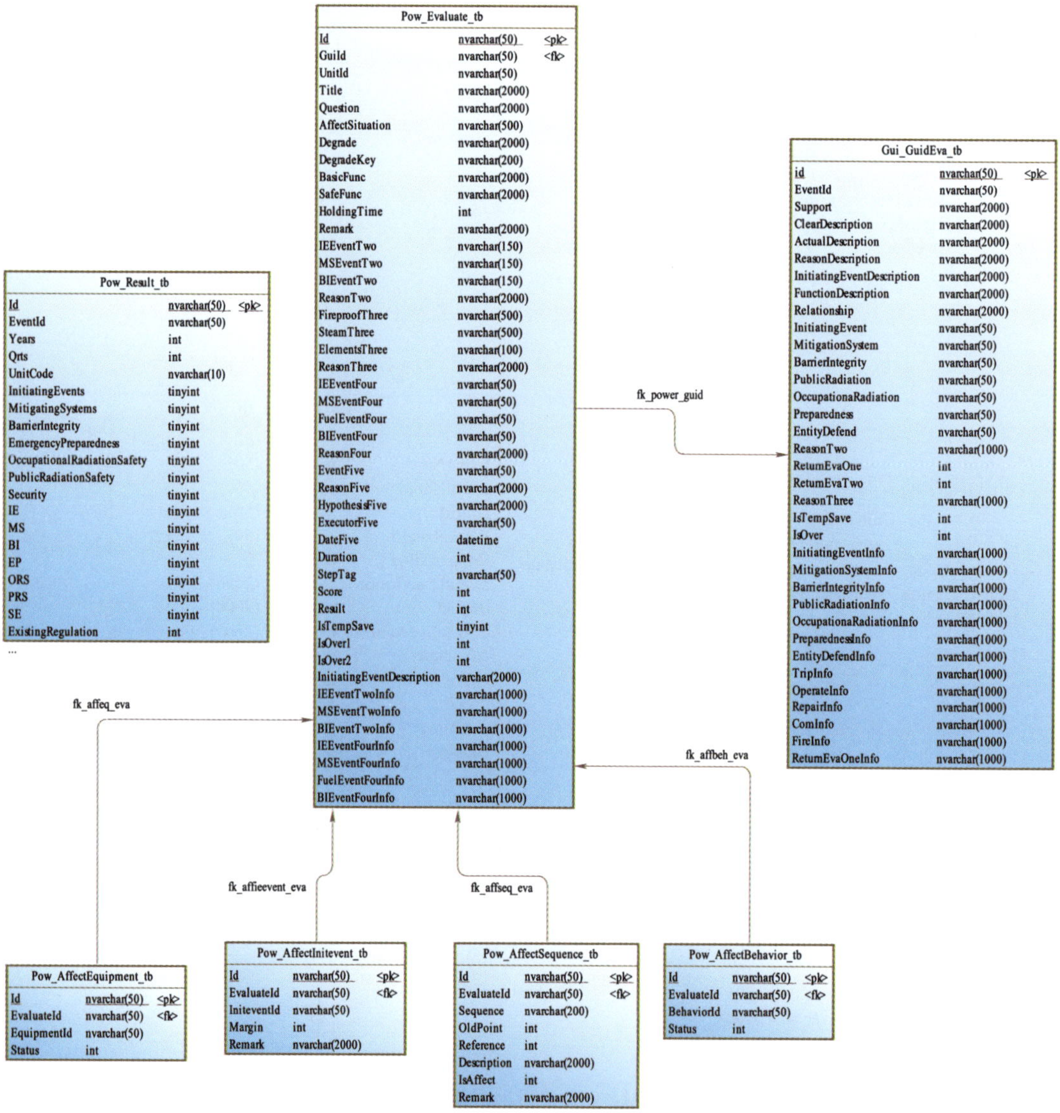

图 8-14　安全事项评定参数示意图

代　码	名　称
Gui_GuidEva_tb	SDP 引导表
Pow_Evaluate_tb	SDP 功率工况评定表
Pow_Result_tb	SDP 功率工况评定结果表
Pow_AffectEquipment_tb	SDP 功率工况受影响系统设备表
Pow_AffectInitevent_tb	SDP 功率工况受影响始发事件表
Pow_AffectBehavior_tb	SDP 功率工况受影响人员行为表
Pow_AffectSequence_tb	SDP 功率工况事件序列表

3）计算模型

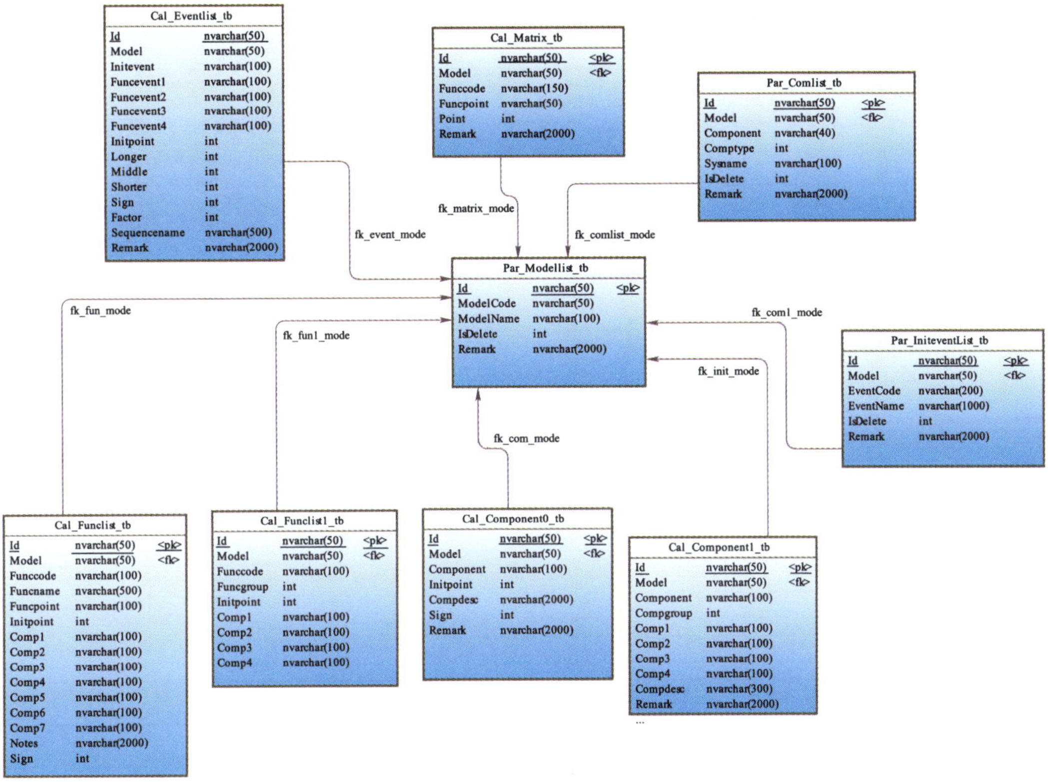

图 8-15　计算模型参数示意图

代　码	名　称
Par_Modellist_tb	模型表
Par_Comlist_tb	组件表
Par_IniteventList_tb	始发事件表
Cal_Eventlist_tb	计算模型之始发事件表
Cal_Matrix_tb	计算模型之矩阵表
Cal_Component0_tb	计算模型之组件表
Cal_Component1_tb	计算模型之特例组件表
Cal_Funclist_tb	计算模型之功能事件表
Cal_Funclist1_tb	计算模型之特例功能事件表

4）系统管理

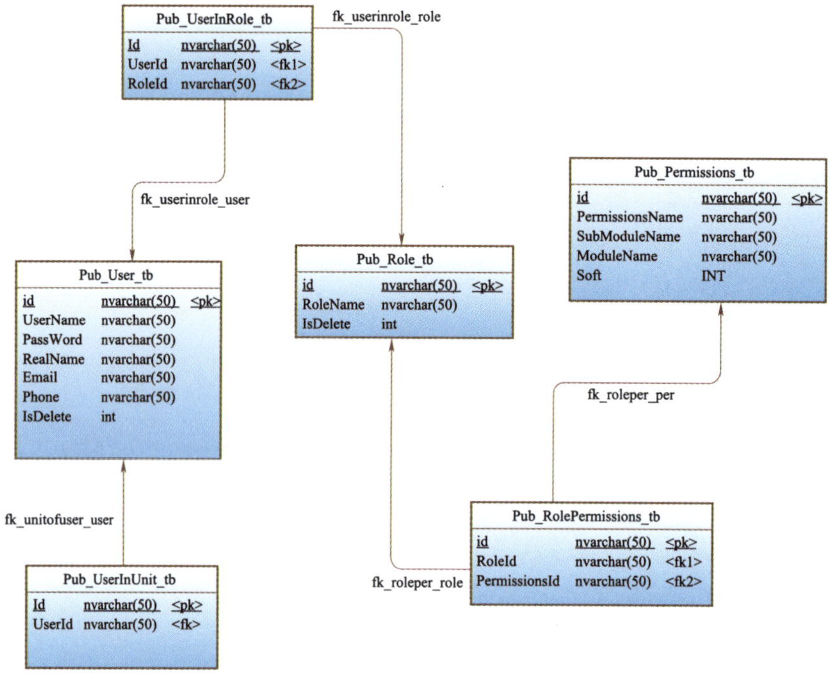

图 8-16 系统管理参数示意图

代 码	名 称
Pub_User_tb	用户信息表
Pub_UserInRole_tb	用户角色表
Pub_UserInUnit_tb	用户机组表
Pub_Role_tb	角色表
Pub_RolePermissions_tb	角色权限表
Pub_Permissions_tb	权限表

8.6 小 结

国家核安全局核电厂异常重要性判定系统可以帮助核安全监管人员快速有效地对核安全监管过程中发现的事项进行风险重要度判定，摆脱了过去过于依靠工程经验来判定其安全重要性的模式。而随着该系统的使用将进一步地推动风险指引型方法在核安全监管领域中的应用，下一章我们将详细介绍该系统的使用方法。

\\\ 第 9 章 \\\

国家核安全局核电厂异常重要性判定系统的使用

根据第 8 章 SDP 系统设计与开发的描述,国家核安全局已经开始使用该系统用于评估核电厂发生重要安全设备降级或不可用、重要安全相关系统和支持系统降级或不可用、始发事件、不利瞬态、其他影响安全的事件或潜在事件的风险重要度,其评定结果按现行国际准则进行分级,以方便指导核安全监管单位采取行动,提高核电厂的安全性。本章对"国家核安全局核电厂异常重要性判定系统"进行介绍,包括其实现的功能和具体操作步骤,以便读者了解软件的使用范围和使用方法。

9.1 软件功能简介

本节介绍系统的软件平台登录界面和主界面的功能分布和主要操作,后续安全事项评估是以大亚湾核电厂 M310 机组模型为例的。

9.1.1 用户登录

国家核安全局核电厂异常判定系统在国家核安全局经验反馈平台安全状态评估栏中设有链接。系统的用户权限在经验反馈平台设置,目前国家核安全局、地区核与辐射安全监督站、核与辐射安全中心的核安全监管和技术支持人员可以使用该系统进行安全事项的评估。使用者可以根据权限通过经验反馈平台直接登录系统,如图 9-1 所示。

使用者可以根据自身需求,对经验反馈平台"事件数据库中"的事件进行评估;也可以直接进入系统,对新的事件和异常进行评估,其判定方法和过程是一致的。只是系统可以直接将"事件数据库"事件的相关信息自动导入系统,而新的事件和异常进行评估,其信息只能由使用者人工填写。

9.1.2 系统主界面介绍

登录成功后,首先进入的主界面如图 9-2 所示。

图 9-2 中主界面的左侧以及顶部为导航菜单栏,包含安全事项评定和参数设置(管理员权限)两个模块。其中安全事项评定菜单中包含安全事项评定和风险预测两种评定方式,

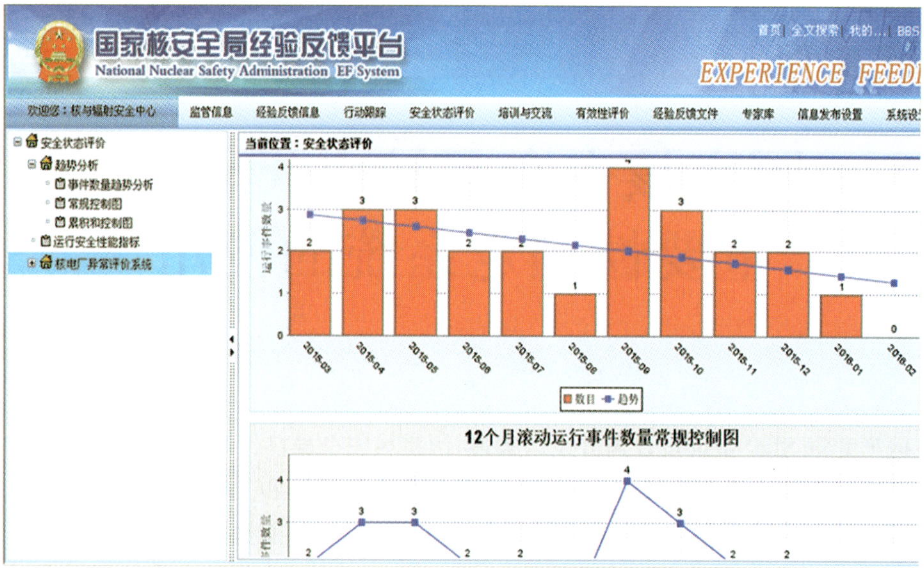

图 9-1 系统在经验反馈平台位置

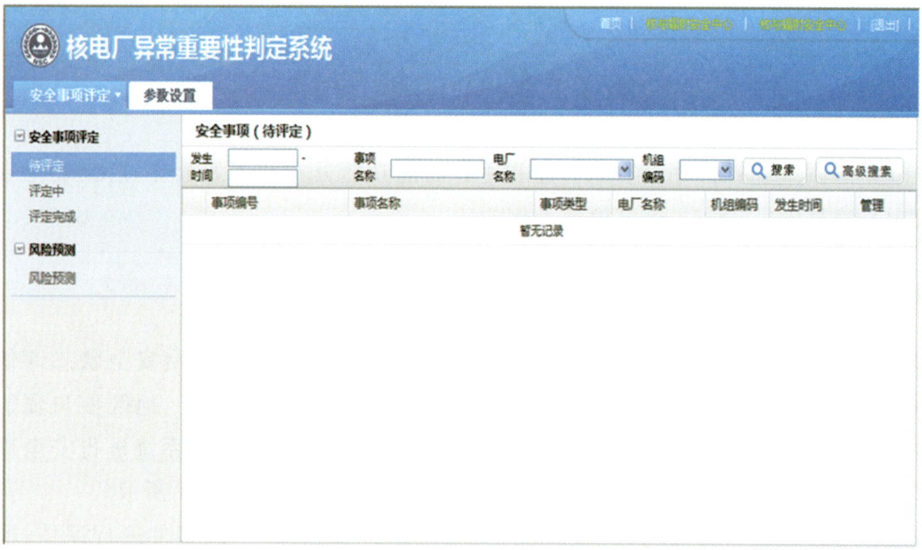

图 9-2 SDP 系统登录后首页

在风险预测中，用户可以添加新的事件信息而不需要从“事件数据库”中进行导入，评定计算方式与安全事项评定一致，但是结果是单独保存的。

参数设置包括电厂机组、模型信息、事件树等系统参数的设置以及评定数据导入功能，该模块只能在管理员账号中出现。主界面的右侧为对应模块的内容区，鼠标在菜单栏中单击选择某个模块后，右侧便显示对应内容。图 9-3 是电厂机组的内容。

图 9-3　电厂机组界面

9.2　安全事项评定

安全事项评定包括安全事项评定和风险评定，其中安全事项评定中又分为待评定、评定中和评定完成三个列表。如图 9-4 所示。

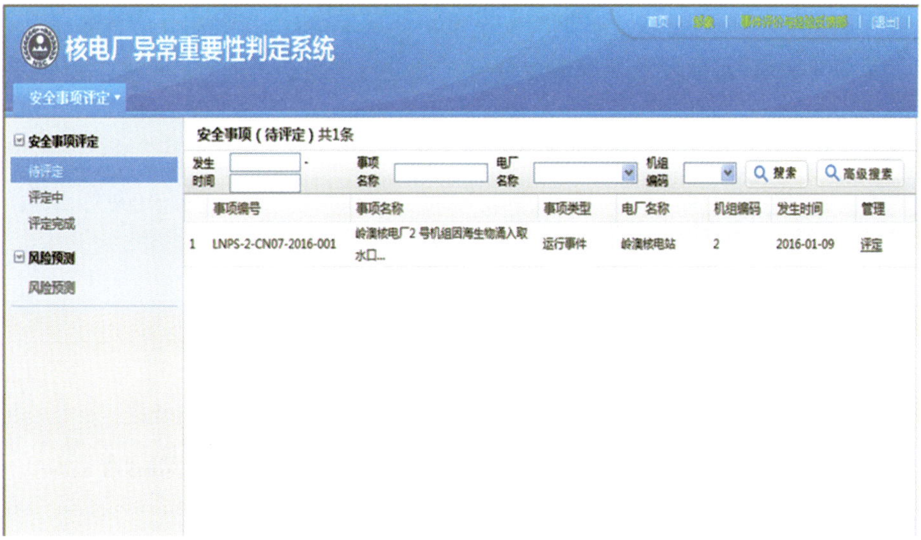

图 9-4　安全评定界面

9.2.1 安全事项评定

进行安全事项评定前需要筛选所要评定的运行事件或内部事件，如图 9-5 所示，选择“筛选”运行事件，在事件列表中选取需要评定的事件，然后点击“确认筛选”按钮，事件信息就会传输到 SDP 系统准备待评定，如图 9-4 右侧界面。

图 9-5 事件和异常筛选

此时，该运行事件可以进入相应的评定过程了，点击图 9-4 右侧“评定”，进入 SDP 系统评估过程。如图 9-6 所示，分析人员填写安全事项的基本信息，其中部分信息系统已根据事件信息自动填写完成，其他信息填写需要分析人员进行判断。

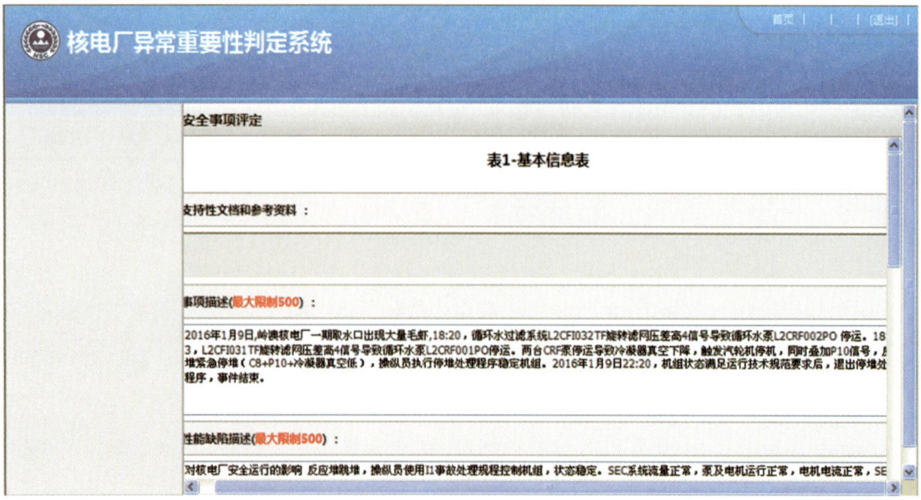

图 9-6 安全事项基本信息

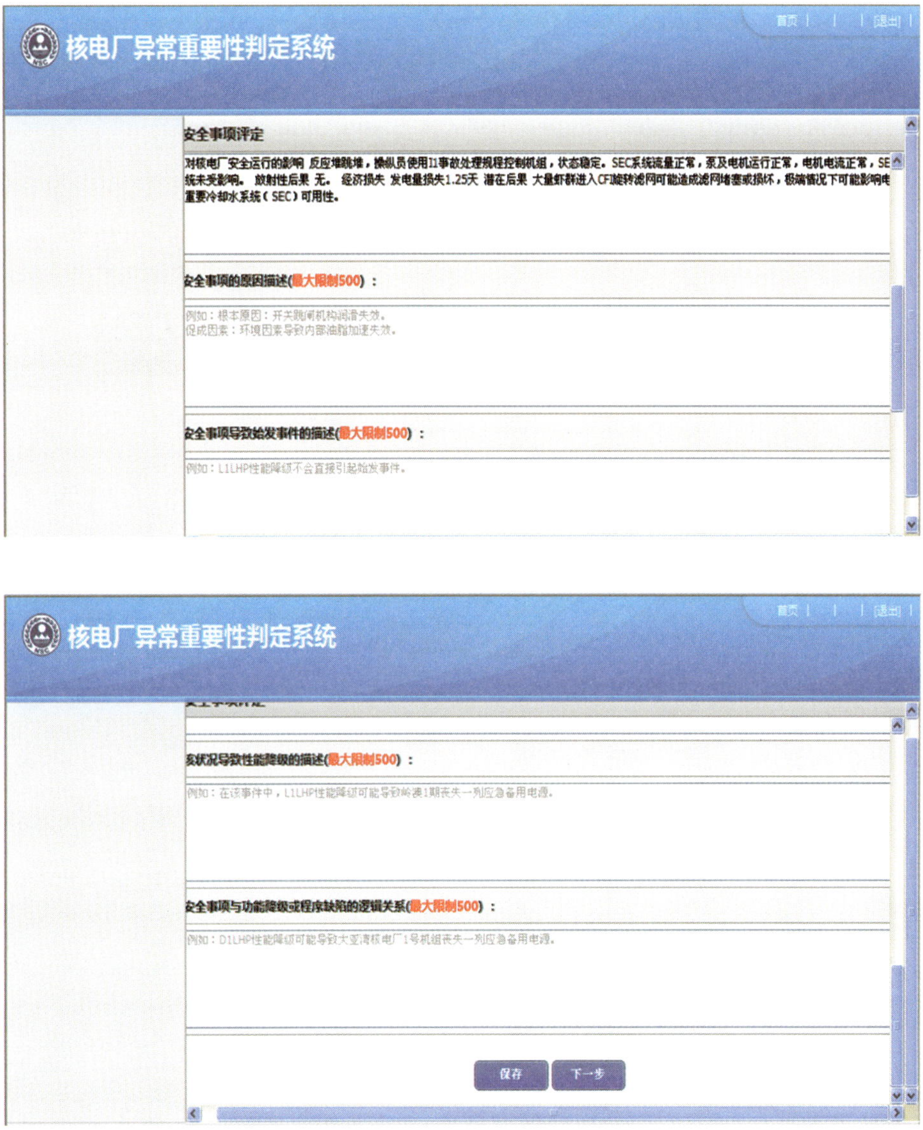

图 9-6 安全事项基本信息(续)

用户修改或补充安全事项的信息后，可以点击“保存”以保存信息，或者点击“下一步”进行 SDP 引导评定。此后安全事项信息将转入“评定中”列表中。

9.2.2 引导评定

引导评定就是 SDP 引导的过程，评定的流程分为三个步骤，步骤 1：发现项的相关信息描述；步骤 2：识别发现项影响的安全基石；步骤 3：指引发现项至合适的 SDP 程序进行下一步评估。评定成功之后，数据转到“评定完成”列表中。

如图 9-7 所示，进入 SDP 引导表 1，填写安全事项基本信息表。

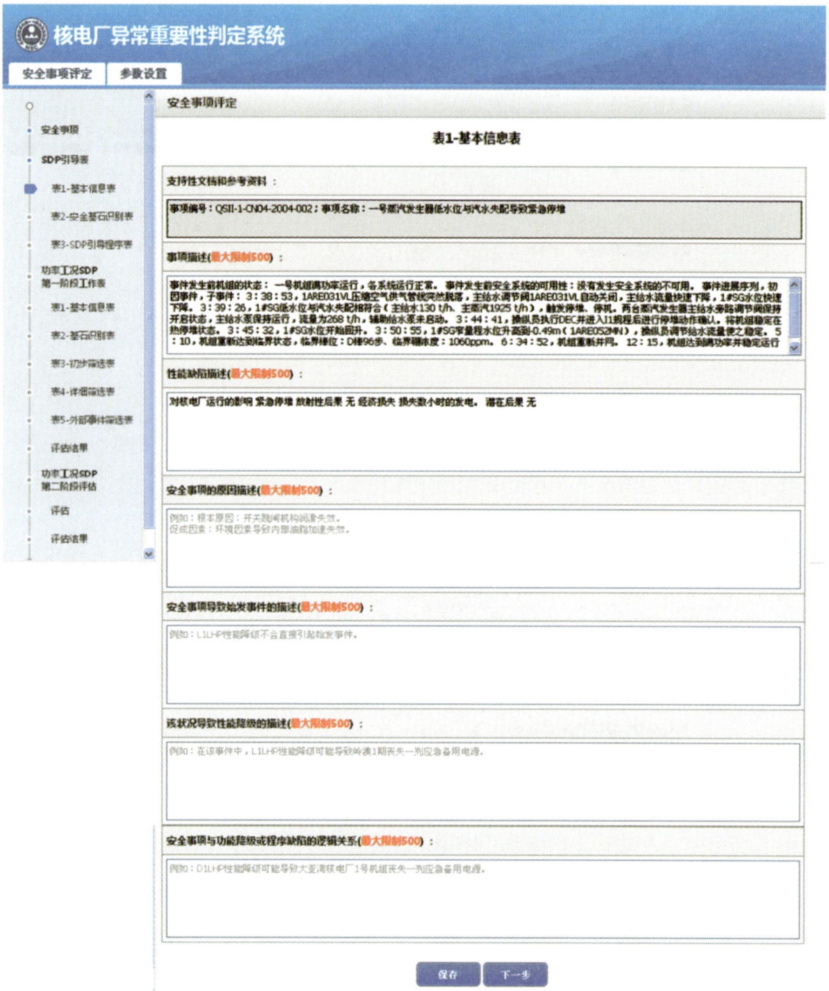

图 9-7　SDP 引导表 1-安全事项基本信息

在引导表 1 中点击“保存”，会提示保存成功，在表 1 中点击下一步，进入 SDP 引导表 2-功能降级或系统性缺陷所影响的安全基石，如图 9-8 所示。

在引导表 2 中，点击“上一步”，返回到引导表 1 中。在表 2 中点击无法确认，系统引导流程结束跳转到安全事项列表中，评定结果为定性准则评估 SDP 评估程序。在表 2 中点击“下一步”，进入到 SDP 引导表 3-SDP 引导程序，如图 9-9 所示。

在引导表 3 中，点击“上一步”回到引导表 2 中。

在表 3 根据情况进行数据选择后，点击完成，假如引导结果是转向功率工况 SDP 评估程序，则继续评定并且跳入功率工况 SDP 评定程序第 1 阶段，否则 SDP 评定流程结束(目前系统只开发了部分机组功率工况的判定模型)，跳转到“评定完成”列表中，事项信息同样转入“评定完成”如图 9-10 所示。

对于评定完成的事项信息可以点击“评定”进行更改。

图 9-8　SDP 引导表 2-功能降级或系统性缺陷所影响的安全基石

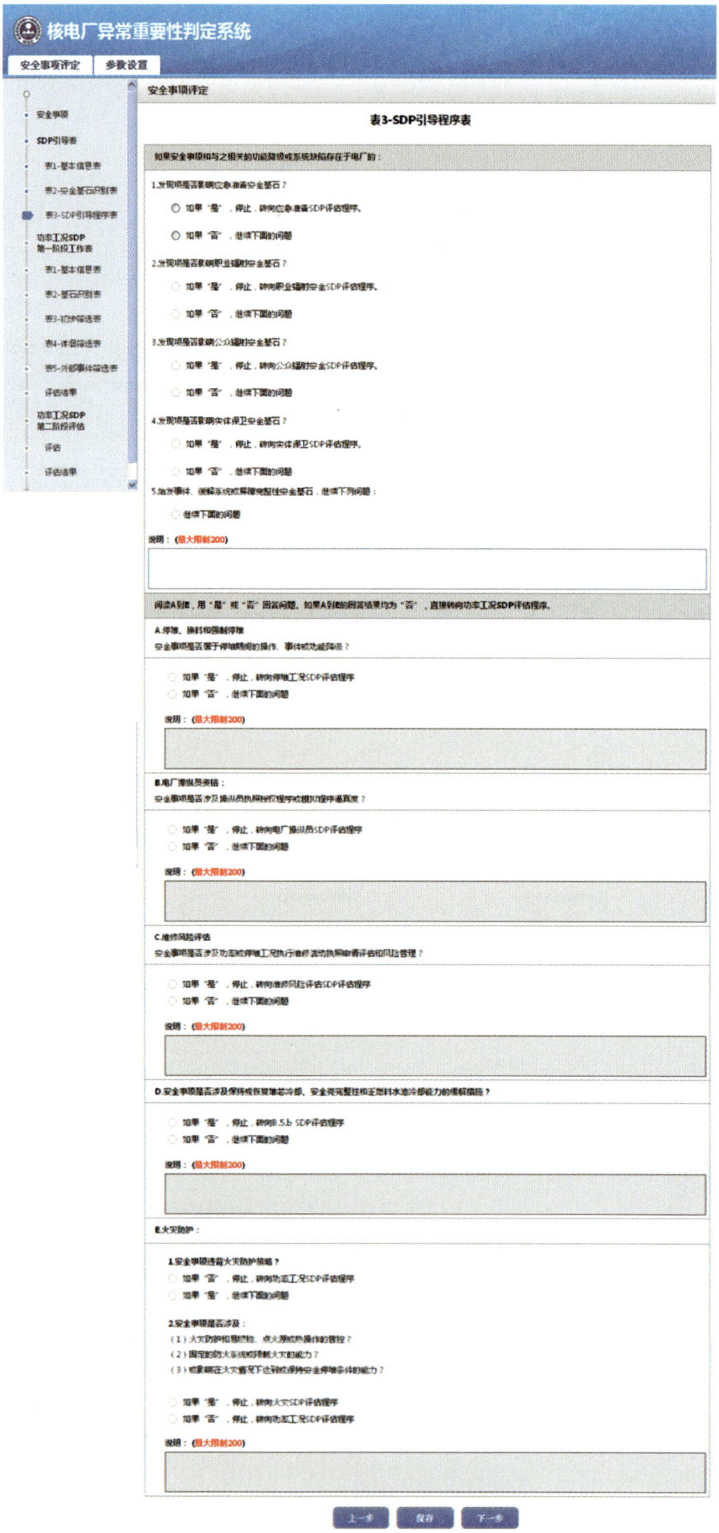

图 9-9　SDP 引导表 3-SDP 引导程序

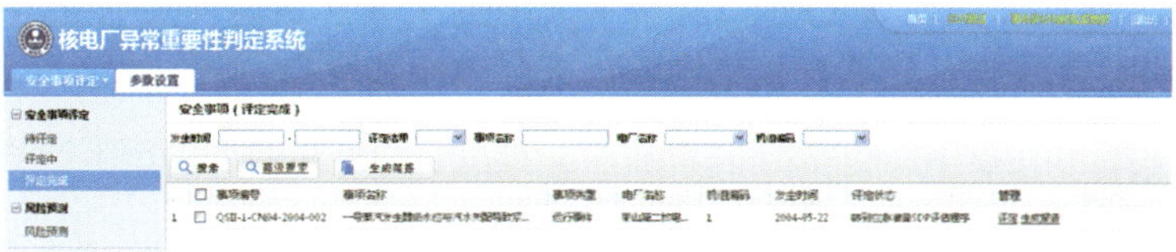

图 9-10　评定流程结束

9.2.3　功率工况 SDP 评估过程

9.2.3.1　功率工况 SDP 第 1 阶段

假如 SDP 引导评定的结果是转向功率工况 SDP 评估程序，则跳入功率工况 SDP 评定程序第 1 阶段的工作表 1，如图 9-11 所示。

图 9-11　功率工况 SDP 第 1 阶段工作表 1

评价人员可在本列表中对安全事项信息进行补充，尤其是可以填入降级的系统/列以及暴露时间，并可以点击“缺陷暴露准则”获得暴露时间选择的帮助。系统会根据评定人的输入自动提取降级的系统/列以及暴露时间进行后续阶段的计算。

当评定人觉得安全事项较严重时，可以直接点击右上角“跳到功率工况 SDP 第二阶段评估”按钮进入功率工况 SDP 第二阶段评估，功率工况 SDP 第二阶段评估下文会详细介绍。

在功率工况第 1 阶段工作表 1 中，点击“上一步”，回到 SDP 引导表 3。点击保存按钮并退出，数据在“评定中”列表中出现，在“评定中”列表中点击本次安全事项的评定，会直接进入现有的评定阶段。

在工作表1种点击“下一步”，将进入功率工况SDP第1阶段工作表2，评价人员将根据事项信息，对缺陷导致的安全基石和功能降级进行选择和筛选，如图9-12所示。

图9-12 功率工况SDP第1阶段工作表2

在工作表2勾选了信息后，点击保存按钮并退出，数据在“评定中”列表中出现，在“评定中”列表中点击本次安全事项的评定，会直接进入现有的评定阶段。

在工作表2中点击“下一步”，将进入功率工况SDP第1阶段工作表3。系统会根据评价人员在工作表2中选定的信息，将工作表3对应的信息进行选中，评价人员也可以自行进行修改，如图9-13所示。

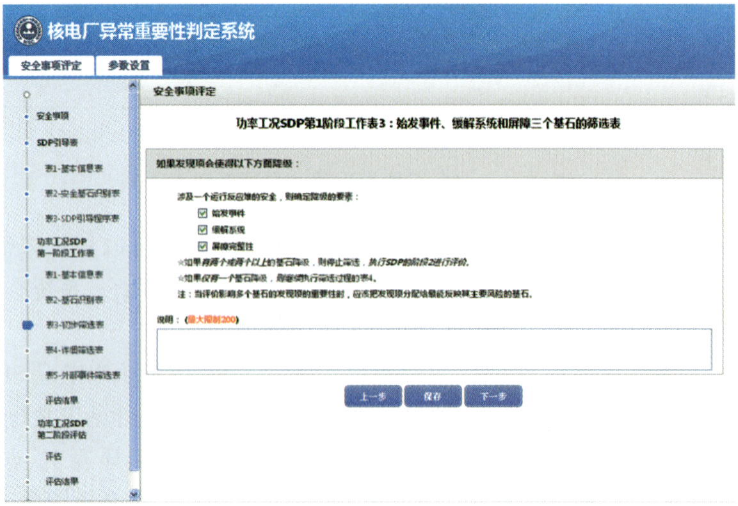

图9-13 功率工况SDP第1阶段工作表3

在工作表 3 勾选了信息后，点击保存按钮并退出，数据在“评定中”列表中出现，在“评定中”列表中点击本次安全事项的评定，会直接进入现有的评定阶段。

在工作表 3 点击“下一步”，系统将根据工作表中不同的选择进入不同的页面，这里分为三种情况：

1）当表 3 的“涉及一个运行反应堆的安全，则确定降级的要素”的选项一个也没被勾选的时候，点击“下一步”，进入安全事项评定汇总页面，如图 9-14 所示。

图 9-14　安全事项评定汇总页面

在安全事项评定汇总页面中点击“上一步”，回到功率工况 SDP 第一阶段评定表 3 中，点击确定则进入功率工况 SDP 阶段 1 筛选过程的结果保存页面，如图 9-15。在结果页面中点击保存结果，结束本次评定。评价人员若要对之前的信息进行修改，可在左侧的向导栏中点击的流程步骤以进入并修改。

2）当表 3 的“涉及一个运行反应堆的安全，则确定降级的要素”的选项有且只有一个被勾选的时候，点击“下一步”，进入到功率工况 SDP 第 1 阶段工作表 4，如图 9-16 所示。

图 9-15 功率工况 SDP 阶段 1 筛选过程的结果

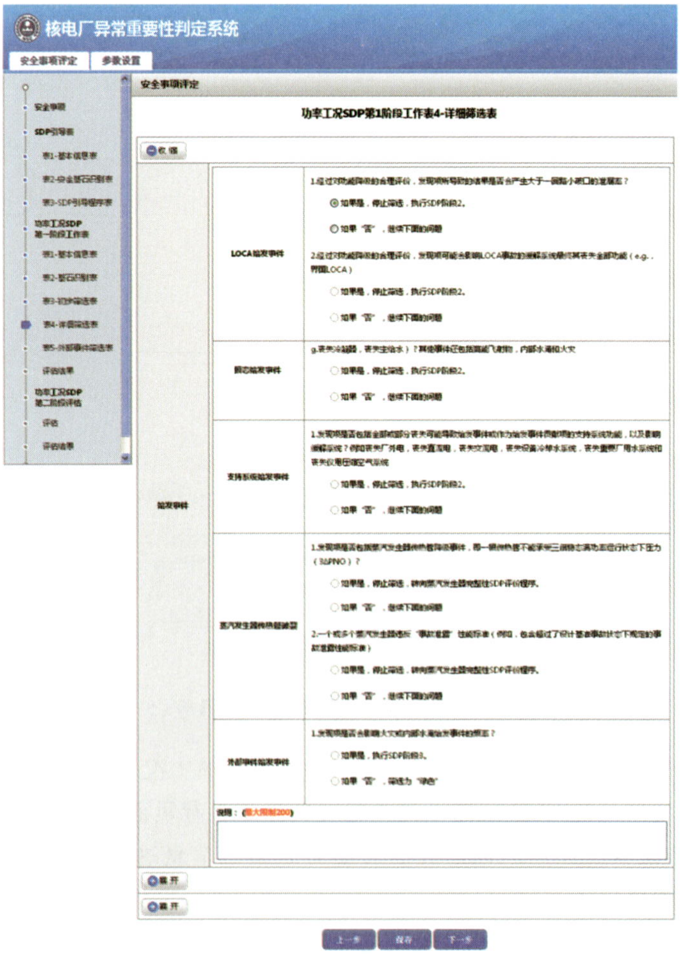

图 9-16 功率工况 SDP 第 1 阶段工作表 4

表 4 中的选项按模块划分，只有一个模块可以选择，这里有约束条件：例如，当表 3“涉及一个运行反应堆的安全，则确定降级的要素”的选项是始发事件时，在表 4 中就只关心始发事件的选择，其他事件则不做考虑，同理，如果选项是缓解系统，到表 4 就只关心缓解系统的选择。

另外，表 4 复选框只能进行单选，当勾选第一个选项，则第一个之后的选项全部不可选，当勾选第二个选项，则第二个之后的选项为不可选状态，而第二之前的选项（也就是第一个选项）还可以进行选择，其他情况类似。

在表 4 中，点击“上一步”回到功率工况第一阶段评定表 3 中。点击“下一步”，会根据不同的选择进入到不同的页面，有可能会跳到安全事项评定汇总页面中结束本次评定或者进入到功率工况第二阶段评定，也可能进入到功率工况第一阶段工作表 5。其中，在表 4 的缓解系统基石模块选择第二项，点击“下一步”则会进入功率工况第一阶段工作表 5，如图 9-17 所示。

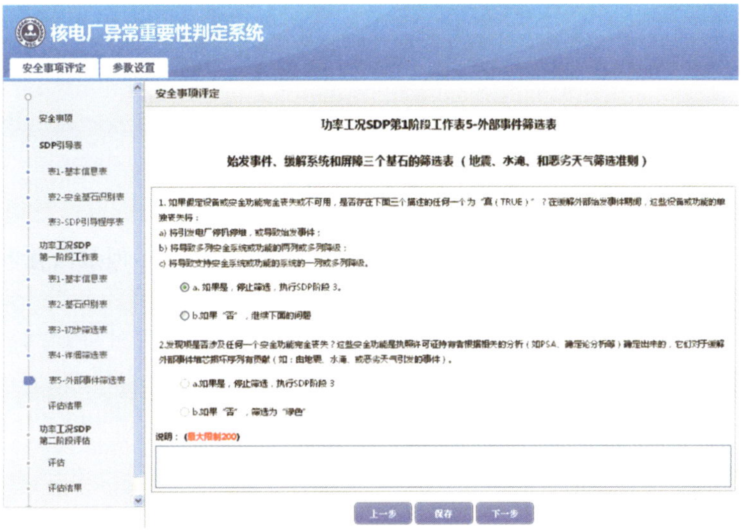

图 9-17　功率工况 SDP 第 1 阶段工作表 5

在工作表 5 中，点击“上一步”回到工作表 4。评价人员通过对事项信息的分析进行问题判断，选定信息并点击“下一步”，系统将根据不同的选择将流程导向不同的页面：

• 若问题 1、2 答案都是否，则该事项的重要性为绿色，点击“下一步”将进入安全事项评定汇总表。

• 若问题 1、2 有一个是真，则流程导向 SDP 阶段 3，评价人员需要用更细致的风险分析工具对安全事项进行安全评估。

3）当表 3 的“涉及一个运行反应堆的安全，则确定降级的要素”的选项有且有 2 个以上被勾选时，点击“下一步”，进入安全事项评定汇总页面，在汇总页面点“确定”，进入到功率工况 SDP 第 2 阶段评估，如图 9-18 所示。

9.2.3.2　功率工况 SDP 第 2 阶段

在功率工况 SDP 第 2 阶段评估中，机组数据读取自安全事项，点击选择受影响的系统（列）进入系统设备选择弹出层，系统会根据第一阶段评定表 1 填写的“该状况导致性能降级的系统/列”关键词数据自动索引系统设备，将其放在前面显示并且设置颜色为黄色，如图 9-19

图 9-18 功率工况 SDP 第 2 阶段

所示。人因事件选择弹出层与系统设备弹出层类似，如图 9-20 所示，但是没有索引功能。

图 9-19 受影响的系统(列)选择页面

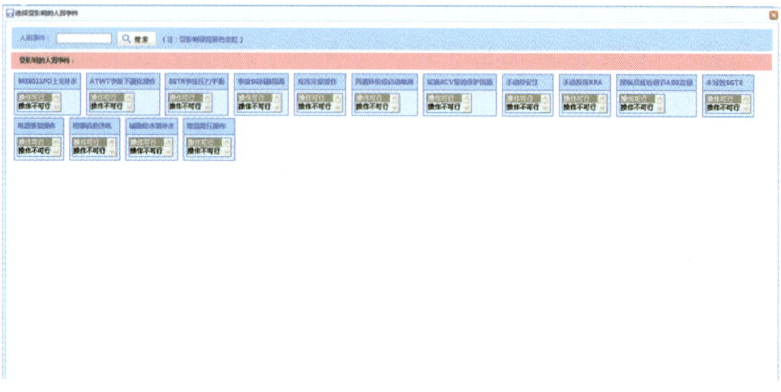

图 9-20 受影响的人因事件选择页面

若之前的流程没有给出受影响的系统或者人因事件，或者系统未能检索正确，评价人员可进行修改。

评价人员还需要根据事项信息确定安全事项存在期间始发事件频率变化，包括选择受影响的始发事件与频率增加幅度。

暴露时间由系统根据之前的信息自动填写，同样可以修改。

添加受影响的系统设备、添加受影响的人因事件、添加受影响的始发事件及其频率变化、选择暴露时间后，点击提交计算按钮，系统会根据输入的信息进行计算，计算成功后，跳入评估结果页面，如图 9-21 所示。

图 9-21　功率工况 SDP 第二阶段评估结果

在评估结果页面中，可以修改事件序列的描述，修改完成后，点击保存按钮，保存数据进入到评定完成列表中。点击“上一步”则返回功率工况 SDP 第 2 阶段评估。

9.2.4 评定索引以及复评

在对安全事项评定的过程中，评价人员可以利用页面左边的评定索引很方便的查看到之前填写的数据，把鼠标放到评定索引中，会浮出该阶段的主要数据，点击索引则会进入到对应评定阶段中，如图 9-22，在索引中，每个阶段不同的状态都会用不同的颜色表示，灰色代表该阶段还未评，蓝色箭头代表该阶段正在进行中，蓝色圆点则代表该阶段已完成。

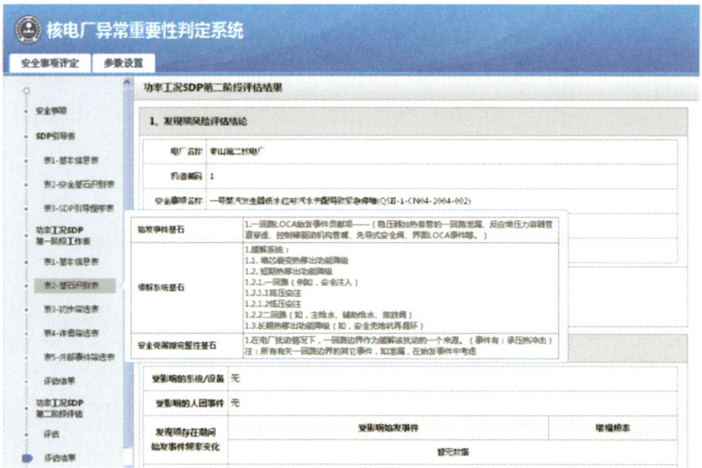

图 9-22 评定复评

对于已经评定完成的安全事项，可以对其复评，当复评只是修改数据而不会涉及流程时，会按正常的评定流程走，而对于会更改流程的复评，系统会给出警告提示，如图 9-23 所示，在提示中点“确定”，会更改评定流程并清空该阶段之后的数据。

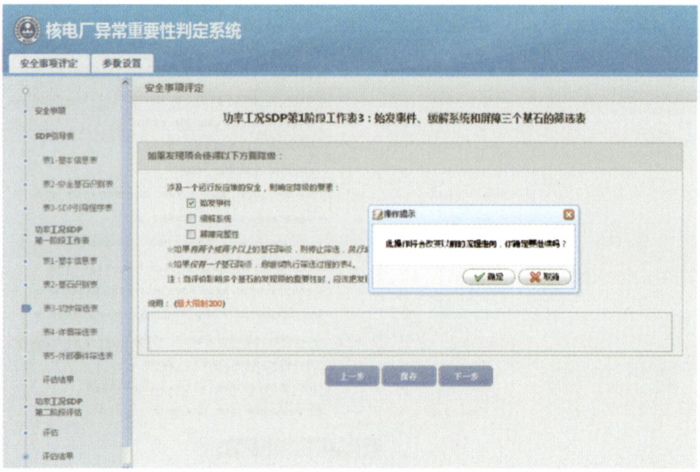

图 9-23 评定更改确认

9.2.5　搜索和删除

在“待评定”“评定中”“已评定”列表中，可以通过在文本框中输入要查找的条件，点击“搜索”后如果符合查找条件，记录会显示在列表中，如果不符合查找条件列表中不会显示。列表中点击“高级搜索”，在右侧的搜索层中，选择或输入要查找的条件如图 9-24，点击“搜索”后如果符合查找条件，记录会显示在列表中，如果不符合查找条件列表中不会显示。

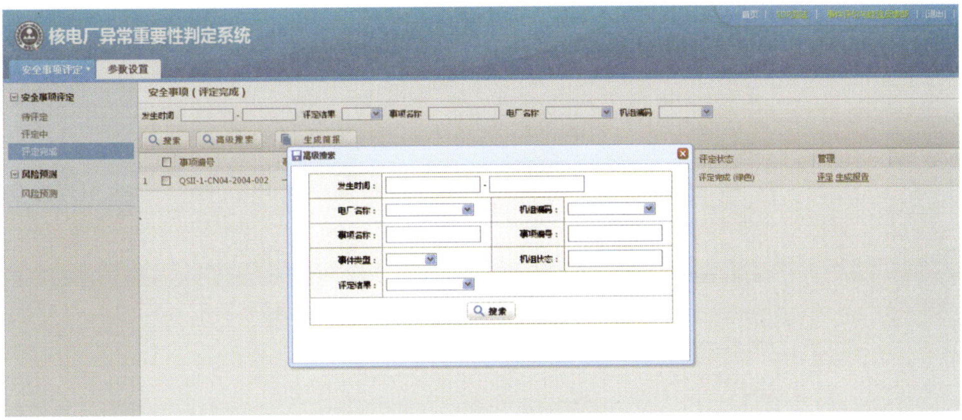

图 9-24　评定项目删除

列表中选择数据后，点击“删除”，提示信息中点击确定删除成功，数据从列表中消失，点击“取消”则取消删除。

9.2.6　生成报告

对于已经评定完成的安全事项，在“评定完成”列表中点击其对应的“生成报告”按钮，会出现该安全事项的报告，报告分为两种：安全事项评定分析报告以及安全事项评定详细报告。

安全事项评定分析报告包含评定流程的基本数据并可以打印，安全事项评定详细报告包含安全事项评定流程的全部表单数据以及第 2 阶段评估的详细流程数据并可以打印。安全事项评定分析报告如图 9-25 所示。

安全事项评定详细报告部份截图如图 9-26 所示。

查阅报告时：可以通过右侧的索引栏直接定位所需要的信息。并且可以点击“修改评定”进入功率工况 SDP 第 2 阶段的评估结果页面，进行修改。还可以通过点击“生成 Word”输出文字版的报告。

对于多个安全事项，可以选中后，点击列表上方的生成简报按钮，批量生成报告，报告中每一个安全事项是主体，里面包含其主要评定信息，该报告可打印，如图 9-27 所示。

核电厂异常重要性判定系统

安全事项评定 ▾ 参数设置

⊟ 安全事项评定
待评定
评定中
评定完成
⊟ 风险预测
风险预测

安全事项评定分析报告 | 安全事项评定详细报告 | 查看事件树

一号蒸汽发生器低水位与汽水失配导致紧急停堆评定分析报告

评定人：SDP测试

安全事项基本信息			
事项编号	QSII-1-CN04-2004-002	事件类型	运行事件
电厂名称	秦山第二核电厂	机组编码	1
发生时间	2004-05-22 00:00:00	机组状态	满功率

Ⅰ、事项描述：
(注：事项发生的时间、地点、相关部门人员、发生过程、人因失误、失效设备、直接原因、后果等)

事件发生前机组的状态： 一号机组满功率运行，各系统运行正常。 事件发生前安全系统的可用性：没有发生安全系统的不可用。 事件进展序列，初因事件，子事件： 3 : 38 : 53，1ARE031VL压缩空气供气管线突然脱落，主给水调节阀1ARE031VL自动关闭，主给水流量快速下降，1#SG水位快速下降。 3 : 39 : 26，1#SG低水位与汽水失配相符合（主给水130 t/h、主蒸汽1925 t/h），触发停堆、停机。两台蒸汽发生器主给水旁路调节阀保持开启状态，主给水泵保持运行，流量为268 t/h，辅助给水泵未启动。 3 : 44 : 41，操纵员执行DEC并进入I1规程后进行停堆动作确认。将机组稳定在热停堆状态。 3 : 45 : 32，1#SG水位开始回升。 3 : 50 : 55，1#SG窄量程水位升高到-0.49m（1ARE052MN），操纵员调节给水流量使之稳定。 5 : 10，机组重新达到临界状态，临界棒位：D棒96步、临界硼浓度：1060ppm。 6 : 34 : 52，机组重新并网。 12 : 15，机组达到满功率并稳定运行。

Ⅱ、核安全重要性或对机组运行的影响（直接或潜在性）

对核电厂运行的影响 紧急停堆 放射性后果 无 经济损失 损失数小时的发电。 潜在后果 无

Ⅲ、纠正行动及建议：

一、立即纠正行动 将供气铜管截掉20mm左右重新安装卡套，检查合格后恢复工作。 二、后续纠正行动和措施： 见附件二。

表1-基本信息表	
支持性文档和参考资料	事项编号：QSII-1-CN04-2004-002；事项名称：一号蒸汽发生器低水位与汽水失配导致紧急停堆
事项描述	事件发生前机组的状态： 一号机组满功率运行，各系统运行正常。 事件发生前安全系统的可用性：没有发生安全系统的不可用。 事件进展序列，初因事件，子事件： 3 : 38 : 53，1ARE031VL压缩空气供气管线突然脱落，主给水调节阀1ARE031VL自动关闭，主给水流量快速下降，1#SG水位快速下降。 3 : 39 : 26，1#SG低水位与汽水失配相符合（主给水130 t/h、主蒸汽1925 t/h），触发停堆、停机。两台蒸汽发生器主给水旁路调节阀保持开启状态，主给水泵保持运行，流量为268 t/h，辅助给水泵未启动。 3 : 44 : 41，操纵员执行DEC并进入I1规程后进行停堆动作确认。将机组稳定在热停堆状态。 3 : 45 : 32，1#SG水位开始回升。 3 : 50 : 55，1#SG窄量程水位升高到-0.49m（1ARE052MN），操纵员调节给水流量使之稳定。 5 : 10，机组重新达到临界状态，临界棒位：D棒96步、临界硼浓度：1060ppm。 6 : 34 : 52，机组重新并网。 12 : 15，机组达到满功率并稳定运行。
性能缺陷	对核电厂运行的影响 紧急停堆 放射性后果 无 经济损失 损失数小时的发电。 潜在后果 无
安全事项的原因描述	
安全事项导致始发事件的描述	

表2-安全基石识别表	
始发事件	1.一回路LOCA始发事件贡献项——（稳压器加热套管的一回路泄漏、反应堆压力容器管道穿透、控制棒驱动机构管嘴、先导式安全阀、界面LOCA事件等。）
缓解系统	
屏障完整性	1.在电厂扰动情况下，一回路边界作为缓解该扰动的一个来源。（事件有：承压热冲击） 注：所有有关一回路边界的其它事件，如泄漏，在始发事件中考虑
应急准备	
职业辐射	
公众辐射	
实体保卫	

表3-SDP引导程序表

图 9-25　安全事项评定分析报告

表3-SDP引导程序表	
安全事项和与之相关的功能降级或系统缺陷存在于电厂的：	始发事件、缓解系统或屏障完整性安全基石
引导结果	转向功率工况SDP评估程序

功率工况SDP第1阶段工作表1：始发事件基石的筛选表	
参考标题	QSII-1-CN04-2004-002：一号蒸汽发生器低水位与汽水失配导致紧急停堆
性能缺陷	对核电厂运行的影响 紧急停堆 放射性后果 无 经济损失 损失数小时的发电。 潜在后果 无
事项描述	事件发生前机组的状态：一号机组满功率运行，各系统运行正常。 事件发生前安全系统的可用性：没有发生安全系统的不可用。 事件进展序列，初因事件，子事件：3：38：53，1ARE031VL压缩空气供气管线突然脱落，主给水调节阀1ARE031VL自动关闭，主给水流量快速下降，1#SG水位快速下降。 3：39：26，1#SG低水位与汽水失配相符合（主给水130 t/h、主蒸汽1925 t/h），触发停堆、停机。两台蒸汽发生器主给水旁路调节阀保持开启状态，主给水泵保持运行，流量为268 t/h，辅助给水泵未启动。 3：44：41，操纵员执行DEC并进入I1规程后进行停堆动作确认。将机组稳定在热停堆状态。 3：45：32，1#SG水位开始回升。 3：50：55，1#SG容量程水位升高到-0.49m（1ARE052MN），操纵员调节给水流量使之稳定。 5：10，机组重新达到临界状态，临界棒位：D棒96步、临界硼浓度：1060ppm。 6：34：52，机组重新并网。 12：15，机组达到满功率并稳定运行。
该状况导致性能降级的系统/列	
该状况导致性能降级的描述	
安全事项导致的始发事件描述	
暴露时间（天）	
说明	

功率工况SDP第1阶段工作表2：缺陷导致的安全基石和功能降级筛选表	
始发事件	1.一回路LOCA始发事件贡献项——（稳压器加热套管的一回路泄漏、反应堆压力容器管道穿透、控制棒驱动机构管嘴、先导式安全阀、界面LOCA事件等。）
缓解系统	
屏障完整性	1.在电厂扰动情况下，一回路边界作为缓解该扰动的一个来源。（事件有：承压热冲击）注：所有有关一回路边界的其它事件，如泄漏，在始发事件中考虑

功率工况SDP第1阶段工作表3：始发事件、缓解系统和屏障三个基石的筛选表
发现项会使得以下方面降级：
☆如果***有两个或两个以上***的基石降级，则停止筛选，***执行SDP的阶段2进行评价。*** ☆如果***仅有一个***基石降级，***则继续***执行筛选过程的表4。 ***注：当评价影响多个基石的发现项的重要性时，应该把发现项分配给最能反映其主要风险的基石。***
说明:

SDP第二阶段评估		
电厂名称	秦山第二核电厂	
机组编码	1	
受影响的系统/设备		
受影响的人因事件		
发现项存在期间始发事件频率变化	受影响始发事件	增幅频率
	暂无数据	
说明		
暴露时间	暴露时间小于3天	

评估结果	
风险量级	无
G 绿色	

图 9-25　安全事项评定分析报告(续)

图 9-26　全事项评定详细报告

图 9-27　安全评定简报

9.3 风险预测

在风险预测模块中，其信息完全来源于评价人员的填写，与经验反馈平台的事件库相独立，风险预测列表如图 9-28 所示。

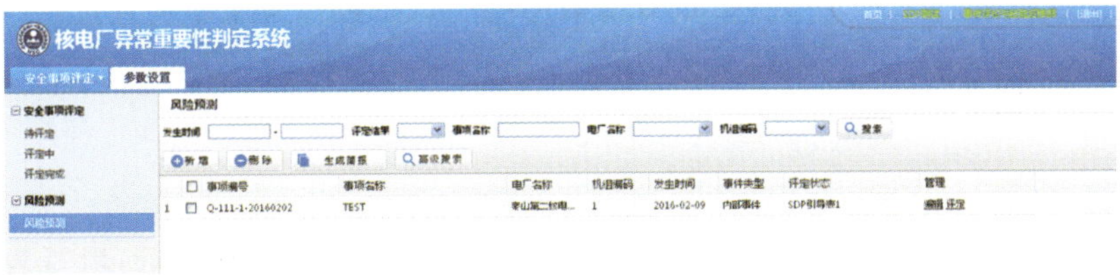

图 9-28 风险预测列表

风险预测的工作流程，除了不能向经验反馈平台的事件库提取信息并自动填写之外，具体功能与上文描述的风险评估一致，这里不再一一叙述。

• 新增

点击新增按钮，可添加新的风险预测信息，如图 9-29 所示。

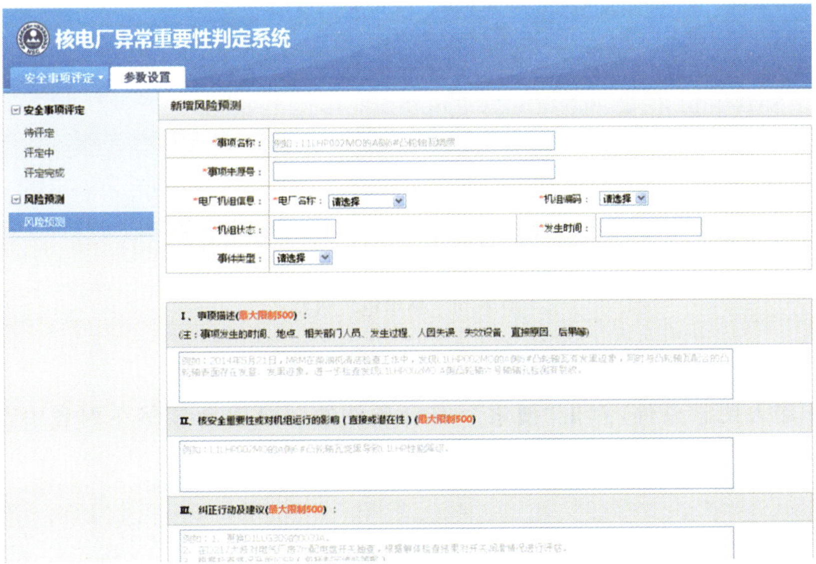

图 9-29 新增风险预测信息

• 编辑

风险预测列表中，点击编辑，可对风险预测信息的基本信息进行修改，点击确定后提示修改成功出现在列表中。

• 评定

列表中点击评定按钮，即可进入 SDP 评定流程。该流程与上文描述的风险评估一致，这里不再一一叙述。

9.4　系统参数设置

参数设置模块用于为SDP系统后台设置相应参数(仅限管理员用户),包括参数设置包括电厂机组、模型信息、事件树等系统参数的设置以及评定数据导入功能,在系统参数设置完成后,有相应权限的用户方可对已设置参数的电厂机组进行安全事项评定。

9.4.1　电厂机组

- 新增

点击参数设置,电厂机组中进入到列表点击“新增”,如图9-30所示,填写数据后,点击提交,提示新增成功,点击确定后数据显示在列表中。点击提交并继续,弹出层不会关闭,可以继续添加数据。

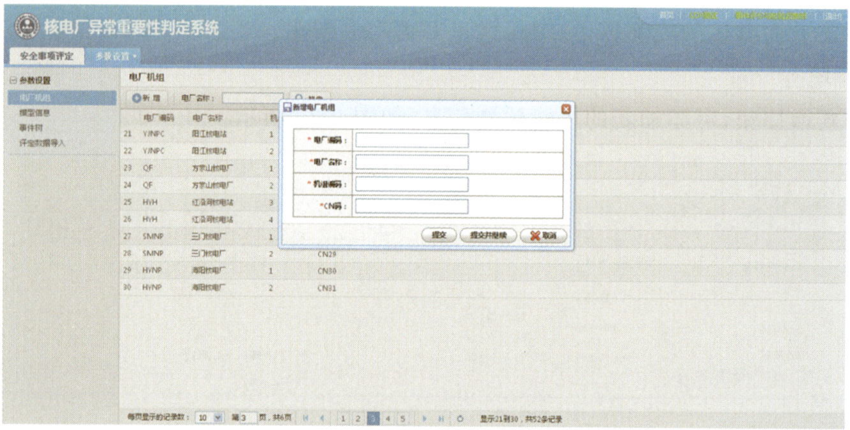

图9-30　新增电厂机组

- 搜索

列表中输入搜索条件,点击“搜索”,符合条件的记录就会显示在列表中。如图9-31所示。

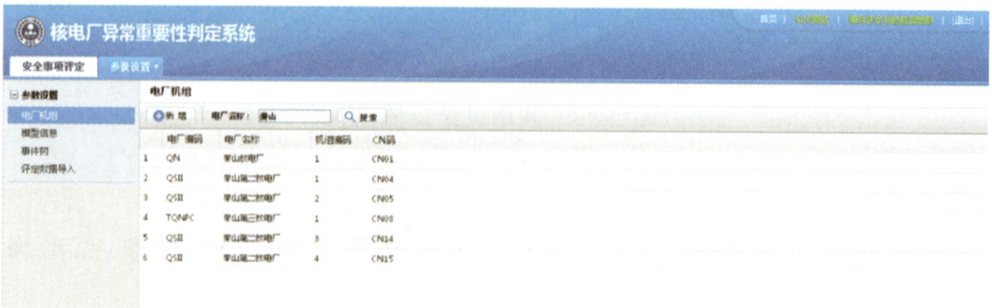

图9-31　电厂机组信息搜索

9.4.2　模型信息

点击参数设置，模型信息中进入到列表点击“新增”，如图 9-32 所示，填写数据后，点击“提交”，提示新增成功，点击“确定”后数据显示在列表中。点击“提交”并继续，弹出层不会关闭，可以继续添加数据。

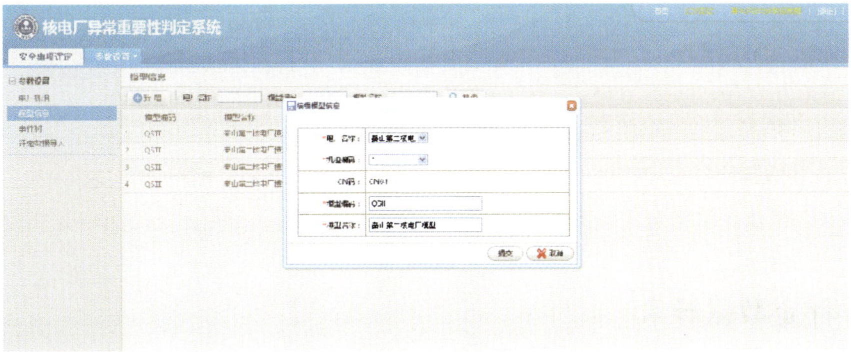

图 9-32　模型信息填写

9.4.3　事件树

事件树由始发事件、相关的功能事件以及对应的事件序列组成。

• 搜索

列表中输入搜索条件，点击搜索，符合条件的记录就会显示在列表中。如图 9-33 所示。

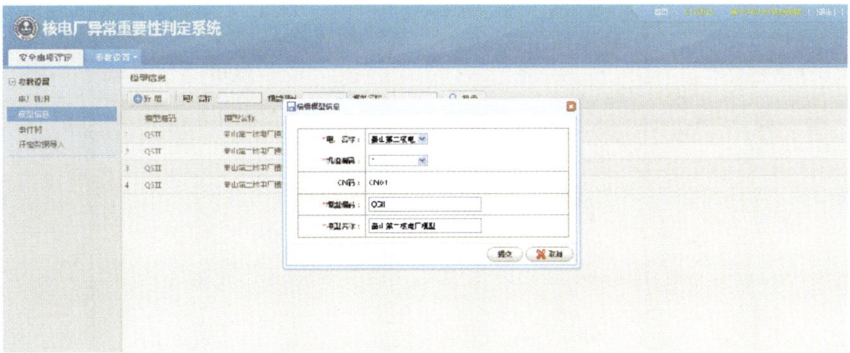

图 9-33　事件树信息搜索

• 查看

列点击事件树列表页面的“查看事件树”按钮，对该事件树进行查看，如图 9-34 所示。在查看页面中点击返回按钮，返回到列表页面。第一列是始发事件及其描述，后面列是缓解始发事件的功能事件。

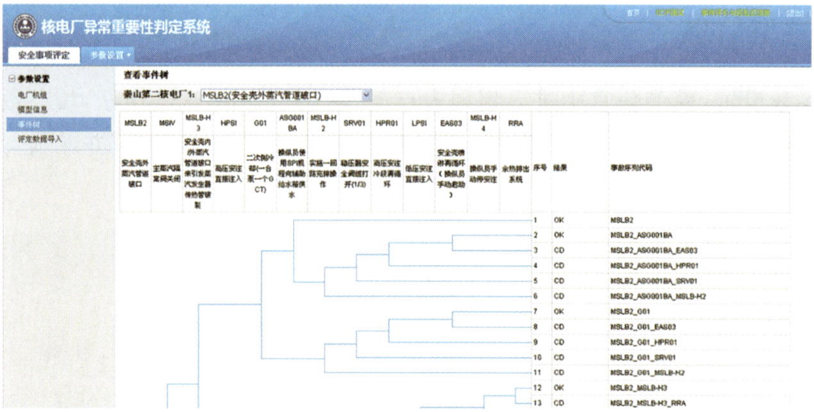

图 9-34　事件树信息查看

9.4.4　评定数据导入

评定数据导入模块用于导入功率工况 SDP 评定第二阶段计算所需的模型数据。在页面中点击模版下载后下载数据导入模版并填入数据，然后点击上传按钮，出现导入弹出层，在弹出层中选择刚才已经填写完毕的模型数据导入文件。如图 9-35 所示。

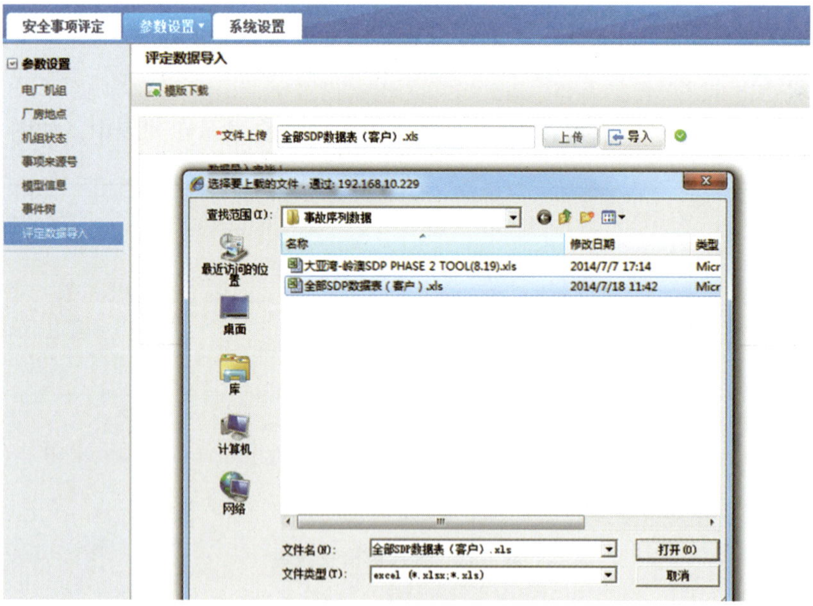

图 9-35　评定数据导入

上传完毕后，点击导入按钮，执行数据导入，并给出导入结果，如图 9-36 所示。

目前已开发的 SDP 系统实现了方便、有效地进行核电厂异常重要性判定工作，能够适用于我国核电厂运行和监管工作。SDP 方法作为核电厂安全状态评估中的重要工具，可以为提高经验反馈工作效率发挥重要的作用，因此有必要将其集成至国家核安全局经验反馈平台中(以下简称“平台”),实现从平台 SDP 完成数据录入、计算,且在平台上展示评估报告并显示,该项工作已经开始进行,并可以在不久以后得以实现。

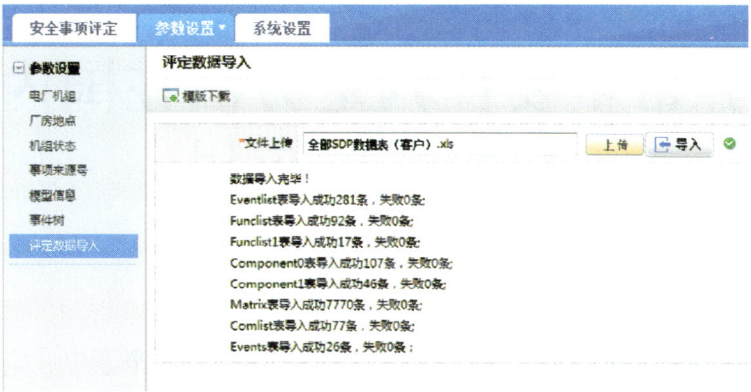

图 9-36　评定数据导入完毕

\\\ 第 10 章 \\\

异常重要性判定方法在国内核电厂的应用

作为风险重要性评估工具，SDP 判定方法在国内运行核电厂管理中也已得到了广泛的应用。通过开发反映核电厂实际情况的 SDP 模型，能够帮助核电厂从综合定性及定量信息快速地对核电厂发生的安全相关事项进行评估，给出事件对安全的影响程度，并依据影响程度的不同给出核电厂需要采取的行动和措施，改进核电厂事件的评估、纠正行动的跟踪和运行管理效率具体流程如图 10-1 所示。

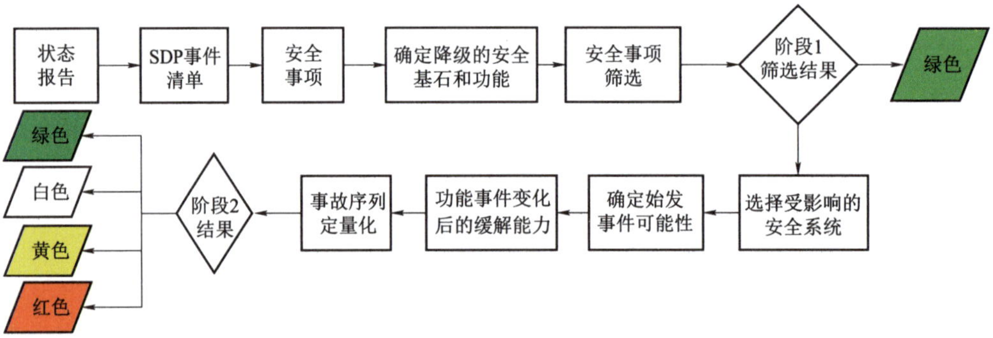

图 10-1　SDP 事件的判定流程

下面简要介绍一下田湾核电厂和秦山第二核电厂开发的 SDP 判定系统。

10.1　田湾核电厂

以 SDP 方法论为基础，田湾核电厂开发了《田湾核电站安全事项重要度判定系统》，该系统于 2013 年正式开始投入使用，主要用于帮助电厂工作人员评估状态事件报告系统中的事件。

《田湾核电站安全事项重要度判定系统》的业务流程分为三部分，包括 SDP 输入部分、SDP 流程计算推理部分和 SDP 输出项部分。SDP 输入包括核电厂状态报告事件信息导入与用户手工输入两部分，最后形成 SDP 事件清单。SDP 流程计算推理对 SDP 事件库中的事件进行 SDP 流程计算推理，首先进行第一阶段初步筛选，根据第一阶段筛选结论决定跳出流程或进入第二阶段分析；进入第二阶段，电厂选择对应始发事件分类以及始发事件与系统的关联性，系统自动生成事件序列工作表，最终得出 SDP 分析结果。SDP 输出项部分则是导出各类用户所需报表。

《田湾核电站安全事项重要度判定系统》的用户根据权限不同分为系统开发管理员、电厂管理员、分析用户、校对用户、审核用户和浏览用户。系统开发管理员具有用户权限管理、基础信息管理、SDP 表单定制、事件分析等功能权限；与系统开发管理员角色相比，电厂管理员减少了 SDP 表单定制功能；分析用户不具备管理权限，只具有分析事件的功能；校对用户具有校对事件的功能；审核用户具有审核事件的功能；浏览用户只具有浏览系统的功能，不能管理和分析事件。

10.1.1　SDP 事件清单

SDP 事件清单的一部分事件是通过对初始事件清单进行筛选得出的，初始事件清单的数据来自电厂的状态事件报告数据库，初始事件清单如图 10-2 所示。在对初始事件清单进行筛选时，需要对 10 个“筛选问题”进行判断，判断流程和筛选问题如图 10-3 和表 10-1 所示。除了对状态报告的事件进行判断，还可在 SDP 事件清单中通过手动添加、删除和修改 SDP 事件。进入 SDP 事件库的事件则需要进行事件分析。

刷新　高级搜索

	CR编号	CR主题	机组号	CR级别	发现/发生日期	操作	分析状态
1	CR20040068	1号机组主控室（11 UCB30 L20）和WPS（11UQA15370）TXP网络故障	1号机组	B	2004-06-18		尚未筛选
2	CR20050745	1JEF25AA101,102打开，导致一回路压力下降	1号机组	B	2005-12-01		尚未筛选
3	CR20060085	MCDS丧失监视	1号机组	B	2006-02-06		尚未筛选
4	CR20060097	JEB30AP001电机损坏	1号机组	A	2006-02-09		尚未筛选
5	CR20060253	PP1动作	1号机组	B	2006-04-04		尚未筛选
6	CR20060262	转速表突然显示为0导致旁排系统闭锁并最终导致大气释放阀及稳压PP1动作	1号机组	B	2006-04-06		尚未筛选
7	CR20060270	升功率时1LCA10AA201调节特性不好导致1LCB21AP001跳泵，闭锁旁排阀，PP1动	1号机组	B	2006-04-06		尚未筛选
8	CR20060276	主给水泵与辅助给水泵入口滤网压差快速升高	1号机组	B	2006-04-12		尚未筛选
9	CR20060286	凝结水系统水锤异常	1号机组	B	2006-04-16		尚未筛选
10	CR20060292	1LAB10,20,30,40AA211频繁切除自动	1号机组	B	2006-04-18		尚未筛选
11	CR20060294	1MKC93EK123	1号机组	B	2006-04-18		尚未筛选
12	CR20060362	旁排阀压力定值突变导致反应堆预保护PP1动作及主蒸汽大气释放阀开启	1号机组	B	2006-05-07		尚未筛选
13	CR20060480	由于蒸汽发生器压力差触发CD12	1号机组	B	2006-05-22		尚未筛选
14	CR20060603	主泵惰转时间少	1号机组	A	2006-06-12		尚未筛选
15	CR20060626	在向NNSA申请释放50%热功率控制点之前未按要求完成3项试验	1号机组	B	2006-06-13		尚未筛选
16	CR20060911	1KBF10EE001投入后1KBF11,12AP001无法启动	1号机组	B	2006-08-17		尚未筛选

图 10-2　初始事件清单

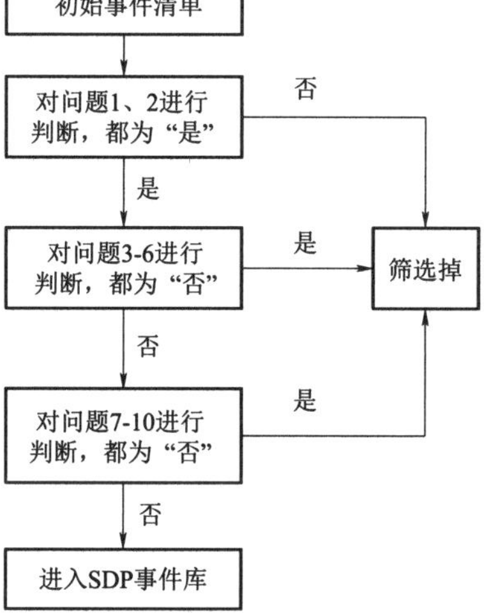

图 10-3　SDP 事件清单的筛选流程

表 10-1　筛选问题清单

筛选问题(部分)	
1	事件的发生是否是因为没有遵守某项技术要求或技术标准,例如许可证申请条件和技术规格书?
2	电厂能够发现事件发生的原因并予以纠正,本来可以避免该事件发生?
3	安全事项是否可以被视为某个始发事件的先导事件?
4	安全事项是否与某个性能指标下降有关?
5	安全事项是否涉及安全系统?
6	安全事项是否增加某个始发事件的发生频率?
7	安全事项是否会影响缓解系统的某列或某个系统的运行性、可用性、可靠性或功能?
8	安全事项是否涉及燃料包壳、反应堆冷却剂系统、安全壳或控制室的完整性?
9	安全事项是否代表某种电厂降级状态,它既影响了缓解系统,又影响始发事件?

10.1.2 SDP 事件分析

点击 SDP 事件清单中"事件分析"下的"进入",即进入事件分析流程(如图 10-4 所示)。根据 SDP 方法论,事件分析分为两个阶段,阶段 1 对事件进行筛选,判定是否进入阶段 2;阶段 2 使用电厂特定 SDP 模型进行风险重要度评估。

刷新 添加 删除 修改 高级搜索

		CR编号	安全事项标题	机组号	发现/发生日期	事件分析	过程分析报告	分析简报	分析状态
1		CR20130001	高压安注泵JND10AP001出口的一个正常情况下开启的手动	1号机组	2013-03-31	进入	尚未填写	尚未填写	终止评价(待校对)
2		CR20130004	安注箱内防异物用塑料布进入系统	2号机组	2013-01-07	进入	进入	进入	阶段1: 绿色(待校对)
3		CR20130002	2XKA40柴油机启动后跳停	2号机组	2013-03-20	进入	进入	进入	阶段2: 绿色(待校对)
4		CR20130003	2XKA40柴油机启动后跳停	1号机组	2013-03-20	进入	进入	进入	阶段3: 白色(审核通过)

图 10-4　SDP 事件清单

在阶段 1 的第一步,需填写"安全事项"表单,记录事件的相关信息描述,如图 10-5 所示。

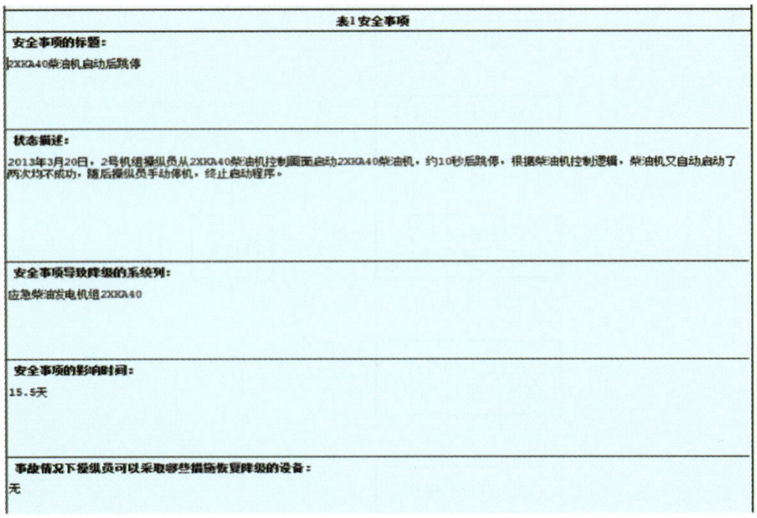
表1 安全事项

安全事项的标题:
2XKA40柴油机启动后跳停

状态描述:
2013年3月20日，2号机组操纵员从2XKA40柴油机控制画面启动2XKA40柴油机，约10秒后跳停，根据柴油机控制逻辑，柴油机又自动启动了两次均不成功，随后操纵员手动停机，终止启动程序。

安全事项导致降级的系统列:
应急柴油发电机组2XKA40

安全事项的影响时间:
15.5天

事故情况下操纵员可以采取哪些措施恢复降级的设备:
无

图 10-5　事件信息

阶段 1 第二步是“确定降级的安全基石和功能”，如图 10-6 所示。

表2 确定降级的安全基石和功能		
始发事件基石	缓解系统基石	屏障基石
☐一回路冷却剂丧失 （例如，一回路管道的降级和泄漏，一回路向二回路的泄漏，界面LOCA等） ☐二回路冷却剂丧失 （例如，主蒸汽管道、主给水管道的降级和泄漏） ☐瞬态 （例如，反应堆停堆、汽轮机停机、丧失主给水、丧失厂外电、丧失重要用户的冷却、丧失热阱等）	☐反应性控制功能降级 ☐反应堆保护系统 ☐应急硼酸注入系统 ☐保持一回路水装量 ☐容积和硼控制系统 ☐高压安注系统 ☐低压安注系统 ☐安注箱 ☐堆芯余热排出功能降级 ☐短期余热排出降级 ☐一回路（例如，充/排，余热排出系统） ☐二回路（例如，主给水、辅助给水、应急给水，补给水系统，BRU-K/BRU-A） ☐长期余热排出降级（例如，地坑再循环，安全壳喷淋） ☐一回路压力控制 ☐稳压器安全阀 ☐二回路压力控制 ☐主蒸汽安全阀 ☑应急柴油发电机组	☐燃料包壳屏障降级 ☐一回路压力边界 -- 电厂出现扰动时作为缓解手段 （注：所有其他的一回路压力边界事件，例如泄漏，都在始发事件基石中考虑。） ☐安全壳屏障降级 ☐安全壳降级 ☐破口或旁通 ☐热量排出，氢气控制或压力控制降级 ☐控制室，辅助厂房/核厂房，或乏燃料厂房屏障降级

图 10-6　安全基石识别

阶段 1 的第三步是“安全事项筛选”，通过问题勾选得出阶段 1 的最终判断结果，即“绿色”“进入 SDP 阶段 2 分析”和“终止评估”，如图 10-7 所示。如果阶段 1 筛选结果是“绿色”，那么直接进入分析报告和分析简报填写页面，分析流程结束；如果阶段 1 的筛选结果为“进入 SDP 阶段 2 分析”，则继续阶段 2 的事件分析流程。

表3 安全事项筛选		
始发事件基石	缓解系统基石	屏障基石
LOCA始发事件 1. 假定发生最坏情况的降级，安全事项是否会导致一回路泄漏并超出技术规格书限值，或者是否可能对其他缓解系统造成影响并导致它们完全丧失安全功能。 ☐是 →停止。进入阶段2! ☐否，筛选为绿色。 瞬态始发事件 2. 安全事项是否既增加了反应堆停堆的可能性又增加了缓解设备或功能不可用的可能性? ☐是 →停止。进入阶段2! ☐否，筛选为绿色。	1. 安全事项属于设计或鉴定缺陷，但能证实不会导致可操作性和功能的丧失。 ☐是，筛选为绿色。 ☑否，继续。 2. 安全事项表明某个系统丧失安全功能? ☐是 →停止。进入阶段2! ☑否，继续。 3. 安全事项表明，由于超出技术规格书的允许停役时间（AOT），安全系统某列的安全功能已经丧失? ☑是 →停止。进入阶段2! ☐否，筛选为绿色。	一回路压力边界 ☐停止。终止评价! 燃料元件包壳 ☐停止。筛选为绿色! 安全壳屏障 ☐停止。终止评价!
SDP阶段1分析结果： ○绿色	◉进入SDP阶段2分析	○终止评价
重要的假设： 无		

图 10-7　安全事项筛选

阶段 2 分析的第一步是“选择受影响的安全系统”，此环节可以勾选一个或多个系统。阶段 2 分析第二步是“确定始发事件可能性”，选择一类始发事件可能性，然后勾选相应的始发事件选项，并在下拉框修改始发事件的频率，如图 10-8 所示。

图 10-8 始发事件可能性

阶段 2 分析第三步是“确定功能事件变化后的缓解能力”，首先对功能事件进行统一勾选标记，选择变化后的缓解能力类型、变化后的缓解能力、恢复失效列的能力，如图 10-9 所示。

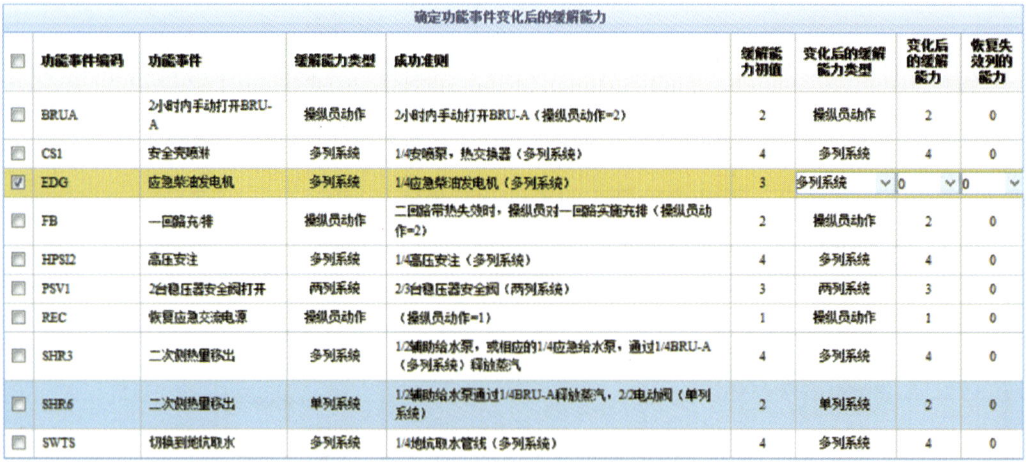

确定功能事件变化后的缓解能力

功能事件编码	功能事件	缓解能力类型	成功准则	缓解能力初值	变化后的缓解能力类型	变化后的缓解能力	恢复失效列的能力
BRUA	2小时内手动打开BRU-A	操纵员动作	2小时内手动打开BRU-A（操纵员动作=2）	2	操纵员动作	2	0
CS1	安全壳喷淋	多列系统	1/4安喷泵，热交换器（多列系统）	4	多列系统	4	0
EDG	应急柴油发电机	多列系统	1/4应急柴油发电机（多列系统）	3	多列系统	0	0
FB	一回路充排	操纵员动作	二回路带热失效时，操纵员对一回路实施充排（操纵员动作=2）	2	操纵员动作	2	0
HPSI2	高压安注	多列系统	1/4高压安注（多列系统）	4	多列系统	4	0
PSV1	2台稳压器安全阀打开	两列系统	2/3台稳压器安全阀（两列系统）	3	两列系统	3	0
REC	恢复应急交流电源	操纵员动作	（操纵员动作=1）	1	操纵员动作	1	0
SHR3	二次侧热量移出	多列系统	1/2辅助给水泵，或相应的1/4应急给水泵，通过1/4BRU-A（多列系统）释放蒸汽	4	多列系统	4	0
SHR6	二次侧热量移出	单列系统	1/2辅助给水泵通过1/4BRU-A释放蒸汽，2/2电动阀（单列系统）	2	单列系统	2	0
SWTS	切换到地坑取水	多列系统	1/4地坑取水管线（多列系统）	4	多列系统	4	0

图 10-9 功能事件变化后的缓解能力

完成上述操作后，即形成“事故序列定量化”表单，如图 10-10 所示。对其进行确认，提交完之后，自动得出阶段 2 结果的颜色，“绿、白、黄、红”。如果结果为“绿色”，进入事件分析报告和分析简报，整个事件的分析结束。

如果阶段 2 得出的结果为“白、黄、红”，即进入 SDP 阶段 3 分析。阶段 3 分析需要使用 PSA 模型计算，将计算得出的颜色结果输入“SDP 阶段 3 的分析结果”下拉框，并输入备注信息，点击“提交”后得出阶段 3 的颜色结果。进入事件分析报告和分析简报填写，填写完点击“提交”，整个事件的分析结束。

LP1A - 丧失外电源	
功能事件	**成功准则**
应急柴油发电机(EDG)	1/4应急柴油发电机（多列系统）
2小时内手动打开BRU-A（BRUA）	2小时内手动打开BRU-A（操纵员动作=2）
恢复应急交流电源（REC）	（操纵员动作=1）
二次侧热量移出（SHR6）	1/2辅助给水泵通过1/4BRU-A释放蒸汽，2/2电动阀（单列系统）
二次侧热量移出（SHR3）	1/2辅助给水泵，或相应的1/4应急给水泵，通过1/4BRU-A（多列系统）释放蒸汽
一回路充/排（FB）	二回路带热失效时，操纵员对一回路实施充排（操纵员动作=2）
2台稳压器安全阀打开（PSV1）	2/3台稳压器安全阀（两列系统）
高压安注（HPSI2）	1/4高压安注（多列系统）
切换到地坑取水（SWTS）	1/4地坑取水管线（多列系统）
安全壳喷淋（CS1）	1/4安喷泵，热交换器（多列系统）

圈出受影响的安全功能		IEL	受影响事故序列的剩余缓解能力		恢复失效列的能力	结果
1. LP1A-SHR3-CS1（3） 2 + 4 + 4	10	3	SHR3-CS1	4-4	0	11
2. LP1A-SHR3-SWTS（4） 2 + 4 + 4	10	3	SHR3-SWTS	4-4	0	11
3. LP1A-SHR3-HPSI2（5） 2 + 4 + 4	10	3	SHR3-HPSI2	4-4	0	11
4. LP1A-SHR3-PSV1（6） 2 + 4 + 3	9	3	SHR3-PSV1	4-3	0	10
5. LP1A-SHR3-FB（7） 2 + 4 + 2	8	3	SHR3-FB	4-2	0	9
6. LP1A-EDG-SHR6（9） 2 + 3 + 2	7	3	EDG-SHR6	0-2	0	5

图 10-10　事故序列定量化

10.1.3　SDP 事件分析校对与审核

在事件分析完成后，电厂校对人员和审核人员依次对 SDP 事件进行校对和审核，并填写校对和审核意见，最终完成整个 SDP 评估流程。

根据实际应用结果，田湾核电厂对 2014 年度状态报告系统中的 10 000 多起事件进行筛选，只有 4 起事件进入到了 SDP 判定系统中，且判定结果皆为绿色。

10.2　秦山第二核电厂

秦山第二核电厂委托设计院开发了《秦山第二核电厂安全事项重要度确定系统》，该系统于 2013 年开始调试运行，主要也是用于评估状态事件报告系统中的事件，与田湾核电厂不同的是，秦山第二核电厂只评估状态事件报告 A、B 类的事件。

由于秦山第二核电厂和田湾核电厂委托开发系统的设计院相同，所以《秦山第二核电厂安全事项重要度确定系统》的业务流程与《田湾核电站安全事项重要度判定系统》相同，此处不再赘述。

然而，在《秦山第二核电厂安全事项重要度确定系统》中，对状态事件报告中的 A、B 类事件进行判断以筛选初始事件清单时,“筛选问题”仅为 4 个,如图 10-11 所示。通过筛选的事件将自动进入 SDP 事件清单,进行事件分析。

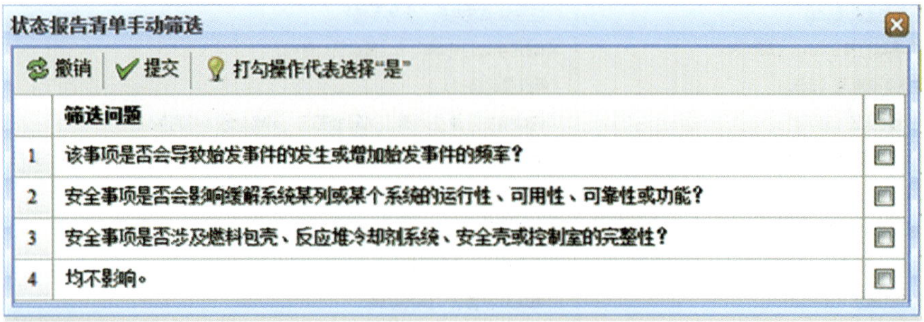

图 10-11 状态报告清单的筛选问题

根据实际应用结果,秦山第二核电厂对 1～4 号机组 2014 年度状态报告系统中 A、B 类事件进行筛选,只有 4 起事件进入到了 SDP 判定系统中,其判定结果皆为绿色。

第 11 章

典型案例分析

为了更好地展示 SDP 判定方法的使用，本章选取了 2 起执照运行事件，利用 SDP 判定方法对其进行评估。这两起事件均可以采用功率工况 SDP 进行评估，为了更好地展示 SDP 评估事件的整个过程，在评估过程中进行了相关说明。

11.1 某核电厂 RCV002PO 泵轴平衡推力卡环缩颈处断裂

- 发生事件的机组为 CPR1000 机组，其化学和容积控制系统 RCV 共有三台并联的卧式多级离心泵，其完成的主要安全功能有：
- 上充功能：向反应堆冷却剂系统输送上充水，维持稳压器正常水位。执行上充功能时仅需 1 台上充泵运行，由容控箱供水，当容控箱发出低-3 液位信号时，将切换至换料水箱供水。
- 主泵密封水注入功能：为 3 台反应堆冷却剂泵的 1 号轴封提供密封水注入，每台主泵密封水的额定流量为 1.8 m^3/h，其中 1.12 m^3/h 的水沿轴封向下进入反应堆冷却剂系统，既阻止主回路高温冷却剂沿主泵轴向向外泄漏，又润滑和冷却主泵轴承，防止主泵轴封损坏；剩余的 0.68 m^3/h 的水则经主泵 1 号轴封回流管线作为密封水回流被 RCV 系统回收。
- 高压安注功能：在安全注入情况下，上充泵作为高压安注泵运行，防止在 LOCA 事故中堆芯裸露。执行高压安注功能时，2 台上充泵同时运行，正常情况下上充泵由低压安注泵的出口进行供水，并由低压安注泵为其增压，低压安注泵水源来自于换料水箱。在低压安注泵增压失效情况下，上充泵则直接从换料水箱取水。上充泵出口水流经硼注入箱，将浓硼水带入到反应堆冷却剂系统冷管段。当换料水箱水位达到低低液位时，安注运行进入到再循环阶段，低压安注泵吸入口自动切换到安全壳地坑。

11.1.1 事件描述

2014 年核电厂 2 号机组处于 RP 模式（核功率 0.5%P_n），主控室发现 RCV002PO 跳闸；随后对 RCV002PO 进行解体检查，确认 RCV002PO 非驱动端轴承烧毁，泵轴在平衡推力卡环缩颈处断裂。

11.1.2 事件后果

RCV002PO 卡轴损坏造成安全设备不可用;倒电完成之前 RCV B 列不可用,一列高压安注功能失效;RCV 泵跳闸失去主泵轴封,上充下泄隔离,对机组造成瞬态;冗余性降低,同时存在违反技术规范的风险(14 天的第二组 I0)。

11.1.3 筛选阶段

倒电前,RCV002PO 不可用导致瞬态和一列高压安注失效,影响堆芯短期热移出功能,通过引导程序始发事件筛选表和缓解系统筛选表,RCV002PO 不可用影响的安全基石是始发事件和缓解系统,需要进入功率工况 SDP 评估阶段。

11.1.4 评估阶段

1) 首先分析 RCV002PO 不可用是否会直接导致始发事件发生。在该事件中,RCV 002PO 泵跳闸失去主泵轴封,上充下泄隔离,对机组造成瞬态,所以该安全事项直接引发其他瞬态始发事件。

2) 其次分析 RCV002PO 不可用是否影响其他始发事件的缓解能力。在该事件中,倒电前 RCV002PO 不可用导致一列高压安注功能失效,所以该安全事项影响的始发事件涉及热阱丧失和 SGTR 事故等。

3) 然后分析 RCV002PO 不可用是否引起人因事故。在该事件中,RCV002PO 不可用并没有引起人因事故。

从以上分析,根据事件直接引发的始发事件和受影响的始发事件,从 26 颗事件树中找出所有受影响的题头事件,并根据事件实际情况,判断每个题头事件的成功准则是否满足,从而打分评估每个题头事件的剩余缓解能力。如表 11-1 所示。

表 11-1 受影响的题头事件表

题头事件	题头事件名称	剩余缓解能力	成功准则	说明
HPR01	高压安注冷段再循环	3	由两个相同列组成。1/2 成功	RCV001PO 为 A 列,RCV002PO 和 RCV003PO 为 B 列,RCV002PO 不可用,不会影响 RCV003PO 可用。所以各题头事件成功准则满足,各题头事件剩余能力不变
HPR02	高压安注热段再循环	3	由两个相同列组成。1/2 成功	
HPR03	高压安注冷段再循环	2	A 列直流电源丧失故障,只有 B 列泵可用	
HPSI	高压安注直接注入	3	由两个相同列组成。1/2 成功	
HPSI01	高压安注直接注入	2	A 列直流电源丧失故障,只有 B 列泵可用	
J04	正常轴封注入	3	轴封注入由两列上充泵及其注入管线构成	

4）接着分析该事件的存在时间。该缺陷存在起始日期表明 RCV002PO 不可用存在时间大于 3 天，小于 30 天。根据 RCV002PO 缺陷存在时间和影响的始发事件，给始发事件打分，如表 11-2 所示。

表 11-2　始发事件分类表

始发事件分类表					
行	始发事件频率	始发事件类型	始发事件可能性 $X=-\log_{10}$(始发事件频率①)		
Ⅰ	>1 每 1～10 年	主给水丧失（LMFW）、二回路变化引起的瞬态（STRANS）其他瞬态（TRANS）	1	2	3
Ⅱ	1 每 10～10^2 年	部分（安全段）丧失热阱（LHS2）、部分（公用段）丧失热阱（LHS3）、丧失压缩空气（LOIA）丧失厂外电源（LOOP）、30V 列直流电源（LDDD）	2	3	4
Ⅲ	1 每 10^2～10^3 年	给水管道破口（FWLB）、48 V A 列直流电源丧失（LDCA）、48 V B 列直流电源丧失（LDCB）、48 V C 列直流电源丧失（LDCC）、125 V A 列直流电源丧失（LDBA）、安全壳内主蒸汽管道破口（MSLB1）、安全壳外主蒸汽隔离阀上游破口（MSLB2）、安全壳外主蒸汽隔离阀下游破口（MSLB3）、蒸汽发生器传热管断裂（SGTR）、小破口失水事故（SLOCA）	3	4	5
Ⅳ	1 每 10^3～10^4 年	全部丧失热阱（LHS1）、中破口失水事故（MLOCA）、蒸汽管小破口叠加 1 根蒸汽发生器传热管断裂（SSGTR1）	4	5	6
Ⅴ	1 每 10^4～10^5 年	给水丧失相关的未停堆的瞬态（ATWT2）、大破口失水事故（LLOCA）、稳压器汽相 SEBIM 阀破口失水事故	5	6	7
Ⅵ	<1 每 10^5 年	其他未停堆的瞬态事件（ATWT1）、界面 LOCAV-LOCA（ISLOCA）、蒸汽管小破口叠加 10 根蒸汽发生器传热管断裂（SSGTR2）	6	7	8
事件/缺陷存在的时间（天）			>30	3～30	<3

注①：由于是始发事件，分值为 1。

5）找出受影响的所有序列并打分

将包含以上题头事件的所有序列都筛选出来，然后进行打分，并计算每个序列的实际结果，如表 11-3～表 11-25 所示。

表 11-3　其他未停堆的瞬态事件（ATWT1）序列

核电厂 SDP 工作表——其他未停堆的瞬态事件（ATWT1）序列	
需求的安全功能	每一安全功能完全可信的缓解能力
事故 SG 的大气旁路阀和安全阀回座（MSSV）	根据 PSA 故障树分析，未回座的失效概率在 3.0×10^{-4}。因此，剩余能力因子是 4

续表

需求的安全功能	每一安全功能完全可信的缓解能力
稳压器安全阀组打开(SRV01)	由三组稳压器安全阀组,2组稳压器安全阀组打开即可
辅助给水供水(ASG03)	ASG系统有3列,两列电动泵,一列汽动泵。此功能事件的成功准则是两台电动泵或一台汽动泵
稳压器安全阀回座(SRV03)	稳压器安全阀组由安全阀和隔离阀构成,当一回路压力降到某一值后,两个阀门会相继关闭,所以只要一个阀门关闭即可保证稳压器的完整性
高压安注直接注入(HPSI)	高压安注由2列构成,一列从换料水箱取水,并向一回路冷段注入
高压安注冷段再循环(HPR01)	高压安注由2列构成,一列从地坑取水,并向一回路冷段注入
ATWT 重返次临界 (ATWT-H1)	ATWT瞬态事故下操纵员使反应堆重返次临界,主要是通过按停堆按钮或停控制棒电源,属于人员操作
辅助给水箱补水 (ATWT-H2)	操纵员根据辅助给水箱的水位信号向辅助给水水箱补水,属于人员操作
安全壳喷淋再循环(EAS03)	安全壳喷淋系统有2列,一列运行成功即可。该功能主要是针对FB情况下的再循环,需要操纵员启动。根据PSA人因分析,有规程指导的启动失效概率为1.7×10^{-3},与两列设备失效等量级

编号	选择受影响的功能	基准分	每一受影响的事故序列的剩余缓解能力评估	结果
1	ATWT1+ASG03 8 + 4	12	ATWT1+ASG03	
2	ATWT1+ATWT-H1 8 + 3	11	ATWT1+ATWT-H1	
3	ATWT1+ATWT-H2 8 + 3	11	ATWT1+ATWT-H2	
4	ATWT1+MSSV 8 + 4	12	ATWT1+MSSV	
5	ATWT1+SRV01 8 + 2	10	ATWT1+SRV01	
6	ATWT1+SRV03+EAS03 8 + 4 + 3	15	ATWT1+SRV03+EAS03	
7	ATWT1+SRV03+HPR01 8 + 4 + 3	15	ATWT1+SRV03+HPR01 7+4+3	14
8	ATWT1+SRV03 8 + 4	12	ATWT1+SRV03	

表 11-4 给水丧失相关的未停堆瞬态(ATWT2)事件序列

核电厂 SDP 工作表——给水丧失相关的未停堆瞬态(ATWT2)事件序列

需求的安全功能	每一安全功能完全可信的缓解能力
ATWT 信号(A08)	ATWT 信号由两种不同类型的信号组成(给水流量低信号和中子注入率高信号),任何一组信号成功触发即成功
控制棒自动调节(A09)	参考 PSA 模型及数据分析,控制棒自动调节失效概率是 0.1
事故 SG 的大气旁路阀和安全阀回座(MSSV)	根据 PSA 故障树分析,未回座的失效概率在 3.0×10^{-4}。因此,剩余能力因子是 4
稳压器安全阀组打开(SRV01)	由三组稳压器安全阀,2 组稳压器安全阀组打开即可
辅助给水供水(ASG03)	ASG 系统有 3 列,两列电动泵,一列汽动泵。此功能事件的成功准则是两台电动泵或一台汽动泵
稳压器安全阀回座(SRV03)	稳压器安全阀租由安全阀和隔离阀构成,当一回路压力降到某一值后,两个阀门会相继关闭,所以只要一个阀门关闭即可保证稳压器的完整性
高压安注直接注入(HPSI)	高压安注由 2 列构成,一列从换料水箱取水,并向一回路冷段注入
高压安注冷段再循环(HPR01)	高压安注由 2 列构成,一列从地坑取水,并向一回路冷段注入
ATWT 重返次临界 (ATWT-H1)	ATWT 瞬态事故下操纵员使反应堆重返次临界,主要是通过按停堆按钮或停控制棒电源,属于人员操作
辅助给水箱补水 (ATWT-H2)	操纵员根据辅助给水箱的水位信号向辅助给水水箱补水,属于人员操作
ATWT 正确进入 DEC 规程 (ATWT-H3)	ATWT 瞬态事故下操纵员? 根据报警正确进入 DEC 规程,而不是 H2 规程
安全壳喷淋再循环(EAS03)	安全壳喷淋系统有 2 列,一列运行成功即可。该功能主要是针对 FB 情况下的再循环,需要操纵员启动。根据 PSA 人因分析,有规程指导的启动失效概率为 1.7×10^{-3},与两列设备失效等量级

编号	选择受影响的功能	基准分	每一受影响的事故序列的剩余缓解能力评估	结果
1	ATWT2+A08 7 + 4	11	ATWT2+A08	
2	ATWT2+A09 7 + 1	8	ATWT2+A09	
3	ATWT2+ASG03 7 + 4	11	ATWT2+ASG03	
4	ATWT2+ATWT-H1 7 + 3	10	ATWT2+ATWT-H1	
5	ATWT2+ATWT-H2 7 + 3	10	ATWT2+ATWT-H2	

续表

编号	选择受影响的功能	基准分	每一受影响的事故序列的剩余缓解能力评估	结果
6	ATWT2+ATWT-H3 7 + 3	10	ATWT2+ATWT-H3	
7	ATWT2+MSSV 7 + 4	11	ATWT2+MSSV	
8	ATWT2+SRV01 7 + 2	9	ATWT2+SRV01	
9	ATWT2+SRV03+EAS03 7 + 4 + 3	14	ATWT2+SRV03+EAS03	
10	ATWT2+SRV03+HPR01 7 + 4 + 3	14	ATWT2+SRV03+HPR01 6+4+3	13
11	ATWT2+SRV03+HPSI 7 + 4 + 3	14	ATWT2+SRV03+HPSI	

表 11-5　125 V 直流电源丧失(LDBA)事件序列

核电厂 SDP 工作表——125 V 直流电源丧失(LDBA)事件序列	
需求的安全功能	每一安全功能完全可信的缓解能力
辅外电源供电(LGR)	在 LBA 丧失事故下,自动切换到 LGR 供电
RRI/SEC 自动切换(I02)	在 LBA 丧失事故下,RRI/SEC 自动切换到 B 列
辅助给水供水(ASG06)	由于 A 列直流电源故障,只有 B 列电动泵和汽动泵可用,成功准则是一台泵
稳压器安全阀回座(SRV03)	稳压器安全阀组由安全阀和隔离阀构成,当一回路压力降到某一值后,两个阀门会相继关闭,所以只要一个阀门关闭即可保证稳压器的完整性
充排操作(LODC-H1)	直流电源丧失时操纵员实施一回路充排操作
高压安注直接注入(HPSI01)	因 A 列直流电源丧失故障,只有 B 列可用
稳压器安全阀组打开(SRV02)	三组稳压器安全阀组,1 组稳压器安全阀组打开即可
高压安注冷段再循环(HPR03)	因 A 列直流电源丧失故障,只有 B 列可用
安全壳喷淋再循环(EAS04)	因 A 列直流电源丧失故障,只有 B 列可用

编号	选择受影响的功能	基准分	每一受影响的事故序列的剩余缓解能力评估	结果
1	LDBA+ASG06+EAS04 5 + 4 + 2	11	LDBA+ASG06+EAS04	
2	LDBA+ASG06+HPR03 5 + 4 + 2	11	LDBA+ASG06+HPR03 4+4+2	10
3	LDBA+ASG06+HPSI01 5 + 4 + 2	11	LDBA+ASG06+HPSI01 4+4+2	10

续表

编号	选择受影响的功能	基准分	每一受影响的事故序列的剩余缓解能力评估	结果
4	LDBA＋ASG06＋LODC-H1 5 ＋ 4 ＋ 2	11	LDBA＋ASG06＋LODC-H1	
5	LDBA＋ASG06＋SRV02 5 ＋ 4 ＋ 3	12	LDBA＋ASG06＋SRV02	

表 11-6　48 V A 列直流电源丧失事件序列

核电厂 SDP 工作表——48 V A 列直流电源丧失事件序列				
需求的安全功能			每一安全功能完全可信的缓解能力	
辅助给水供水(ASG06)			由于 A 列直流电源故障，只有 B 列电动泵和汽动泵可用，成功准则是一台泵	
稳压器安全阀回座(SRV03)			稳压器安全阀组由安全阀和隔离阀构成，当一回路压力降到某一值后，两个阀门会相继关闭，所以只要一个阀门关闭即可保证稳压器的完整性	
充排操作(LODC-H1)			直流电源丧失时操纵员实施一回路充排操作	
高压安注直接注入(HPSI01)			因 A 列直流电源丧失故障，只有 B 列可用	
稳压器安全阀组打开(SRV04)			由于 A 列直流电源故障，所以只有一组稳压器安全阀组可用	
高压安注冷段再循环(HPR03)			因 A 列直流电源丧失故障，只有 B 列可用	
安全壳喷淋再循环(EAS04)			因 A 列直流电源丧失故障，只有 B 列可用	
编号	选择受影响的功能	基准分	每一受影响的事故序列的剩余缓解能力评估	结果
1	LDCA＋ASG06＋EAS04 5 ＋ 4 ＋ 2	11	LDCA＋ASG06＋EAS04	
2	LDCA＋ASG06＋HPR03 5 ＋ 4 ＋ 2	11	LDCA＋ASG06＋HPR03 4＋4＋2	10
3	LDCA＋ASG06＋HPSI01 5 ＋ 4 ＋ 2	11	LDCA＋ASG06＋HPSI01 4＋4＋2	10
4	LDCA＋ASG06＋LODC-H1 5 ＋ 4 ＋ 2	11	LDCA＋ASG06＋LODC-H1	
5	LDCA＋ASG06＋SRV04 5 ＋ 4 ＋ 2	11	LDCA＋ASG06＋SRV04	

表 11-7　48 V C 列直流电源丧失事件序列

核电厂 SDP 工作表——48 V C 列直流电源丧失事件序列	
需求的安全功能	每一安全功能完全可信的缓解能力
主给水旁路供水(ARE)	主给水旁路有三条，根据成功准则要求，一个旁路向蒸汽发生器供水就满足要求。为了配合供水，还需要 1 台电动主给水泵或 3 台凝结水泵供水

续表

需求的安全功能	每一安全功能完全可信的缓解能力
辅助给水供水(ASG01)	ASG 系统有 3 列,两列电动泵,一列汽动泵。此功能事件的成功准则是一台泵供水即可
充排操作(LODC-H1)	直流电源丧失时操纵员实施一回路实施充排操作
高压安注直接注入(HPSI)	高压安注由 2 列构成,一列从换料水箱取水,并向一回路冷段注入
稳压器安全阀组打开(SRV02)	由三组稳压器安全阀组,1 组稳压器安全阀组打开即可
高压安注冷段再循环(HPR01)	高压安注由 2 列构成,一列从地坑取水,并向一回路冷段注入
安全壳喷淋再循环(EAS03)	安全壳喷淋系统有 2 列,一列运行成功即可。该功能主要是针对 FB 情况下的再循环,需要操纵员启动。根据 PSA 人因分析,有规程指导的启动失效概率为 1.7×10^{-3},与两列设备失效等量级

编号	选择受影响的功能	基准分	每一受影响的事故序列的剩余缓解能力评估	结果
1	LDCC+ARE+ASG01+EAS03 5 + 3 + 4 + 3	15	LDCC+ARE+ASG01+EAS03	
2	LDCC+ARE+ASG01+HPR01 5 + 3 + 4 + 3	15	LDCC+ARE+ASG01+HPR01 4 + 3 + 4 + 3	14
3	LDCC+ARE+ASG01+HPSI 5 + 3 + 4 + 3	15	LDCC+ARE+ASG01+HPSI 4 + 3 + 4 + 3	14
4	LDCC+ARE+ASG01+LODC−H1 5 + 3 + 4 + 2	14	LDCC+ARE+ASG01+LODC−H1	
5	LDCC+ARE+ASG01+SRV02 5 + 3 + 4 + 3	15	LDCC+ARE+ASG01+SRV02	

表 11-8　30 V 直流电源丧失事件(LDDD)序列

核电厂 SDP 工作表——30 V 直流电源丧失事件(LDDD)序列	
需求的安全功能	每一安全功能完全可信的缓解能力
辅助给水供水(ASG01)	ASG 系统有 3 列,两列电动泵,一列汽动泵。此功能事件的成功准则是一台泵供水即可
充排操作(LODC-H1)	直流电源丧失时操纵员实施一回路充排操作
直流电源切换(LODC-H2)	操纵员将 LDA 供切换至 URA,为调节阀供电
稳压器安全阀回座(SRV03)	稳压器安全阀组由安全阀和隔离阀构成,当一回路压力降到某一值后,两个阀门会相继关闭,所以只要一个阀门关闭即可保证稳压器的完整性
高压安注直接注入(HPSI)	高压安注由 2 列构成,一列从换料水箱取水,并向一回路冷段注入

续表

需求的安全功能	每一安全功能完全可信的缓解能力
稳压器安全阀组打开(SRV02)	由三组稳压器安全阀组,1 组稳压器安全阀组打开即可
高压安注冷段再循环(HPR01)	高压安注由 2 列构成,一列从地坑取水,并向一回路冷段注入
安全壳喷淋再循环(EAS03)	安全壳喷淋系统有 2 列,一列运行成功即可。该功能主要是针对 FB 情况下的再循环,需要操纵员启动。根据 PSA 人因分析,有规程指导的启动失效概率为 1.7×10^{-3},与两列设备失效等量级

编号	选择受影响的功能	基准分	每一受影响的事故序列的剩余缓解能力评估	结果
1	LDDD+ASG01+EAS03 4 + 4 + 3	11	LDDD+ASG01+EAS03	
2	LDDD+ASG01+HPR01 4 + 4 + 3	11	LDDD+ASG01+HPR01 3 + 4 + 3	10
3	LDDD+ASG01+HPSI 4 + 4 + 3	11	LDDD+ASG01+HPSI 3 + 4 + 3	10
4	LDDD+ASG01+LODC−H1 4 + 4 + 2	10	LDDD+ASG01+LODC−H1	
5	LDDD+ASG01+SRV02 4 + 4 + 3	11	LDDD+ASG01+SRV02	
6	LDDD+LODC−H2+EAS03 4 + 3 + 3	10	LDDD+LODC−H2+EAS03	
7	LDDD+LODC−H2+HPR01 4 + 3 + 3	10	LDDD+LODC−H2+HPR01 3 + 3 + 3	9
8	LDDD+LODC−H2+HPSI 4 + 3 + 3	10	LDDD+LODC−H2+HPSI 3 + 3 + 3	9
9	LDDD+LODC−H2+LODC−H1 4 + 3 + 2	9	LDDD+LODC−H2+LODC−H1	
10	LDDD+LODC−H2+SRV02 4 + 3 + 3	10	LDDD+LODC−H2+SRV02	

表 11-9　全部热阱丧失事件(LHS1)序列

核电厂 SDP 工作表——全部热阱丧失事件(LHS1)序列	
需求的安全功能	每一安全功能完全可信的缓解能力
主泵停运(P05)	根据 PSA 模型分析,停运主泵的方式很多,其失效概率为 1.5×10^{-9}
稳压器安全阀回座(SRV03)	稳压器安全阀组由安全阀和隔离阀构成,当一回路压力降到某一值后,两个阀门会相继关闭,所以只要一个阀门关闭即可保证稳压器的完整性
正常轴封注入(J04)	轴封注入由两列上充泵及其注入管线构成,一列运行即可

续表

需求的安全功能	每一安全功能完全可信的缓解能力
实施 RCV 的保护措施(LOHS-H1)	操纵员实施保护 RCV 的两项措施,以保证泵运行可靠性
充排操作(LOHS-H2)	丧失热阱事故下,操纵员实施一回路充排操作
辅助给水供水(ASG01)	ASG 系统有 3 列,两列电动泵,一列汽动泵。此功能事件的成功准则是一台泵供水即可
稳压器安全阀组打开(SRV02)	由三组稳压器安全阀组,1 组稳压器安全阀组打开即可
轴封破口的可能性(J05)	参考 PSA 分析,产生较大轴封破口的概率为 0.1
高压安注直接注入(HPSI)	高压安注由 2 列构成,一列从换料水箱取水,并向一回路冷段注入
再循环前恢复热井(LOHS-R)	对于取水口丧失事故,虽然有程序规定恢复热阱。但是根据 PSA 模型分析,热阱恢复的失效概率 0.92,因此,该功能的剩余能力因子是 0
安全壳喷淋再循环(EAS03)	安全壳喷淋系统有 2 列,一列运行成功即可。该功能主要是针对 FB 情况下的再循环,需要操纵员启动。根据 PSA 人因分析,有规程指导的启动失效概率为 1.7×10^{-3},与两列设备失效等量级

编号	选择受影响的功能	基准分	每一受影响的事故序列的剩余缓解能力评估	结果
1	LHS1+ASG01+EAS03 6 + 4 + 3	13	LHS1+ASG01+EAS03	
2	LHS1+ASG01+HPR01 6 + 4 + 3	13	LHS1+ASG01+HPR01 5 + 4 + 3	12
3	LHS1+ASG01+HPSI 6 + 4 + 3	13	LHS1+ASG01+HPSI 5 + 4 + 3	12
4	LHS1+ASG01+LOHS−H2 6 + 4 + 2	12	LHS1+ASG01+LOHS−H2	
5	LHS1+ASG01+LOHS−R 6 + 4 + 1	11	LHS1+ASG01+LOHS−R	
6	LHS1+ASG01+SRV02 6 + 4 + 3	13	LHS1+ASG01+SRV02	
7	LHS1+J04+ASG01 6 + 3 + 4	13	LHS1+J04+ASG01 5 + 3 + 4	12
8	LHS1+J04+EAS03 6 + 3 + 3	12	LHS1+J04+EAS03 5 + 3 + 3	11
9	LHS1+J04+HPR01 6 + 3 + 3	12	LHS1+J04+HPR01 5 + 3 + 3	11
10	LHS1+J04+HPSI 6 + 3 + 3	12	LHS1+J04+HPSI 5 + 3 + 3	11
11	LHS1+J04+LOHS−R 6 + 3 + 1	10	LHS1+J04+LOHS−R 5 + 3 + 1	9

续表

编号	选择受影响的功能	基准分	每一受影响的事故序列的剩余缓解能力评估	结果
12	LHS1+LOHS−H1+ASG01 6 + 2 + 4	12	LHS1+LOHS−H1+ASG01	
13	LHS1+LOHS−H1+J05+EAS03 6 + 2 + 1 + 3	12	LHS1+LOHS−H1+J05+EAS03	
14	LHS1+LOHS−H1+J05+HPR01 6 + 2 + 1 + 3	12	LHS1+LOHS−H1+J05+HPR01 5 + 2 + 1 + 3	11
15	LHS1+LOHS−H1+J05+HPSI 6 + 2 + 1 + 3	12	LHS1+LOHS−H1+J05+HPSI 5 + 2 + 1 + 3	11
16	LHS1+LOHS−H1+J05+LOHS−R 6 + 2 + 1 + 1	10	LHS1+LOHS−H1+J05+LOHS−R	
17	LHS1+P05 6 + 9	15	LHS1+P05	
18	LHS1+SRV03 6 + 4	10	LHS1+SRV03	

表 11-10 部分(RRI 安全段)热阱丧失事件(LHS2)序列

核电厂 SDP 工作表——一部分(RRI 安全段)热阱丧失事件(LHS2)序列	
需求的安全功能	每一安全功能完全可信的缓解能力
主泵停运(P05)	根据 PSA 模型分析,停运主泵的方式很多,其失效概率为 1.5×10^{-9}
稳压器安全阀回座(SRV03)	稳压器安全阀组由安全阀和隔离阀构成,当一回路压力降到某一值后,两个阀门会相继关闭,所以只要一个阀门关闭即可保证稳压器的完整性
实施 RCV 的保护措施(LOHS-H1)	操纵员实施保护 RCV 的两项措施,以保证泵运行可靠性
充排操作(LOHS-H2)	丧失热阱事故下,操纵员实施一回路充排操作
辅助给水供水(ASG01)	ASG 系统有 3 列,两列电动泵,一列汽动泵。此功能事件的成功准则是一台泵供水即可
稳压器安全阀组打开(SRV02)	由三组稳压器安全阀组,1 组稳压器安全阀组打开即可
轴封破口的可能性(J05)	参考 PSA 分析,产生较大轴封破口的概率为 0.1
高压安注直接注入(HPSI)	高压安注由 2 列构成,一列从换料水箱取水,并向一回路冷段注入
高压安注冷段再循环(HPR01)	高压安注由 2 列构成,一列从地坑取水,并向一回路冷段注入
安全壳喷淋再循环(EAS03)	安全壳喷淋系统有 2 列,一列运行成功即可。该功能主要是针对 FB 情况下的再循环,需要操纵员启动。根据 PSA 人因分析,有规程指导的启动失效概率为 1.7×10^{-3},与两列设备失效等量级

续表

编号	选择受影响的功能	基准分	每一受影响的事故序列的剩余缓解能力评估	结果
1	LHS2+ASG01+EAS03 4 + 4 + 3	11	LHS2+ASG01+EAS03	
2	LHS2+ASG01+HPR01 4 + 4 + 3	11	LHS2+ASG01+HPR01 3 + 4 + 3	10
3	LHS2+ASG01+HPSI 4 + 4 + 3	11	LHS2+ASG01+HPSI 3 + 4 + 3	10
4	LHS2+ASG01+LOHS−H2 4 + 4 + 2	10	LHS2+ASG01+LOHS−H2	
5	LHS2+ASG01+SRV02 4 + 4 + 3	11	LHS2+ASG01+SRV02	
6	LHS2+LOHS−H1+ASG01 4 + 2 + 4	10	LHS2+LOHS−H1+ASG01	
7	LHS2+LOHS−H1+J05+EAS03 4 + 2 + 1 + 3	10	LHS2+LOHS−H1+J05+EAS03	
8	LHS2+LOHS−H1+J05+HPR01 4 + 2 + 1 + 3	10	LHS2+LOHS−H1+J05+HPR01 3 + 2 + 1 + 3	9
9	LHS2+LOHS−H1+J05+HPSI 4 + 2 + 1 + 3	10	LHS2+LOHS−H1+J05+HPSI 3 + 2 + 1 + 3	9
10	LHS2+P05 4 + 9	13	LHS2+P05	
11	LHS2+SRV03+ASG01 4 + 4 + 4	12	LHS2+SRV03+ASG01	
12	LHS2+SRV03+EAS03 4 + 4 + 3	11	LHS2+SRV03+EAS03	
13	LHS2+SRV03+HPR01 4 + 4 + 3	11	LHS2+SRV03+HPR01 3 + 4 + 3	10
14	LHS2+SRV03+HPSI 4 + 4 + 3	11	LHS2+SRV03+HPSI 3 + 4 + 3	10

表 11-11　部分(公用回路)热阱丧失事件(LHS3)序列

核电厂 SDP 工作表——部分(公用回路)热阱丧失事件(LHS3)序列	
需求的安全功能	每一安全功能完全可信的缓解能力
主泵停运(P05)	根据 PSA 模型分析,停运主泵的方式很多,其失效概率为 1.5×10^{-9}
稳压器安全阀回座(SRV03)	稳压器安全阀组由安全阀和隔离阀构成,当一回路压力降到某一值后,两个阀门会相继关闭,所以只要一个阀门关闭即可保证稳压器的完整性

续表

需求的安全功能	每一安全功能完全可信的缓解能力
列间阀门关闭信号(I01)	该功能主要隔离设备冷却水系统公用列,保证重要用户的冷却水。根据 PSA 模型分析,列间阀门关闭信号失效概率是:5.0×10^{-3}。
实施 RCV 的保护措施(LOHS-H1)	操纵员实施保护 RCV 的两项措施,以保证泵运行可靠性
充排操作(LOHS-H2)	丧失热阱事故下,操纵员实施一回路实施充排操作
辅助给水供水(ASG01)	ASG 系统有 3 列,两列电动泵,一列汽动泵。此功能事件的成功准则是一台泵供水即可
稳压器安全阀组打开(SRV02)	由三组稳压器安全阀组,1 组稳压器安全阀组打开即可
轴封破口的可能性(J05)	参考 PSA 分析,产生较大轴封破口的概率为 0.1
高压安注直接注入(HPSI)	高压安注由 2 列构成,一列从换料水箱取水,并向一回路冷段注入
高压安注冷段再循环(HPR01)	高压安注由 2 列构成,一列从地坑取水,并向一回路冷段注入
安全壳喷淋再循环(EAS03)	安全壳喷淋系统有 2 列,一列运行成功即可。该功能主要是针对 FB 情况下的再循环,需要操纵员启动。根据 PSA 人因分析,有规程指导的启动失效概率为 1.7×10^{-3},与两列设备失效等量级

编号	选择受影响的功能	基准分	每一受影响的事故序列的剩余缓解能力评估	结果
1	LHS3+ASG01+EAS03 4 + 4 + 3	11	LHS3+ASG01+EAS03	
2	LHS3+ASG01+HPR01 4 + 4 + 3	11	LHS3+ASG01+HPR01 3 + 4 + 3	10
3	LHS3+ASG01+HPSI 4 + 4 + 3	11	LHS3+ASG01+HPSI 3 + 4 + 3	10
4	LHS3+ASG01+LOHS−H2 4 + 4 + 2	10	LHS3+ASG01+LOHS−H2	
5	LHS3+ASG01+SRV02 4 + 4 + 3	11	LHS3+ASG01+SRV02	
6	LHS3+I01+ASG01 4 + 2 + 4	10	LHS3+I01+ASG01	
7	LHS3+I01+J05+EAS03 4 + 2 + 1 + 3	10	LHS3+I01+J05+EAS03	
8	LHS3+I01+J05+HPR01 4 + 2 + 1 + 3	10	LHS3+I01+J05+HPR01 3 + 2 + 1 + 3	9
9	LHS3+I01+J05+HPSI 4 + 2 + 1 + 3	10	LHS3+I01+J05+HPSI 3 + 2 + 1 + 3	9
10	LHS3+LOHS−H3+ASG01 4 + 3 + 4	11	LHS3+LOHS−H3+ASG01	

续表

编号	选择受影响的功能	基准分	每一受影响的事故序列的剩余缓解能力评估	结果
11	LHS3+LOHS-H3+J05+EAS03 4 + 3 + 1 + 3	11	LHS3+LOHS-H3+J05+EAS03	
12	LHS3+LOHS-H3+J05+HPR01 4 + 3 + 1 + 3	11	LHS3+LOHS-H3+J05+HPR01 3 + 3 + 1 + 3	10
13	LHS3+LOHS-H3+J05+HPSI 4 + 3 + 1 + 3	11	LHS3+LOHS-H3+J05+HPSI 3 + 3 + 1 + 3	10
14	LHS3+P05 4 + 9	13	LHS3+P05	
15	LHS3+SRV03+ASG01 4 + 4 + 4	12	LHS3+SRV03+ASG01	
16	LHS3+SRV03+EAS03 4 + 4 + 3	11	LHS3+SRV03+EAS03	
17	LHS3+SRV03+HPR01 4 + 4 + 3	11	LHS3+SRV03+HPR01 3 + 4 + 3	10
18	LHS3+SRV03+HPSI 4 + 4 + 3	11	LHS3+SRV03+HPSI 3 + 4 + 3	10

表 11-12 主给水丧失事件(LMFW)序列

核电厂 SDP 工作表——主给水丧失事件(LMFW)序列	
需求的安全功能	每一安全功能完全可信的缓解能力
辅助给水供水(ASG01)	ASG 系统有 3 列,两列电动泵,一列汽动泵。此功能事件的成功准则是一台泵供水即可
稳压器安全阀回座(SRV03)	稳压器安全阀组由安全阀和隔离阀构成,当一回路压力降到某一值后,两个阀门会相继关闭,所以只要一个阀门关闭即可保证稳压器的完整性
充排操作(LMFW-H1)	操纵员实施一回路充排操作,启动安注和打开稳压器安全阀
高压安注直接注入(HPSI)	高压安注由 2 列构成,一列从换料水箱取水,并向一回路冷段注入
高压安注冷段再循环(HPR01)	高压安注由 2 列构成,一列从地坑取水,并向一回路冷段注入
安全壳喷淋再循环(EAS03)	安全壳喷淋系统有 2 列,一列运行成功即可。该功能主要是针对 FB 情况下的再循环,需要操纵员启动。根据 PSA 人因分析,有规程指导的启动失效概率为 1.7×10^{-3},与两列设备失效等量级

编号	选择受影响的功能	基准分	每一受影响的事故序列的剩余缓解能力评估	结果
1	LMFW+ASG01+EAS03 3 + 4 + 3	10	LMFW+ASG01+EAS03	

续表

编号	选择受影响的功能	基准分	每一受影响的事故序列的剩余缓解能力评估	结果
2	LMFW＋ASG01＋HPR01 3 ＋ 4 ＋ 3	10	LMFW＋ASG01＋HPR01 2 ＋ 4 ＋ 3	9
3	LMFW＋ASG01＋HPSI 3 ＋ 4 ＋ 3	10	LMFW＋ASG01＋HPSI 2 ＋ 4 ＋ 3	9
4	LMFW＋ASG01＋LMFW－H1 3 ＋ 4 ＋ 3	10	LMFW＋ASG01＋LMFW－H1	

表 11-13　压缩空气丧失事件(LOIA)序列

核电厂 SDP 工作表——压缩空气丧失事件(LOIA)序列	
需求的安全功能	每一安全功能完全可信的缓解能力
辅助给水供水(ASG01)	ASG 系统有 3 列，两列电动泵，一列汽动泵。此功能事件的成功准则是一台泵供水即可
稳压器安全阀回座(SRV03)	稳压器安全阀组由安全阀和隔离阀构成，当一回路压力降到某一值后，两个阀门会相继关闭，所以只要一个阀门关闭即可保证稳压器的完整性
充排操作(LMFW-H1)	操纵员实施一回路实施充排操作，启动安注和打开稳压器安全阀
高压安注直接注入(HPSI)	高压安注由 2 列构成，一列从换料水箱取水，并向一回路冷段注入
稳压器安全阀组打开(SRV02)	由三组稳压器安全阀组，1 组稳压器安全阀组打开即可
高压安注冷段再循环(HPR01)	高压安注由 2 列构成，一列从地坑取水，并向一回路冷段注入
安全壳喷淋再循环(EAS03)	安全壳喷淋系统有 2 列，一列运行成功即可。该功能主要是针对 FB 情况下的再循环，需要操纵员启动。根据 PSA 人因分析，有规程指导的启动失效概率为 1.7×10^{-3}，与两列设备失效等量级

编号	选择受影响的功能	基准分	每一受影响的事故序列的剩余缓解能力评估	结果
1	LOIA＋ASG01＋EAS03 4 ＋ 4 ＋ 3	11	LOIA＋ASG01＋EAS03	
2	LOIA＋ASG01＋HPR01 4 ＋ 4 ＋ 3	11	LOIA＋ASG01＋HPR01 3 ＋ 4 ＋ 3	10
3	LOIA＋ASG01＋HPSI 4 ＋ 4 ＋ 3	11	LOIA＋ASG01＋HPSI 3 ＋ 4 ＋ 3	10
4	LOIA＋ASG01＋LMFW－H1 4 ＋ 4 ＋ 3	11	LOIA＋ASG01＋LMFW－H1	
5	LOIA＋ASG01＋SRV02 4 ＋ 4 ＋ 3	11	LOIA＋ASG01＋SRV02	

表 11-14 厂外电源丧失事件(LOOP)序列

核电厂 SDP 工作表——厂外电源丧失事件(LOOP)序列	
需求的安全功能	每一安全功能完全可信的缓解能力
应急柴油发电机(EDG)	两台相同的应急柴油发电机组,一台成功启动并带负荷运行
辅助给水供水(ASG02)	对于全厂断电事故,ASG 系统只有汽动泵可用
稳压器安全阀回座(SRV03)	稳压器安全阀组由安全阀和隔离阀构成,当一回路压力降到某一值后,两个阀门会相继关闭,所以只要一个阀门关闭即可保证稳压器的完整性
LLS 系统(LLS)	该功能由一台汽轮机及其发电机构成
充排操作(LOOP-H1)	LOOP 事故下,操纵员实施一回路充排操作
应急轴封注入(J03)	该功能由一台水压试验泵及注入管线构成
轴封破口的可能性(J05)	参考 PSA 分析,产生较大轴封破口的概率为 0.1
交流电源恢复(LOOP-R)	全厂断电事故下,电源恢复有相关程序,允许时间>1 h,根据 PSA 分析,交流电源的恢复失效概率 0.62。因此该功能剩余能力因子为 1
辅助给水供水(ASG01)	ASG 系统有 3 列,两列电动泵,一列汽动泵。此功能事件的成功准则是一台泵供水即可
辅助给水供水(ASG04)	ASG 系统有 3 列,两列电动泵,一列汽动泵。此功能事件的成功准则是一台泵供水即可,针对 LOOP 事故下一列电源恢复
相邻机组供电(LOOP-H2)	操纵员切换到相邻机组 LNE360CR 供电
高压安注直接注入(HPSI)	高压安注由 2 列构成,一列从换料水箱取水,并向一回路冷段注入
稳压器安全阀组打开(SRV02)	由三组稳压器安全阀组,1 组稳压器安全阀组打开即可
高压安注冷段再循环(HPR01)	高压安注由 2 列构成,一列从地坑取水,并向一回路冷段注入
安全壳喷淋再循环(EAS03)	安全壳喷淋系统有 2 列,一列运行成功即可。该功能主要是针对 FB 情况下的再循环,需要操纵员启动。根据 PSA 人因分析,有规程指导的启动失效概率为 1.7×10^{-3},与两列设备失效等量级

编号	选择受影响的功能	基准分	每一受影响的事故序列的剩余缓解能力评估	结果
1	LOOP+ASG01+EAS03 4 + 4 + 3	11	LOOP+ASG01+EAS03	
2	LOOP+ASG01+HPR01 4 + 4 + 3	11	LOOP+ASG01+HPR01 3 + 4 + 3	10
3	LOOP+ASG01+HPSI 4 + 4 + 3	11	LOOP+ASG01+HPSI 3 + 4 + 3	10
4	LOOP+ASG01+LOOP−H1 4 + 4 + 3	11	LOOP+ASG01+LOOP−H1	

续表

编号	选择受影响的功能	基准分	每一受影响的事故序列的剩余缓解能力评估	结果
5	LOOP+ASG01+SRV02 4 + 4 + 3	11	LOOP+ASG01+SRV02	
6	LOOP+EDG+ASG02+ASG04 4 + 3 + 1 + 2	10	LOOP+EDG+ASG02+ASG04	
7	LOOP+EDG+ASG02+J03+ASG04 4 + 3 + 1 + 2 + 2	12	LOOP+EDG+ASG02+J03+ASG04	
8	LOOP+EDG+ASG02+J03+HPSI 4 + 3 + 1 + 2 + 3	13	LOOP+EDG+ASG02+J03+HPSI 3 + 3 + 1 + 2 + 3	12
9	LOOP+EDG+ASG02+J03+LOOP-R 4 + 3 + 1 + 2 + 1	11	LOOP+EDG+ASG02+J03+LOOP-R	
10	LOOP+EDG+ASG02+LLS+ASG04 4 + 3 + 1 + 1 + 2	11	LOOP+EDG+ASG02+LLS+ASG04	
11	LOOP+EDG+ASG02+LLS+HPSI 4 + 3 + 1 + 1 + 3	12	LOOP+EDG+ASG02+LLS+HPSI 3 + 3 + 1 + 1 + 3	11
12	LOOP+EDG+ASG02+LLS+LOOP-R 4 + 3 + 1 + 1 + 1	10	LOOP+EDG+ASG02+LLS+LOOP-R	
13	LOOP+EDG+ASG02+LOOP-R 4 + 3 + 1 + 1	9	LOOP+EDG+ASG02+LOOP-R	
14	LOOP+EDG+ASG02+SRV03 4 + 3 + 1 + 4	12	LOOP+EDG+ASG02+SRV03	
15	LOOP+EDG+J03+J05+HPSI 4 + 3 + 2 + 1 + 3	13	LOOP+EDG+J03+J05+HPSI 3 + 3 + 2 + 1 + 3	12
16	LOOP+EDG+J03+J05+LOOP-R 4 + 3 + 2 + 1 + 1	10	LOOP+EDG+J03+J05+LOOP-R	
17	LOOP+EDG+LLS+J05+HPSI 4 + 3 + 1 + 1 + 3	12	LOOP+EDG+LLS+J05+HPSI 3 + 3 + 1 + 1 + 3	11
18	LOOP+EDG+LLS+J05+LOOP-R 4 + 3 + 1 + 1 + 1	10	LOOP+EDG+LLS+J05+LOOP-R	
19	LOOP+EDG+LLS+LOOP-H2 4 + 3 + 1 + 3	11	LOOP+EDG+LLS+LOOP-H2	
20	LOOP+EDG+LLS+LOOP-H2+ASG04 4 + 3 + 1 + 3 + 2	13	LOOP+EDG+LLS+LOOP-H2+ASG04	
21	LOOP+EDG+LLS+LOOP-H2+HPSI 4 + 3 + 1 + 3 + 3	14	LOOP+EDG+LLS+LOOP-H2+HPSI 3 + 3 + 1 + 3 + 3	13

续表

编号	选择受影响的功能	基准分	每一受影响的事故序列的剩余缓解能力评估	结果
22	LOOP+EDG+LLS+LOOP−H2+LOOP−R 4 + 3 + 1 + 3 + 1	12	LOOP+EDG+LLS+LOOP−H2+LOOP−R	
23	LOOP+EDG+SRV03 4 + 3 + 4	11	LOOP+EDG+SRV03	

表 11-15　一回路中破口事件(MLOCA)序列

核电厂 SDP 工作表——一回路中破口事件(MLOCA)序列	
需求的安全功能	每一安全功能完全可信的缓解能力
安全壳喷淋直接注入(EAS01)	安全壳喷淋系统有 2 列,一列运行成功即可,系统是自动启动
高压安注直接注入(HPSI)	高压安注由 2 列构成,一列从换料水箱取水,并向一回路冷段注入
未误停安注(LOCA-H1)	LOCA 事故下操纵员没有误停安注
高压安注冷段再循环(HPR01)	高压安注由 2 列构成,一列从地坑取水,并向一回路冷段注入
降温降压操作(LOCA-H2)	操纵员使用二次侧对一回路实施降温降压操作
二次侧快速冷却 (ASG05)	ASG 系统有 3 列,两列电动泵,一列汽动泵。此功能事件的成功准则是两台电动泵或一台汽动泵,同时必须 2/3GTCa 可用
中压安注(SIT)	中压安注有 3 个安注箱及注入管线,对于主回路上的破口,只有两列可用,因此该功能的剩余能力是 3
低压安注直接注入(LPSI)	低压安注由 2 列构成,一列从换料水箱取水,并向一回路冷段注入
低压安注冷段再循环(LPR01)	低压安注由 2 列构成,一列从地坑取水,并向一回路冷段注入
安全壳喷淋再循环(EAS02)	安全壳喷淋系统有 2 列,一列运行成功即可,系统是自动切换

编号	选择受影响的功能	基准分	每一受影响的事故序列的剩余缓解能力评估	结果
1	MLOCA+EAS01 6 + 3	9	MLOCA+EAS01	
2	MLOCA+EAS02 6 + 3	9	MLOCA+EAS02	
3	MLOCA+HPR01+ASG05 6 + 3 + 2	11	MLOCA+HPR01+ASG05 5 + 3 + 2	10
4	MLOCA+HPR01+EAS02 6 + 3 + 3	12	MLOCA+HPR01+EAS02 5 + 3 + 3	11
5	MLOCA+HPR01+LOCA−H2 6 + 3 + 1	10	MLOCA+HPR01+LOCA−H2 5 + 3 + 1	9
6	MLOCA+HPR01+LPR01 6 + 3 + 3	12	MLOCA+HPR01+LPR01 5 + 3 + 3	11

续表

编号	选择受影响的功能	基准分	每一受影响的事故序列的剩余缓解能力评估	结果
7	MLOCA＋HPR01＋LPR02 6 ＋ 3 ＋ 3	12	MLOCA＋HPR01＋LPR02 5 ＋ 3 ＋ 3	11
8	MLOCA＋HPR01＋SIT 6 ＋ 3 ＋ 3	12	MLOCA＋HPR01＋SIT 5 ＋ 3 ＋ 3	11
9	MLOCA＋HPR02＋ASG05 6 ＋ 3 ＋ 2	11	MLOCA＋HPR02＋ASG05 5 ＋ 3 ＋ 2	10
10	MLOCA＋HPR02＋EAS02 6 ＋ 3 ＋ 3	12	MLOCA＋HPR02＋EAS02 5 ＋ 3 ＋ 3	11
11	MLOCA＋HPR02＋LOCA－H2 6 ＋ 3 ＋ 1	10	MLOCA＋HPR02＋LOCA－H2 5 ＋ 3 ＋ 1	9
12	MLOCA＋HPR02＋LPR02 6 ＋ 3 ＋ 3	12	MLOCA＋HPR02＋LPR02 5 ＋ 3 ＋ 3	11
13	MLOCA＋HPR02＋SIT 6 ＋ 3 ＋ 3	12	MLOCA＋HPR02＋SIT 5 ＋ 3 ＋ 3	11
14	MLOCA＋HPSI＋ASG05 6 ＋ 3 ＋ 2	11	MLOCA＋HPSI＋ASG05 5 ＋ 3 ＋ 2	10
15	MLOCA＋HPSI＋EAS02 6 ＋ 3 ＋ 3	12	MLOCA＋HPSI＋EAS02 5 ＋ 3 ＋ 3	11
16	MLOCA＋HPSI＋LOCA－H2 6 ＋ 3 ＋ 1	10	MLOCA＋HPSI＋LOCA－H2 5 ＋ 3 ＋ 1	9
17	MLOCA＋HPSI＋LPR01 6 ＋ 3 ＋ 3	12	MLOCA＋HPSI＋LPR01 5 ＋ 3 ＋ 3	11
18	MLOCA＋HPSI＋LPR02 6 ＋ 3 ＋ 3	12	MLOCA＋HPSI＋LPR02 5 ＋ 3 ＋ 3	11
19	MLOCA＋HPSI＋LPSI 6 ＋ 3 ＋ 3	12	MLOCA＋HPSI＋LPSI 5 ＋ 3 ＋ 3	11
20	MLOCA＋HPSI＋SIT 6 ＋ 3 ＋ 3	12	MLOCA＋HPSI＋SIT 5 ＋ 3 ＋ 3	11
21	MLOCA＋LOCA－H1 6 ＋ 3	9	MLOCA＋LOCA－H1	
22	MLOCA＋SIT 6 ＋ 3	9	MLOCA＋SIT	

表 11-16 安全壳内主蒸汽管破裂事件(MSLB1)序列

核电厂 SDP 工作表——安全壳内主蒸汽管破裂事件(MSLB1)序列	
需求的安全功能	每一安全功能完全可信的缓解能力
主蒸汽隔离阀(MSIV)	事故蒸汽发生器回路的主蒸汽隔离阀关闭？其他回路的关闭即可，相当于两列
高压安注直接注入(HPSI)	高压安注由 2 列构成，一列从换料水箱取水，并向一回路冷段注入
安全壳喷淋直接注入(EAS01)	安全壳喷淋系统有 2 列，一列运行成功即可，系统是自动启动
辅助给水供水(ASG03)	ASG 系统有 3 列，两列电动泵，一列汽动泵。此功能事件的成功准则是两台电动泵或一台汽动泵
事故蒸汽发生器隔离和水箱补水(MSLB-H1)	主蒸汽管道破裂事故下，事故蒸汽发生器隔离并向辅助给水水箱补水
充排操作(MSLB-H2)	主蒸汽管道破裂事故下，操纵员实施一回路实施充排操作
稳压器安全阀组打开(SRV02)	由三组稳压器安全阀组，1 组稳压器安全阀组打开即可
高压安注冷段再循环(HPR01)	高压安注由 2 列构成，一列从地坑取水，并向一回路冷段注入
安全壳喷淋再循环(EAS02)	安全壳喷淋系统有 2 列，一列运行成功即可，系统是自动切换

编号	选择受影响的功能	基准分	每一受影响的事故序列的剩余缓解能力评估	结果
1	MSLB1＋ASG03＋EAS02 5 ＋ 4 ＋ 3	12	MSLB1＋ASG03＋EAS02	
2	MSLB1＋ASG03＋HPR01 5 ＋ 4 ＋ 3	12	MSLB1＋ASG03＋HPR01 4 ＋ 4 ＋ 3	11
3	MSLB1＋ASG03＋MSLB－H2 5 ＋ 4 ＋ 1	10	MSLB1＋ASG03＋MSLB－H2	
4	MSLB1＋ASG03＋SRV02 5 ＋ 4 ＋ 3	12	MSLB1＋ASG03＋SRV02	
5	MSLB1＋HPSI 5 ＋ 3	8	MSLB1＋HPSI 4 ＋ 3	7
6	MSLB1＋MSIV＋EAS01 5 ＋ 3 ＋ 3	11	MSLB1＋MSIV＋EAS01	
7	MSLB1＋MSIV＋EAS02 5 ＋ 3 ＋ 3	11	MSLB1＋MSIV＋EAS02	
8	MSLB1＋MSIV＋HPR01 5 ＋ 3 ＋ 3	11	MSLB1＋MSIV＋HPR01 4 ＋ 3 ＋ 3	10
9	MSLB1＋MSIV＋HPSI 5 ＋ 3 ＋ 3	11	MSLB1＋MSIV＋HPSI 4 ＋ 3 ＋ 3	10
10	MSLB1＋MSIV＋MSLB－H2 5 ＋ 3 ＋ 1	9	MSLB1＋MSIV＋MSLB－H2	

续表

编号	选择受影响的功能	基准分	每一受影响的事故序列的剩余缓解能力评估	结果
11	MSLB1＋MSIV＋SRV02 5 ＋ 3 ＋ 3	11	MSLB1＋MSIV＋SRV02	
12	MSLB1＋MSLB－H1＋EAS02 5 ＋ 3 ＋ 3	11	MSLB1＋MSLB－H1＋EAS02	
13	MSLB1＋MSLB－H1＋HPR01 5 ＋ 3 ＋ 3	11	MSLB1＋MSLB－H1＋HPR01 4 ＋ 3 ＋ 3	10
14	MSLB1＋MSLB－H1＋MSLB－H2 5 ＋ 3 ＋ 1	9	MSLB1＋MSLB－H1＋MSLB－H2	
15	MSLB1＋MSLB－H1＋SRV02 5 ＋ 3 ＋ 3	11	MSLB1＋MSLB－H1＋SRV02	

表 11-17　安全壳外主蒸汽隔离阀上游蒸汽管破裂事件(MSLB2)序列

核电厂 SDP 工作表——安全壳外主蒸汽隔离阀上游蒸汽管破裂事件(MSLB2)序列	
需求的安全功能	每一安全功能完全可信的缓解能力
主蒸汽隔离阀(MSIV)	事故蒸汽发生器回路的主蒸汽隔离阀关闭？其他回路的关闭即可，相当于两列
高压安注直接注入(HPSI)	高压安注由 2 列构成，一列从换料水箱取水，并向一回路冷段注入
辅助给水供水(ASG03)	ASG 系统有 3 列，两列电动泵，一列汽动泵。此功能事件的成功准则是两台电动泵或一台汽动泵
事故蒸汽发生器隔离和水箱补水(MSLB-H1)	主蒸汽管道破裂事故下，事故蒸汽发生器隔离并向辅助给水水箱补水
充排操作(MSLB-H2)	主蒸汽管道破裂事故下，操纵员实施一回路实施充排操作
稳压器安全阀组打开(SRV02)	由三组稳压器安全阀组，1 组稳压器安全阀组打开即可
高压安注冷段再循环(HPR01)	高压安注由 2 列构成，一列从地坑取水，并向一回路冷段注入
安全壳喷淋再循环(EAS03)	安全壳喷淋系统有 2 列，一列运行成功即可。该功能主要是针对 FB 情况下的再循环，需要操纵员启动。根据 PSA 人因分析，有规程指导的启动失效概率为 1.7×10^{-3}，与两列设备失效等量级

编号	选择受影响的功能	基准分	每一受影响的事故序列的剩余缓解能力评估	结果
1	MSLB2＋ASG03＋EAS03 5 ＋ 4 ＋ 3	12	MSLB2＋ASG03＋EAS03	
2	MSLB2＋ASG03＋HPR01 5 ＋ 4 ＋ 3	12	MSLB2＋ASG03＋HPR01 4 ＋ 4 ＋ 3	11

续表

编号	选择受影响的功能	基准分	每一受影响的事故序列的剩余缓解能力评估	结果
3	MSLB2+ASG03+MSLB−H2 5 + 4 + 1	10	MSLB2+ASG03+MSLB−H2	
4	MSLB2+ASG03+SRV02 5 + 4 + 3	12	MSLB2+ASG03+SRV02	
5	MSLB2+HPSI 5 + 3	8	MSLB2+HPSI 4 + 3	7
6	MSLB2+MSIV+EAS03 5 + 3 + 3	11	MSLB2+MSIV+EAS03	
7	MSLB2+MSIV+HPR01 5 + 3 + 3	11	MSLB2+MSIV+HPR01 4 + 3 + 3	10
8	MSLB2+MSIV+HPSI 5 + 3 + 3	11	MSLB2+MSIV+HPSI 4 + 3 + 3	10
9	MSLB2+MSIV+MSLB−H2 5 + 3 + 1	9	MSLB2+MSIV+MSLB−H2	
10	MSLB2+MSIV+SRV02 5 + 3 + 3	11	MSLB2+MSIV+SRV02	
11	MSLB2+MSLB−H1+EAS03 5 + 3 + 3	11	MSLB2+MSLB−H1+EAS03	
12	MSLB2+MSLB−H1+HPR01 5 + 3 + 3	11	MSLB2+MSLB−H1+HPR01 4 + 3 + 3	10
13	MSLB2+MSLB−H1+MSLB−H2 5 + 3 + 1	9	MSLB2+MSLB−H1+MSLB−H2	
14	MSLB2+MSLB−H1+SRV02 5 + 3 + 3	11	MSLB2+MSLB−H1+SRV02	

表 11-18 安全壳外主蒸汽隔离阀下游蒸汽管破裂事件(MSLB3)序列

核电厂 SDP 工作表——安全壳外主蒸汽隔离阀下游蒸汽管破裂事件(MSLB3)序列	
需求的安全功能	每一安全功能完全可信的缓解能力
主蒸汽隔离阀(MSIV)	事故蒸汽发生器回路的主蒸汽隔离阀关闭？其他回路的关闭即可，相当于两列
高压安注直接注入(HPSI)	高压安注由 2 列构成，一列从换料水箱取水，并向一回路冷段注入
辅助给水供水(ASG03)	ASG 系统有 3 列，两列电动泵，一列汽动泵。此功能事件的成功准则是两台电动泵或一台汽动泵
充排操作(MSLB-H2)	主蒸汽管道破裂事故下，操纵员实施一回路充排操作

续表

需求的安全功能	每一安全功能完全可信的缓解能力
稳压器安全阀组打开(SRV02)	由三组稳压器安全阀组,1 组稳压器安全阀组打开即可
高压安注冷段再循环(HPR01)	高压安注由 2 列构成,一列从地坑取水,并向一回路冷段注入
安全壳喷淋再循环(EAS03)	安全壳喷淋系统有 2 列,一列运行成功即可。该功能主要是针对 FB 情况下的再循环,需要操纵员启动。根据 PSA 人因分析,有规程指导的启动失效概率为 1.7×10^{-3},与两列设备失效等量级

编号	选择受影响的功能	基准分	每一受影响的事故序列的剩余缓解能力评估	结果
1	MSLB3＋ASG03＋EAS03 5 ＋ 4 ＋ 3	12	MSLB3＋ASG03＋EAS03	
2	MSLB3＋ASG03＋HPR01 5 ＋ 4 ＋ 3	12	MSLB3＋ASG03＋HPR01 4 ＋ 4 ＋ 3	11
3	MSLB3＋ASG03＋MSLB－H2 5 ＋ 4 ＋ 1	10	MSLB3＋ASG03＋MSLB－H2	
4	MSLB3＋ASG03＋SRV02 5 ＋ 4 ＋ 3	12	MSLB3＋ASG03＋SRV02	
5	MSLB3＋MSIV＋EAS03 5 ＋ 3 ＋ 3	11	MSLB3＋MSIV＋EAS03	
6	MSLB3＋MSIV＋HPR01 5 ＋ 3 ＋ 3	11	MSLB3＋MSIV＋HPR01 4 ＋ 3 ＋ 3	10
7	MSLB3＋MSIV＋HPSI 5 ＋ 3 ＋ 3	11	MSLB3＋MSIV＋HPSI 4 ＋ 3 ＋ 3	10
8	MSLB3＋MSIV＋MSLB－H2 5 ＋ 3 ＋ 1	9	MSLB3＋MSIV＋MSLB－H2	
9	MSLB3＋MSIV＋SRV02 5 ＋ 3 ＋ 3	11	MSLB3＋MSIV＋SRV02	

表 11-19　蒸汽发生器传热管破裂事件(SGTR)序列

核电厂 SDP 工作表——蒸汽发生器传热管破裂事件(SGTR)序列	
需求的安全功能	每一安全功能完全可信的缓解能力
二次侧快速冷却 (ASG05)	ASG 系统有 3 列,两列电动泵,一列汽动泵。此功能事件的成功准则是两台电动泵或一台汽动泵,同时必须 2/3GTCa 可用
高压安注直接注入(HPSI)	高压安注由 2 列构成,一列从换料水箱取水,并向一回路冷段注入
充排操作(SGTR-H1)	SGTR 事故下,操纵员实施一回路充排操作

续表

需求的安全功能	每一安全功能完全可信的缓解能力
破损 SG 充满前降压（SGTR-H2）	SGTR 事故下，破损蒸汽发生器充满前降压到释放阀整定压力之下
破损 SG 充满后降压（SGTR-H3）	SGTR 事故下，破损蒸汽发生器充满后降压到释放阀整定压力之下的操作
事故蒸汽发生器隔离（SGTR-H4）	SGTR 事故下隔离事故蒸汽发生器
实施快速冷却（SGTR-H5）	SGTR 事故下实施蒸汽发生器将堆芯冷却至 RRA 连接
辅助给水箱补水（SGTR-H6）	SGTR 事故下辅助给水箱补水
稳压器安全阀组打开（SRV02）	由三组稳压器安全阀组，1 组稳压器安全阀组打开即可
事故 SG 的大气旁路阀和安全阀回座（MSSV）	根据 PSA 故障树分析，未回座的失效概率在 3.0×10^{-4}。因此，剩余能力因子是 4
喷淋（SPAY）	一回路降压可以由主喷淋或辅助喷淋实现，所以剩余能力因子为 4
高压安注冷段再循环（HPR01）	高压安注由 2 列构成，一列从地坑取水，并向一回路冷段注入
安全壳喷淋再循环（EAS03）	安全壳喷淋系统有 2 列，一列运行成功即可。该功能主要是针对 FB 情况下的再循环，需要操纵员启动。根据 PSA 人因分析，有规程指导的启动失效概率为 1.7×10^{-3}，与两列设备失效等量级
余热排出系统（RRA）	余热排出系统由两个相同列组成，一列运行成功即可

编号	选择受影响的功能	基准分	每一受影响的事故序列的剩余缓解能力评估	结果
1	SGTR＋ASG05＋EAS03 5 ＋ 2 ＋ 3	10	SGTR＋ASG05＋EAS03	
2	SGTR＋ASG05＋HPR01 5 ＋ 2 ＋ 3	10	SGTR＋ASG05＋HPR01 4 ＋ 2 ＋ 3	9
3	SGTR＋ASG05＋HPSI 5 ＋ 2 ＋ 3	10	SGTR＋ASG05＋HPSI 4 ＋ 2 ＋ 3	9
4	SGTR＋ASG05＋SGTR－H1 5 ＋ 2 ＋ 2	9	SGTR＋ASG05＋SGTR－H1	
5	SGTR＋ASG05＋SRV02 5 ＋ 2 ＋ 3	10	SGTR＋ASG05＋SRV02	
6	SGTR＋HPSI＋SGTR－H2 5 ＋ 3 ＋ 1	9	SGTR＋HPSI＋SGTR－H2 4 ＋ 3 ＋ 1	8
7	SGTR＋HPSI＋SGTR－H4 5 ＋ 3 ＋ 3	11	SGTR＋HPSI＋SGTR－H4 4 ＋ 3 ＋ 3	10
8	SGTR＋HPSI＋SGTR－H6＋RRA 5 ＋ 3 ＋ 3 ＋ 3	14	SGTR＋HPSI＋SGTR－H6＋RRA 4 ＋ 3 ＋ 3 ＋ 3	13

续表

编号	选择受影响的功能	基准分	每一受影响的事故序列的剩余缓解能力评估	结果
9	SGTR＋HPSI＋SPAY 5 ＋ 3 ＋ 4	12	SGTR＋HPSI＋SPAY 4 ＋ 3 ＋ 4	11
10	SGTR＋SGTR－H2＋SGTR－H3 5 ＋ 1 ＋ 3	9	SGTR＋SGTR－H2＋SGTR－H3	
11	SGTR＋SGTR－H2＋SGTR－H4＋RRA 5 ＋ 1 ＋ 3 ＋ 3	12	SGTR＋SGTR－H2＋SGTR－H4＋RRA	
12	SGTR＋SGTR－H2＋SGTR－H4＋SGTR－H5 5 ＋ 1 ＋ 3 ＋ 3	12	SGTR＋SGTR－H2＋SGTR－H4＋SGTR－H5	
13	SGTR＋SGTR－H2＋SGTR－H6＋RRA 5 ＋ 1 ＋ 3 ＋ 3	12	SGTR＋SGTR－H2＋SGTR－H6＋RRA	
14	SGTR＋SGTR－H2＋SPAY 5 ＋ 1 ＋ 4	10	SGTR＋SGTR－H2＋SPAY	
15	SGTR＋SGTR－H4＋RRA 5 ＋ 3 ＋ 3	11	SGTR＋SGTR－H4＋RRA	
16	SGTR＋SGTR－H4＋SGTR－H5 5 ＋ 3 ＋ 3	11	SGTR＋SGTR－H4＋SGTR－H5	
17	SGTR＋SGTR－H6＋RRA 5 ＋ 3 ＋ 3	11	SGTR＋SGTR－H6＋RRA	
18	SGTR＋SPAY 5 ＋ 4	9	SGTR＋SPAY	

表 11-20　一回路小破口事件(SLOCA)序列

核电厂 SDP 工作表——一回路小破口事件(SLOCA)序列	
需求的安全功能	每一安全功能完全可信的缓解能力
二次侧快速冷却（ASG05)	ASG 系统有 3 列，两列电动泵，一列汽动泵。此功能事件的成功准则是两台电动泵或一台汽动泵，同时必须 2/3GTCa 可用
高压安注直接注入(HPSI)	高压安注由 2 列构成，一列从换料水箱取水，并向一回路冷段注入
未误停安注(LOCA－H1)	LOCA 事故下操纵员没有误停安注
降温降压操作(LOCA－H2)	操纵员使用二次侧对一回路实施降温降压操作
充排操作(LOCA－H3)	LOCA 事故下，操纵员实施一回路充排操作
稳压器安全阀组打开(SRV02)	由三组稳压器安全阀组，1 组稳压器安全阀组打开即可
高压安注冷段再循环(HPR01)	高压安注由 2 列构成，一列从地坑取水，并向一回路冷段注入
中压安注(SIT)	中压安注有 3 个安注箱及注入管线，对于主回路上的破口，只有两列可用，因此该功能的剩余能力是 3

续表

需求的安全功能	每一安全功能完全可信的缓解能力
低压安注直接注入(LPSI)	低压安注由 2 列构成,一列从换料水箱取水,并向一回路冷段注入
低压安注冷段再循环(LPR01)	低压安注由 2 列构成,一列从地坑取水,并向一回路冷段注入
余热排出系统(RRA)	余热排出系统由两个相同列组成,一列运行成功即可
安全壳喷淋直接注入(EAS01)	安全壳喷淋系统有 2 列,一列运行成功即可,系统是自动启动
安全壳喷淋再循环(EAS02)	安全壳喷淋系统有 2 列,一列运行成功即可,系统是自动切换

编号	选择受影响的功能	基准分	每一受影响的事故序列的剩余缓解能力评估	结果
1	SLOCA+ASG05+EAS01 5 + 2 + 3	10	SLOCA+ASG05+EAS01	
2	SLOCA+ASG05+EAS02 5 + 2 + 3	10	SLOCA+ASG05+EAS02	
3	SLOCA+ASG05+HPR01 5 + 2 + 3	10	SLOCA+ASG05+HPR01 4 + 2 + 3	9
4	SLOCA+ASG05+HPSI 5 + 2 + 3	10	SLOCA+ASG05+HPSI 4 + 2 + 3	9
5	SLOCA+ASG05+LOCA−H1 5 + 2 + 3	10	SLOCA+ASG05+LOCA−H1	
6	SLOCA+ASG05+LOCA−H3 5 + 2 + 2	9	SLOCA+ASG05+LOCA−H3	
7	SLOCA+ASG05+SRV02 5 + 2 + 3	10	SLOCA+ASG05+SRV02	
8	SLOCA+HPSI+LOCA−H2 5 + 3 + 1	9	SLOCA+HPSI+LOCA−H2 4 + 3 + 1	8
9	SLOCA+HPSI+LPR01 5 + 3 + 3	11	SLOCA+HPSI+LPR01 4 + 3 + 3	10
10	SLOCA+HPSI+LPSI 5 + 3 + 3	11	SLOCA+HPSI+LPSI 4 + 3 + 3	10
11	SLOCA+HPSI+RRA+EAS02 5 + 3 + 3 + 3	14	SLOCA+HPSI+RRA+EAS02 4 + 3 + 3 + 3	13
12	SLOCA+HPSI+SIT 5 + 3 + 3	11	SLOCA+HPSI+SIT 4 + 3 + 3	10
13	SLOCA+LOCA−H1 5 + 3	8	SLOCA+LOCA−H1	

续表

编号	选择受影响的功能	基准分	每一受影响的事故序列的剩余缓解能力评估	结果
14	SLOCA+LOCA－H2+EAS02 5 + 1 + 3	9	SLOCA+LOCA－H2+EAS02	
15	SLOCA+LOCA－H2+HPR01 5 + 1 + 3	9	SLOCA+LOCA－H2+HPR01 4 + 1 + 3	8
16	SLOCA+LPR01 5 + 3	8	SLOCA+LPR01	
17	SLOCA+LPSI 5 + 3	8	SLOCA+LPSI	
18	SLOCA+RRA+EAS02 5 + 3 + 3	11	SLOCA+RRA+EAS02	

表 11-21　稳压器汽相 SEBIM 阀破口失水事故(SORV)序列

核电厂 SDP 工作表——稳压器汽相 SEBIM 阀破口失水事故(SORV)序列	
需求的安全功能	每一安全功能完全可信的缓解能力
二次侧快速冷却（ASG05）	ASG 系统有 3 列，两列电动泵，一列汽动泵。此功能事件的成功准则是两台电动泵或一台汽动泵，同时必须 2/3GTCa 可用
高压安注直接注入(HPSI)	高压安注由 2 列构成，一列从换料水箱取水，并向一回路冷段注入
未误停安注(LOCA-H1)	LOCA 事故下操纵员没有误停安注
降温降压操作(LOCA-H2)	操纵员使用二次侧对一回路实施降温降压操作
充排操作(LOCA-H3)	LOCA 事故下，操纵员实施一回路充排操作
稳压器安全阀组打开(SRV02)	由三组稳压器安全阀组，1 组稳压器安全阀组打开即可
高压安注冷段再循环(HPR01)	高压安注由 2 列构成，一列从地坑取水，并向一回路冷段注入
中压安注(SIT)	中压安注有 3 个安注箱及注入管线，对于主回路上的破口，只有两列可用，因此该功能的剩余能力是 3
低压安注直接注入(LPSI)	低压安注由 2 列构成，一列从换料水箱取水，并向一回路冷段注入
低压安注冷段再循环(LPR01)	低压安注由 2 列构成，一列从地坑取水，并向一回路冷段注入
余热排出系统(RRA)	余热排出系统由两个相同列组成，一列运行成功即可
安全壳喷淋直接注入(EAS01)	安全壳喷淋系统有 2 列，一列运行成功即可，系统是自动启动
安全壳喷淋再循环(EAS02)	安全壳喷淋系统有 2 列，一列运行成功即可，系统是自动切换

编号	选择受影响的功能	基准分	每一受影响的事故序列的剩余缓解能力评估	结果
1	SORV+ASG05+EAS01 7 + 2 + 3	12	SORV+ASG05+EAS01	

续表

编号	选择受影响的功能	基准分	每一受影响的事故序列的剩余缓解能力评估	结果
2	SORV+ASG05+EAS02 7 + 2 + 3	12	SORV+ASG05+EAS02	
3	SORV+ASG05+HPR01 7 + 2 + 3	12	SORV+ASG05+HPR01 6 + 2 + 3	11
4	SORV+ASG05+HPSI 7 + 2 + 3	12	SORV+ASG05+HPSI 6 + 2 + 3	11
5	SORV+ASG05+LOCA−H1 7 + 2 + 3	12	SORV+ASG05+LOCA−H1	
6	SORV+ASG05+LOCA−H3 7 + 2 + 2	11	SORV+ASG05+LOCA−H3	
7	SORV+ASG05+SRV02 7 + 2 + 3	12	SORV+ASG05+SRV02	
8	SORV+HPSI+LOCA−H2 7 + 3 + 1	11	SORV+HPSI+LOCA−H2 6 + 3 + 1	10
9	SORV+HPSI+LPR01 7 + 3 + 3	13	SORV+HPSI+LPR01 6 + 3 + 3	12
10	SORV+HPSI+LPSI 7 + 3 + 3	13	SORV+HPSI+LPSI 6 + 3 + 3	12
11	SORV+HPSI+RRA+EAS02 7 + 3 + 3 + 3	16	SORV+HPSI+RRA+EAS02 6 + 3 + 3 + 3	15
12	SORV+HPSI+SIT 7 + 3 + 3	13	SORV+HPSI+SIT 6 + 3 + 3	12
13	SORV+LOCA−H1 7 + 3	10	SORV+LOCA−H1	
14	SORV+LOCA−H2+EAS02 7 + 1 + 3	11	SORV+LOCA−H2+EAS02	
15	SORV+LOCA−H2+HPR01 7 + 1 + 3	11	SORV+LOCA−H2+HPR01 6 + 1 + 3	10
16	SORV+LPR01 7 + 3	10	SORV+LPR01	
17	SORV+LPSI 7 + 3	10	SORV+LPSI	
18	SORV+RRA+EAS02 7 + 3 + 3	13	SORV+RRA+EAS02	

表 11-22 蒸汽管小破口叠加 1 根蒸汽发生器传热管断裂事件(SSGTR1)序列

核电厂 SDP 工作表——蒸汽管小破口叠加 1 根蒸汽发生器传热管断裂事件(SSGTR1)序列				
需求的安全功能			每一安全功能完全可信的缓解能力	
高压安注直接注入(HPSI)			高压安注由 2 列构成,一列从换料水箱取水,并向一回路冷段注入	
二次侧快速冷却 (ASG05)			ASG 系统有 3 列,两列电动泵,一列汽动泵。此功能事件的成功准则是两台电动泵或一台汽动泵,同时必须 2/3GTCa 可用	
事故下重新投入安注(SSGTR-H1)			蒸汽管道小破口叠加 1 根 SGTR 事故下重新投入安注	
低压安注直接注入(LPSI)			低压安注由 2 列构成,一列从换料水箱取水,并向一回路冷段注入	
余热排出系统(RRA)			余热排出系统由两个相同列组成,一列运行成功即可	
编号	选择受影响的功能	基准分	每一受影响的事故序列的剩余缓解能力评估	结果
1	SSGTR1+ASG05 7 + 2	9	SSGTR1+ASG05	
2	SSGTR1+HPSI 7 + 3	10	SSGTR1+HPSI 6 + 3	9
3	SSGTR1+LPSI 7 + 3	10	SSGTR1+LPSI	
4	SSGTR1+RRA 7 + 3	10	SSGTR1+RRA	
5	SSGTR1+SSGTR−H1 7 + 3	10	SSGTR1+SSGTR−H1	

表 11-23 蒸汽管小破口叠加 10 根蒸汽发生器传热管断裂事件(SSGTR2)序列

核电厂 SDP 工作表——蒸汽管小破口叠加 10 根蒸汽发生器传热管断裂事件(SSGTR2)序列	
需求的安全功能	每一安全功能完全可信的缓解能力
高压安注直接注入(HPSI)	高压安注由 2 列构成,一列从换料水箱取水,并向一回路冷段注入
二次侧快速冷却 (ASG05)	ASG 系统有 3 列,两列电动泵,一列汽动泵。此功能事件的成功准则是两台电动泵或一台汽动泵,同时必须 2/3GTCa 可用
重新投入安注(SSGTR-H2)	蒸汽管道小破口叠加 10 根 SGTR 事故下重新投入安注
中压安注(SIT)	中压安注有 3 个安注箱及注入管线,对于主回路上的破口,只有两列可用,因此该功能的剩余能力是 3
低压安注直接注入(LPSI)	低压安注由 2 列构成,一列从换料水箱取水,并向一回路冷段注入
实施降温降压操作(SSGTR-H3)	操纵员对一回路实施降温降压操作
余热排出系统(RRA)	余热排出系统由两个相同列组成,一列运行成功即可

续表

编号	选择受影响的功能	基准分	每一受影响的事故序列的剩余缓解能力评估	结果
1	SSGTR2＋ASG05 8 ＋ 2	10	SSGTR2＋ASG05	
2	SSGTR2＋HPSI 8 ＋ 3	11	SSGTR2＋HPSI 7 ＋ 3	10
3	SSGTR2＋LPSI 8 ＋ 3	11	SSGTR2＋LPSI	
4	SSGTR2＋RRA 8 ＋ 3	11	SSGTR2＋RRA	
5	SSGTR2＋SIT 8 ＋ 3	11	SSGTR2＋SIT	
6	SSGTR2＋SSGTR－H2 8 ＋ 1	9	SSGTR2＋SSGTR－H2	
7	SSGTR2＋SSGTR－H3 8 ＋ 3	11	SSGTR2＋SSGTR－H3	

表 11-24 二回路变化引起的瞬态事件(SSTRANS)序列

核电厂 SDP 工作表——二回路变化引起的瞬态事件(SSTRANS)序列	
需求的安全功能	每一安全功能完全可信的缓解能力
主给水旁路供水(ARE)	主给水旁路有三条，根据成功准则要求，一个旁路向蒸汽发生器供水就满足要求。为了配合供水，还需要 1 台电动主给水泵或 3 台凝结水泵供水
辅助给水供水(ASG01)	ASG 系统有 3 列，两列电动泵，一列汽动泵。此功能事件的成功准则是一台泵供水即可
充排操作(LMFW-H1)	操纵员实施一回路充排操作，启动安注和打开稳压器安全阀
高压安注直接注入(HPSI)	高压安注由 2 列构成，一列从换料水箱取水，并向一回路冷段注入
稳压器安全阀组打开(SRV02)	由三组稳压器安全阀组，1 组稳压器安全阀组打开即可
高压安注冷段再循环(HPR01)	高压安注由 2 列构成，一列从地坑取水，并向一回路冷段注入
安全壳喷淋再循环(EAS03)	安全壳喷淋系统有 2 列，一列运行成功即可。该功能主要是针对 FB 情况下的再循环，需要操纵员启动。根据 PSA 人因分析，有规程指导的启动失效概率为 1.7×10^{-3}，与两列设备失效等量级

编号	选择受影响的功能	基准分	每一受影响的事故序列的剩余缓解能力评估	结果
1	STRANS＋ARE＋ASG01＋EAS03 3 ＋ 3 ＋ 4 ＋ 3	13	STRANS＋ARE＋ASG01＋EAS03	

续表

编号	选择受影响的功能	基准分	每一受影响的事故序列的剩余缓解能力评估	结果
2	STRANS＋ARE＋ASG01＋HPR01 3 ＋ 3 ＋ 4 ＋ 3	13	STRANS＋ARE＋ASG01＋HPR01 2 ＋ 3 ＋ 4 ＋ 3	12
3	STRANS＋ARE＋ASG01＋HPSI 3 ＋ 3 ＋ 4 ＋ 3	13	STRANS＋ARE＋ASG01＋HPSI 2 ＋ 3 ＋ 4 ＋ 3	12
4	STRANS＋ARE＋ASG01＋LMFW－H1 3 ＋ 3 ＋ 4 ＋ 3	13	STRANS＋ARE＋ASG01＋LMFW－H1	
5	STRANS＋ARE＋ASG01＋SRV02 3 ＋ 3 ＋ 4 ＋ 3	13	STRANS＋ARE＋ASG01＋SRV02	

表 11-25　其他瞬态事件(TRANS)序列

核电厂 SDP 工作表——其他瞬态事件(TRANS)序列	
需求的安全功能	每一安全功能完全可信的缓解能力
主给水旁路供水(ARE)	主给水旁路有三条，根据成功准则要求，一个旁路向蒸汽发生器供水就满足要求。为了配合供水，还需要 1 台电动主给水泵或 3 台凝结水泵供水
辅助给水供水(ASG01)	ASG 系统有 3 列，两列电动泵，一列汽动泵。此功能事件的成功准则是一台泵供水即可
充排操作(LMFW-H1)	操纵员实施一回路充排操作，启动安注和打开稳压器安全阀
高压安注直接注入(HPSI)	高压安注由 2 列构成，一列从换料水箱取水，并向一回路冷段注入
稳压器安全阀组打开(SRV02)	由三组稳压器安全阀组，1 组稳压器安全阀组打开即可
高压安注冷段再循环(HPR01)	高压安注由 2 列构成，一列从地坑取水，并向一回路冷段注入
安全壳喷淋再循环(EAS03)	安全壳喷淋系统有 2 列，一列运行成功即可。该功能主要是针对 FB 情况下的再循环，需要操纵员启动。根据 PSA 人因分析，有规程指导的启动失效概率为 1.7×10^{-3}，与两列设备失效等量级

编号	选择受影响的功能	基准分	每一受影响的事故序列的剩余缓解能力评估	结果
1	TRANS＋ARE＋ASG01＋EAS03 3 ＋ 3 ＋ 4 ＋ 3	13	TRANS＋ARE＋ASG01＋EAS03 1 ＋ 3 ＋ 4 ＋ 3	11
2	TRANS＋ARE＋ASG01＋HPR01 3 ＋ 3 ＋ 4 ＋ 3	13	TRANS＋ARE＋ASG01＋HPR01 1 ＋ 3 ＋ 4 ＋ 3	11
3	TRANS＋ARE＋ASG01＋HPSI 3 ＋ 3 ＋ 4 ＋ 3	13	TRANS＋ARE＋ASG01＋HPSI 1 ＋ 3 ＋ 4 ＋ 3	11

续表

编号	选择受影响的功能	基准分	每一受影响的事故序列的剩余缓解能力评估	结果
4	TRANS+ARE+ASG01+LMFW−H1 3 + 3 + 4 + 3	13	TRANS+ARE+ASG01+LMFW−H1 1 + 3 + 4 + 3	11
5	TRANS+ARE+ASG01+SRV02 3 + 3 + 4 + 3	13	TRANS+ARE+ASG01+SRV02 1 + 3 + 4 + 3	11

6）最后给出评估结果。根据表 11-3～表 11-25 的计算结果，利用表 11-26 给出风险重要度，其评估结果为白色。

表 11-26　风险重要度计算规则表

SDP 计数规则工作表		
步骤	操作指令/指示	得分
(1)	输入风险重要序列值等于 9 的个数	17
(2)	第(1)步的结果除 3，并把所得结果记入下一轮	5
(3)	输入风险重要序列值等于 8 的个数	3
(4)	第(3)步结果与第(2)步结果相加	8
(5)	第(4)步的结果除 3，并把所得结果记入下一轮	2
(6)	输入风险重要序列值等于 7 的个数	2
(7)	第(6)步结果与第(5)步结果相加	4
(8)	第(7)步的结果除 3，并把所得结果记入下一轮	1
(9)	输入风险重要序列值等于 6 的个数	0
(10)	第(9)步结果与第(8)步结果相加	1
(11)	第(10)步的结果除 3，并把所得结果记入下一轮	
(12)	输入风险重要序列值等于 5 的个数	
(13)	第(12)步结果与第(11)步结果相加	
(14)	第(13)步的结果除 3，并把所得结果记入下一轮	
(15)	输入风险重要序列值等于 4 的个数	
(16)	第(15)步结果与第(14)步结果相加	

■ 如果第 16 步结果大于 0，则检查安全事项的风险重要性是高安全重要度，用“红色”表征。

■ 如果第 13 步结果大于 0，则检查安全事项的风险重要性至少是重要的安全重要度，用“黄色”表征。

■ 如果第 10 步结果大于 0，则检查安全事项的风险重要性至少是中等安全重要度，用“白色”表征。

■ 如果第 10、13 和 16 步结果都是 0，则检查安全事项的风险重要性是非常低的安全重要度，用“绿色”表征。

第二阶段评估结果：　☐绿色　　☑白色　　☐黄色　　☐红色

11.2　LHP002MO 的 A 侧 6 号凸轮轴瓦烧黑

11.2.1　事件描述

2014 年核电厂转机处 MRM 在 6.6 kV AC 交流应急电源系统系列 A(LHP)柴油机清洁检查工作中，发现 LHP002MO 的 A 侧 6 号凸轮轴瓦有发黑迹象，同时与凸轮轴瓦配合的凸轮轴表面存在发蓝、发黑迹象。进一步检查发现 LHP002MO A 侧凸轮轴六号轴轴孔检测有裂纹。

11.2.2　事件后果

LHP002MO 的 A 侧 6 号凸轮轴瓦烧黑导致 LHP 性能降级。

11.2.3　筛选阶段

该缺陷将导致 LHP 性能降级，通过引导程序缓解系统筛选表，LHP 性能降级影响的安全基石是缓解系统，进入功率工况 SDP 评估阶段。

11.2.4　评估阶段

1) 首先分析 LHP 性能降级是否直接导致始发事件发生。在该事件中，LHP 性能降级不会直接引起始发事件。

2) 其次分析 LHP 性能降级是否影响其他始发事件的缓解能力。在该事件中，LHP 性能降级可能导致丧失一列应急备用电源，所以该安全事项影响涉及厂外电源丧失始发事件。

3) 接着分析 LHP 性能降级是否引发人因事故。在该事件中，LHP 性能降级不会引发人因事故。

从以上分析，该事件影响的始发事件只有厂外电源丧失这 1 棵树，所以应根据事件实际情况，判断这棵树内的每个题头事件的成功准则是否满足，从而打分评估每个题头事件的剩余缓解能力。

4) 然后分析该安全事项的存在时间。由于该缺陷存在时间未知，且柴油机检修周期为 1 年，所以其存在时间为检修周期一半，即大于 30 天。根据 LHP 性能降级存在时间和受影响始发事件，给受影响的始发事件打分。如表 11-27 所示。

表 11-27　始发事件分类表

始发事件分类表					
行	始发事件频率	始发事件类型	始发事件可能性 $X=-\log_{10}$(始发事件频率)		
Ⅰ	＞1 每 1～10 年	主给水丧失(LMFW)、二回路变化引起的瞬态(STRANS)其他瞬态(TRANS)	1	2	3
Ⅱ	1 每 10～10^2年	部分(安全段)丧失热阱(LHS2)、部分(公用段)丧失热阱(LHS3)、丧失压缩空气(LOIA) 丧失厂外电源(LOOP)、30V 列直流电源(LDDD)	2	3	4
Ⅲ	1 每 10^2～10^3年	给水管道破口(FWLB)、48 V A 列直流电源丧失(LDCA)、48 V B 列直流电源丧失(LDCB)、48 V C 列直流电源丧失(LDCC)、125 V A 列直流电源丧失(LDBA)、安全壳内主蒸汽管道破口(MSLB1)、安全壳外主蒸汽隔离阀上游破口(MSLB2)、安全壳外主蒸汽隔离阀下游破口(MSLB3)、蒸汽发生器传热管断裂(SGTR)、小破口失水事故(SLOCA)	3	4	5
Ⅳ	1 每 10^3～10^4年	全部丧失热阱(LHS1)、中破口失水事故(MLOCA)、蒸汽管小破口叠加 1 根蒸汽发生器传热管断裂(SSGTR1)	4	5	6
Ⅴ	1 每 10^4～10^5年	给水丧失相关的未停堆的瞬态(ATWT2)、大破口失水事故(LLOCA)、稳压器汽相 SEBIM 阀破口失水事故	5	6	7
Ⅵ	＜1 每 10^5年	其他未停堆的瞬态事件(ATWT1)、界面 LOCAV-LOCA(ISLOCA)、蒸汽管小破口叠加 10 根蒸汽发生器传热管断裂(SSGTR2)	6	7	8
事件/缺陷存在的时间(天)			＞30	3～30	＜3

5）找出所有受影响的序列并打分。

将所有受影响序列都筛选出来，然后进行打分，并计算每个序列的实际结果。由于该安全事项只影响厂外电源丧失一棵树，所以只需列出厂外电源丧失始发事件树的所有序列即可。如表 11-28 所示。

表 11-28　厂外电源丧失事件(LOOP)序列

核电厂 SDP 工作表——厂外电源丧失事件(LOOP)序列	
需求的安全功能	每一安全功能完全可信的缓解能力
应急柴油发电机(EDG)	两台相同的应急柴油发电机组，一台成功启动并带负荷运行。(2 台可用，剩余缓解能力 3，如一台降级，另一台剩余能力为 2，同时，降级需考虑到失效列恢复，所以剩余能力加 1，变为 3)
辅助给水供水(ASG02)	对于全厂断电事故，ASG 系统只有汽动泵可用

续表

需求的安全功能	每一安全功能完全可信的缓解能力
稳压器安全阀回座(SRV03)	稳压器安全阀组由安全阀和隔离阀构成，当一回路压力降到某一值后，两个阀门会相继关闭，所以只要一个阀门关闭即可保证稳压器的完整性
LLS 系统(LLS)	该功能由一台汽轮机及其发电机构成
充排操作(LOOP-H1)	LOOP 事故下，操纵员实施一回路充排操作
应急轴封注入(J03)	该功能由一台水压试验泵及注入管线构成
轴封破口的可能性(J05)	参考 PSA 分析，产生较大轴封破口的概率为 0.1
交流电源恢复(LOOP-R)	全厂断电事故下，电源恢复有相关程序，允许时间>1 h，根据 PSA 分析，交流电源的恢复失效概率 0.62。因此该功能剩余能力因子为 1
辅助给水供水(ASG01)	ASG 系统有 3 列，两列电动泵，一列汽动泵。此功能事件的成功准则是一台泵供水即可
辅助给水供水(ASG04)	ASG 系统有 3 列，两列电动泵，一列汽动泵。此功能事件的成功准则是一台泵供水即可，针对 LOOP 事故下一列电源恢复
相邻机组供电(LOOP-H2)	操纵员切换到相邻机组 LNE360CR 供电
高压安注直接注入(HPSI)	高压安注由 2 列构成，一列从换料水箱取水，并向一回路冷段注入
稳压器安全阀组打开(SRV02)	由三组稳压器安全阀组，1 组稳压器安全阀组打开即可
高压安注冷段再循环(HPR01)	高压安注由 2 列构成，一列从地坑取水，并向一回路冷段注入
安全壳喷淋再循环(EAS03)	安全壳喷淋系统有 2 列，一列运行成功即可。该功能主要是针对 FB 情况下的再循环，需要操纵员启动。根据 PSA 人因分析，有规程指导的启动失效概率为 1.7×10^{-3}，与两列设备失效等量级

编号	选择受影响的功能	基准分	每一受影响的事故序列的剩余缓解能力评估	结果
1	LOOP＋ASG01＋EAS03 4 ＋ 4 ＋ 3	11	LOOP＋ASG01＋EAS03 2 ＋ 4 ＋ 3	9
2	LOOP＋ASG01＋HPR01 4 ＋ 4 ＋ 3	11	LOOP＋ASG01＋HPR01 2 ＋ 4 ＋ 3	9
3	LOOP＋ASG01＋HPSI 4 ＋ 4 ＋ 3	11	LOOP＋ASG01＋HPSI 2 ＋ 4 ＋ 3	9
4	LOOP＋ASG01＋LOOP－H1 4 ＋ 4 ＋ 3	11	LOOP＋ASG01＋LOOP－H1 2 ＋ 4 ＋ 3	9
5	LOOP＋ASG01＋SRV02 4 ＋ 4 ＋ 3	11	LOOP＋ASG01＋SRV02 2 ＋ 4 ＋ 3	9
6	LOOP＋EDG＋ASG02＋ASG04 4 ＋ 3 ＋ 1 ＋ 2	10	LOOP＋EDG＋ASG02＋ASG04 2 ＋ 3 ＋ 1 ＋ 2	8

续表

编号	选择受影响的功能	基准分	每一受影响的事故序列的剩余缓解能力评估	结果
7	LOOP+EDG+ASG02+J03+ASG04 4 + 3 + 1 + 2 + 2	12	LOOP+EDG+ASG02+J03+ASG04 2 + 3 + 1 + 2 + 2	10
8	LOOP+EDG+ASG02+J03+HPSI 4 + 3 + 1 + 2 + 3	13	LOOP+EDG+ASG02+J03+HPSI 2 + 3 + 1 + 2 + 3	11
9	LOOP+EDG+ASG02+J03+LOOP−R 4 + 3 + 1 + 2 + 1	11	LOOP+EDG+ASG02+J03+LOOP−R 2 + 3 + 1 + 2 + 1	9
10	LOOP+EDG+ASG02+LLS+ASG04 4 + 3 + 1 + 1 + 2	11	LOOP+EDG+ASG02+LLS+ASG04 2 + 3 + 1 + 1 + 2	9
11	LOOP+EDG+ASG02+LLS+HPSI 4 + 3 + 1 + 1 + 3	12	LOOP+EDG+ASG02+LLS+HPSI 2 + 3 + 1 + 1 + 3	10
12	LOOP+EDG+ASG02+LLS+LOOP−R 4 + 3 + 1 + 1 + 1	10	LOOP+EDG+ASG02+LLS+LOOP−R 2 + 3 + 1 + 1 + 1	8
13	LOOP+EDG+ASG02+LOOP−R 4 + 3 + 1 + 1	9	LOOP+EDG+ASG02+LOOP−R 2 + 3 + 1 + 1	7
14	LOOP+EDG+ASG02+SRV03 4 + 3 + 1 + 4	12	LOOP+EDG+ASG02+SRV03 2 + 3 + 1 + 4	10
15	LOOP+EDG+J03+J05+HPSI 4 + 3 + 2 + 1 + 3	12	LOOP+EDG+J03+J05+HPSI 2 + 3 + 2 + 1 + 3	10
16	LOOP+EDG+J03+J05+LOOP−R 4 + 3 + 2 + 1 + 1	10	LOOP+EDG+J03+J05+LOOP−R 2 + 3 + 2 + 1 + 1	8
17	LOOP+EDG+LLS+J05+HPSI 4 + 3 + 1 + 1 + 3	12	LOOP+EDG+LLS+J05+HPSI 2 + 3 + 1 + 1 + 3	10
18	LOOP+EDG+LLS+J05+LOOP−R 4 + 3 + 1 + 1 + 1	10	LOOP+EDG+LLS+J05+LOOP−R 2 + 3 + 1 + 1 + 1	8
19	LOOP+EDG+LLS+LOOP−H2 4 + 3 + 1 + 3	11	LOOP+EDG+LLS+LOOP−H2 2 + 3 + 1 + 3	9
20	LOOP+EDG+LLS+LOOP−H2+ASG04 4 + 3 + 1 + 3 + 2	13	LOOP+EDG+LLS+LOOP−H2+ASG04 2 + 3 + 1 + 3 + 2	11
21	LOOP+EDG+LLS+LOOP−H2+HPSI 4 + 3 + 1 + 3 + 3	14	LOOP+EDG+LLS+LOOP−H2+HPSI 2 + 3 + 1 + 3 + 3	12
22	LOOP+EDG+LLS+LOOP−H2+LOOP−R 4 + 3 + 1 + 3 + 1	12	LOOP+EDG+LLS+LOOP−H2+LOOP−R 2 + 3 + 1 + 3 + 1	10
23	LOOP+EDG+SRV03 4 + 3 + 4	11	LOOP+EDG+SRV03 2 + 3 + 4	9

6）最后给出评估结果。根据表11-28的计算结果，利用表11-29给出风险重要度，其评估结果为绿色。

表11-29 风险重要度计算规则表

SDP计数规则工作表		
步骤	操作指令/指示	得分
(1)	输入风险重要序列值等于9的个数	9
(2)	第(1)步的结果除以3，并把所得结果记入下一轮	3
(3)	输入风险重要序列值等于8的个数	4
(4)	第(3)步结果与第(2)步结果相加	7
(5)	第(4)步的结果除以3，并把所得结果记入下一轮	2
(6)	输入风险重要序列值等于7的个数	1
(7)	第(6)步结果与第(5)步结果相加	3
(8)	第(7)步的结果除以3，并把所得结果记入下一轮	1
(9)	输入风险重要序列值等于6的个数	0
(10)	第(9)步结果与第(8)步结果相加	1
(11)	第(10)步的结果除以3，并把所得结果记入下一轮	0
(12)	输入风险重要序列值等于5的个数	0
(13)	第(12)步结果与第(11)步结果相加	0
(14)	第(13)步的结果除以3，并把所得结果记入下一轮	
(15)	输入风险重要序列值等于4的个数	
(16)	第(15)步结果与第(14)步结果相加	
■ 如果第16步结果大于0，则检查安全事项的风险重要性是高安全重要度，用“红色”表征。 ■ 如果第13步结果大于0，则检查安全事项的风险重要性至少是重要的安全重要度，用“黄色”表征。 ■ 如果第10步结果大于0，则检查安全事项的风险重要性至少是中等安全重要度，用“白色”表征。 ■ 如果第10、13和16步结果都是0，则检查安全事项的风险重要性是非常低的安全重要度，用“绿色”表征。		
第二阶段评估结果：□绿色 ☑白色 □黄色 □红色		

缩略语

AC 交流电源
AFW 辅助给水系统
CCW 设备冷却水系统
CDF 堆芯损坏/伤概率
DC 直流电源
ECCS 应急堆芯冷却系统
EDG 应急柴油发电机
ESW 应急厂用水
HPSI 高压安注系统
HPR 高压再循环
IEL 始发事件水平
IEF 始发事件频率
LCCW 丧失设备冷却水系统
LEAC 应急交流电源丧失
LER 执照事件报告
LERF 早期大量放射性物质释放概率/频率
ΔLERF 早期大量放射性物质释放概率/频率增量
LOCA 冷却剂丧失事故
LOIA 丧失仪用压缩空气
LOOP 厂外电源丧失(事件)
LRF 大量放射性释放概率/频率
MSIV 主蒸汽隔离阀
MSLB 主蒸汽管道破裂
NRC 美国核管会
PDS 电站损坏/份状态
PI 性能指标
PORV 电动减压阀
PSA 概率安全分析
RHR 余热排出系统
ROP 反应堆监管体系
SDP 异常重要性判定程序/方法
SGTR 蒸汽发生器传热管破裂
TPCS 汽轮机保护和控制系统
POS 反应堆状态

参考文献

[1] 大亚湾核电厂最终安全分析报告,2004.12.

[2] 秦山第二核电厂 1、2 号机组最终安全分析报告.

[3] 何建东,卓钰铖,何劼. 火灾情景下的人员可靠性分析. 原子能科学技术,第 47 卷第 3 期.

[4] 宫宇,依岩,柴国旱. 核电厂火灾 PSA 浅析. 核安全,2012 年第 3 期.

[5] USNRC, IMC0308 Attachment 3, Significance Determination Process Basis Document. 2006.

[6] USNRC, IMC0308 Attachment 3 Appendix A, Technical Basis For The At-Power Significance Determination Process. 2012.

[7] USNRC, IMC0609, Significance Determination Process. 2011.

[8] USNRC, IMC0609 Attachment 4. Initial Characterization of Findings. 2012.

[9] USNRC, IMC0609 Appendix A. The Significance Determination Process (SDP) for Findings At-Power. 2012.

[10] IMC-0308 Att 3, App A, Technical Basis for At Power Significance Determination Process, 06/25/04.

[11] IMC-0308, Reactor Oversight Process (ROP) Basis Document, 10/16/06.

[12] IMC-0609, Significance Determination Process, 11/22/05.

[13] IMC-0609A, Determining the Significance of Reactor Inspection Findings for At-Power Situations, 06/22/12.

[14] USNRC, IMC0308 Attachment 3, Significance Determination Process Basis Document. 2006.

[15] USNRC, IMC0308 Attachment 3 Appendix A, Technical Basis For The At-Power Significance Determination Process. 2012.

[16] USNRC, IMC0308 Attachment 3 Appendix B, Technical Basis For Emergency Preparedness Significance Determination Process. 2012.

[17] USNRC, IMC0308 Attachment 3 Appendix C, Technical Basis For Occupational Radiation Safety Significance Determination Process. 2005.

[18] USNRC, IMC0308 Attachment 3 Appendix D, Technical Basis For Public Radiation

Safety Significance Determination Process. 2004.

[19] USNRC,IMC0308 Attachment 3 Appendix F, Technical Basis For Fire Protection Significance Determination Process At Power Operations. 2005.

[20] USNRC, IMC0308 Attachment 3 Appendix G, Technical Basis For Shutdown Operations Significance Determination Process. 2005.

[21] USNRC, IMC0308 Attachment 3 Appendix I, Technical Basis For Operator Requalification Human Performance Significance Determination Process. 2005.

[22] USNRC,IMC0308 Attachment 3 Appendix J, Technical Basis For Steam Generator Tube Integrity Findings. 2011.

[23] USNRC,IMC0609,Significance Determination Process. 2011.

[24] USNRC,IMC0609 Attachment 2. Process for Appealing NRC Characterization of Inspection Findings (SDP Appeal Process). 2011.

[25] USNRC,IMC0609 Attachment 4. Initial Characterization of Findings. 2012.

[26] USNRC,IMC0609 Appendix A. The Significance Determination Process (SDP) for Findings At-Power. 2012.

[27] USNRC,IMC0609 Appendix B. Emergency Preparedness Significance Determination Process. 2012.

[28] USNRC, IMC0609 Appendix C. Occupational Radiation Safety Significance Determination Process. 2008.

[29] USNRC,IMC0609 Appendix D. Public Radiation Safety Significance Determination Process. 2008.

[30] USNRC, IMC0609 Appendix F. Fire Protection Significance Determination Process. 2005.